交通版 高等学校土木工程专业规划教材

JIAOTONGBAN GAODENG XUEXIAO TUMU GONGCHENG ZHUANYE GUIHUA JIAOCAI

第2版

土木工程概论

Tumu Gongcheng Gailun

阎兴华 黄 新 主 编

人民交通出版社
China Communications Press

内 容 提 要

本书是为高等学校土木工程专业本科教学编写的教材,全书共有十一章。

本书主要介绍了土木工程的内涵及土木工程专业的宏观内容和相应的主要课程体系,土木工程发展简史及土木工程的材料、地基基础、基本结构、设计和施工的一般概念以及土木工程的基本建设程序及建设法规的基本轮廓,介绍了建筑工程、道路工程、桥梁工程、水利工程、环保工程及其他土木工程的基本概念、基本知识及典型工程,介绍了土木工程的防灾减灾、计算机应用等新领域以及土木工程的新成果及发展趋势。

本书资料丰富、概念清晰、语言流畅、图文并茂。本书除作为教材外,还可作为土木工程专业的工程技术及科研人员的参考书。

图书在版编目(CIP)数据

土木工程概论/阎兴华,黄新主编. --2 版. --北京:人民交通出版社,2013.8

ISBN 978-7-114-10735-1

Ⅰ. 土… Ⅱ.①阎…②黄… Ⅲ.①土木工程－概论 Ⅳ.①TU

中国版本图书馆 CIP 数据核字(2013)第 139995 号

交通版高等学校土木工程专业规划教材

书 名:	土木工程概论(第二版)
著 作 者:	阎兴华 黄 新
责任编辑:	张征宇 赵瑞琴
出版发行:	人民交通出版社
地 址:	(100011)北京市朝阳区安定门外外馆斜街 3 号
网 址:	http://www.ccpcl.com.cn
销售电话:	(010)59757973
总 经 销:	人民交通出版社发行部
经 销:	各地新华书店
印 刷:	北京虎彩文化传播有限公司
开 本:	787×1092 1/16
印 张:	15
字 数:	368 千
版 次:	2005 年 8 月 第 1 版 2013 年 8 月 第 2 版
印 次:	2024 年 7 月 第 5 次印刷 累计第 10 次印刷
书 号:	ISBN 978-7-114-10735-1
印 数:	23001－23500 册
定 价:	23.00 元

(有印刷、装订质量问题的图书由本社负责调换)

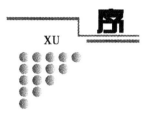

序

XU

随着科学技术的迅猛发展、全球经济一体化趋势的进一步加强以及国力竞争的日趋激烈,作为实施"科教兴国"战略重要战线的高等学校,面临着新的机遇与挑战。高等教育战线按照"巩固、深化、提高、发展"的方针,着力提高高等教育的水平和质量,取得了举世瞩目的成就,实现了改革和发展的历史性跨越。

在这个前所未有的发展时期,高等学校的土木类教材建设也取得了很大成绩,出版了许多优秀教材,但在满足不同层次的院校和不同层次的学生需求方面,还存在较大的差距,部分教材尚未能反映最新颁布的规范内容。为了配合高等学校的教学改革和教材建设,体现高等学校在教材建设上的特色和优势,满足高校及社会对土木类专业教材的多层次要求,适应我国国民经济建设的最新形势,人民交通出版社组织了全国二十余所高等学校编写"交通版高等学校土木工程专业规划教材",并于2004年9月在重庆召开了第一次编写工作会议,确定了教材编写的总体思路。于2004年11月在北京召开了第二次编写工作会议,全面审定了各门教材的编写大纲。在编者和出版社的共同努力下,这套规划教材已陆续出版。

在教材的使用过程中,我们也发现有些教材存在诸如知识体系不够完善、适用性、准确性存在问题,相关教材在内容衔接上不够合理以及随着规范的修订及本学科领域技术的发展而出现的教材内容陈旧、亟待修订的问题。为此,新改组的编委会决定于2010年底启动该套教材的修订工作。

这套教材包括《土木工程概论》、《建筑工程施工》等31种,涵盖了土木工程专业的专业基础课和专业课的主要系列课程。这套教材的编写原则是"厚基础、重能力、求创新,以培养应用型人才为主",强调结合新规范、增大例题、图解等内容的比例并适当反映本学科领域的新发展,力求通俗易懂、图文并茂;其中对专业基础课要求理论体系完整、严密、适度,兼顾各专业方向,应达到教育部和专业教学指导委员会的规定要求;对专业课要体现出"重应用"及"加强创新能力和工程素质培养"的特色,保证知识体系的完整性、准确性、正确性和适应性,专业课教材原则上按课群组划分不同专业方向分别考虑,不在一本教材中体现多专业内容。

反映土木工程领域的最新技术发展、符合我国国情、与现有教材相比具有明显特色是这套教材所力求达到的目标,在各相关院校及所有编审人员的共同努力下,交通版高等学校土木工程专业规划教材必将对我国高等学校土木工程专业建设起到重要的促进作用。

交通版高等学校土木工程专业规划教材编审委员会
人民交通出版社

　　《土木工程概论》是"交通版普通高等院校土木专业规划教材"中的一本教科书，主要用于大学本科土木工程专业教学，其课程内容属于专业基础课的范畴。

　　全书共十一章，分别为：第一章，土木工程及土木工程专业；第二章，土木工程材料；第三章，地基和基础；第四章，建筑工程；第五章，道路与铁路工程；第六章，桥梁工程；第七章，隧道工程及地下工程；第八章，其他土木工程；第九章，土木工程设计和施工；第十章，建设法规与建设管理；第十一章，土木工程的新领域及发展前景。本书主要介绍了土木工程的内涵及土木工程专业的宏观内容和主要课程体系，土木工程发展简史及土木工程的材料、地基基础、基本结构、设计和施工的一般概念以及土木工程的基本建设程序及建设法规的基本轮廓，介绍了建筑工程、道路工程、桥梁工程、水利工程、环保工程及其他土木工程的基本概念、基本知识及典型工程，介绍了土木工程的防灾减灾、计算机应用等新领域以及土木工程的新成果及发展趋势。

　　本书采用最新资料，内容丰富、系统，图文并茂，概念清晰，语言流畅，通俗易懂。本书除作为土木工程专业的教材外，还可作为其他相关专业的教材及相关工程技术人员、科研人员的参考用书。

　　《土木工程概论》(2005 年版)为"普通高等教育'十一五'国家级规划教材"，"北京高等教育精品教材"。此次修订增加了常用土木工程专业词汇的中英文对照，增加了土木工程领域的最新信息和工程实例，调整、完善了部分章节的内容，删掉了一些过时的资料。

　　本书由北京建筑工程学院及南京林业大学联合主编。北京建筑工程学院参编人员有：阎兴华教授、刘栋栋教授、韩淼教授、戚承志教授及穆静波教授。南京林业大学参编人员有：黄新教授、郑晓燕教授、朱华平讲师、高敏杰副教授及戴兆华副教授。

　　各编者完成的工作内容分别为：阎兴华编写第一章、第十一章；刘栋栋编写第二章；韩淼编写第三章；郑晓燕编写第四章；高敏杰编写第五章；朱华平编写第六章；戚承志编写第七章；黄新编写第八章；穆静波编写第九章；戴兆华编写第十章。

　　限于编者水平，书中可能会存在一定的疏漏及错误，敬请广大读者及同行批评指正。

编　　者
2013 年 6 月

目录 MULU

第一章 土木工程及土木工程专业
Chapter 1 Civil Engineering and Civil Engineering Major

第一节 土木工程的内涵和发展
Section 1 Connotation and Development of Civil Engineering

一、土木工程的定义及在国民经济中的作用(Definition of Civil Engineering and Its Role in the National Economy)

1. 土木工程的定义及内涵(Definition and Connotation of Civil Engineering)

中国国务院学位委员会在学科简介中对"土木工程"给出的定义为:土木工程是建造各类工程设施的科学技术的总称。它既指工程建设的对象,即建在地上、地下、水中的各种工程设施,也包括所应用的材料、设备和所进行的勘测、设计、施工、保养、维修等技术活动。

由上述定义可以看出土木工程包括以下两个方面的内涵:

(1)各类工程设施即工程建设的对象,包括了建筑工程、桥梁工程、公路与城市道路工程、铁路工程、隧道工程、水利工程、机场工程,地下工程,港口工程、海洋工程、给水排水工程、环境工程等。

(2)利用适当的材料和设备建造及维护各类工程设施的工程技术活动,包括了勘测、设计、施工、鉴定加固等。

土木工程在英语中称为"Civil Engineering",直译是民用工程。它的原意是与军事工程"Military Engineering"相对应的,即除了服务于战争的工程设施以外,所有服务于生活和生产需要的民用设施均属于土木工程。后来这个界限也不明确了。现在已经把军用的战壕、掩体、碉堡、浮桥、防空洞等防护工程也归入土木工程的范畴了。在我国历史上通常把大规模的工程建设活动称为"大兴土木",如"秦始皇修长城"、"隋炀帝修运河"便是人们所熟知的大兴土木的范例。因此,现在的土木工程的称谓既沿袭了我国的传统,又融入了国际公认的内涵。

2. 土木工程在国民经济中的作用(Role of Civil Engineering in the National Economy)

土木工程包含的内容及涉及的范围非常广泛,它和广大人民群众的"衣、食、住、行"息息相关,在国民经济中起着非常重要的作用。

要解决"衣、食、住、行"中"住"个问题就需要建造各种类型的住宅;"行"需要建造铁道、公路、机场、码头等交通土建工程;"食"需要打井取水,筑渠灌溉,建水库蓄水,建生产农药、化肥及农业机械的工厂,建粮仓及粮食加工厂,建各类餐馆、饭店等;而与"衣"相关的纺纱、织布、制衣等工作,也必须在相应的工厂内进行。总之,"衣、食、住、行"都离不开土木工程。

此外,各种工业生产必须要建工业厂房,办公要建办公楼,看病要建医院,上学要建学校,体育要建比赛场馆,旅游、休闲要建宾馆、度假村等。即使是航天事业,也需要建发射塔架和航天基地。可以说,各行各业均离不开土木工程。

还应该看到,土木工程的建造需要大量的工程材料和工程机械,还需要大量的劳动力,因此土木工程事业的发展能够有力的促进钢铁工业、建筑材料工业及机械制造工业等相关产业的发展,能够创造大量的就业机会,对推动整个国民经济的发展及保障社会稳定起着非常重要的作用。

正因为土木工程涵盖的内容如此广泛、作用如此重要,所以国家将工厂、矿井、铁道、公路、桥梁、农田水利、商店、住宅、医院、学校、给水排水、煤气输送等工程建设称为基本建设,大型项目由国家统一规划建设,中小型项目也归口各级政府有关部门管理。

二、土木工程发展简史(Brief history of Civil Engineering Development)

土木工程发展到现在,经历了古代、近代和现代三个阶段。

1. 古代土木工程(Ancient Civil Engineering)

古代土木工程的时间跨度,大致从旧石器时代(约公元前5000年起)到17世纪中叶。

古代土木工程所用的材料,最早为当地的天然材料,如泥土、石块、树枝、竹、茅草、芦苇等,后来发展了土坯、石材、木材、砖、瓦、青铜、铁、铅以及混合材料如草筋泥、混合土等。古代土木工程所用的工具,最早只是石斧、石刀等简单工具,后来发展了斧、凿、锤、钻、铲等青铜和铁制工具以及打桩机、桅杆起重机等简单施工机械。古代土木工程的建造主要依靠工程经验,缺乏设计理论的指导。尽管如此,古代土木工程还是留下了许多伟大的工程,记载着灿烂的古代文明,成为人类共同的、不可再生的宝贵遗产。

下面对一些典型的古代土木工程进行简要的介绍。

1)中国古代土木工程

(1)万里长城(Great Wall)。万里长城是世界上修建时间最长、工程量最大工程,为世界七大奇迹之一。

长城从公元前七世纪始修建,秦统一六国后,其规模达到"西起临洮,东止辽东,蜿蜒一万余里",于是有了万里长城称号。据2012年国家文物局数据,历代长城总长为21 196.18km;明朝对长城进行了大规模的整修和扩建,东起鸭绿江,西止嘉峪关,全长8 851.8km,设置"九边重镇",驻防兵力达100万人。"上下两千年,纵横十万里",万里长城不愧为人类历史上最伟大的军事防御工程。

图1-1 八达岭长城

万里长城的结构形式主要为砖石结构,有些地段采用夯土结构,在沙漠中则采用红柳、芦苇与砂粒层层铺筑的结构。图1-1为八达岭长城。

(2)都江堰和京杭大运河。都江堰和京杭大运河是我国古代水利工程的两个杰出代表。

①都江堰,位于四川灌县的岷江上,建于公元前三世纪,由战国时期秦蜀郡太守李冰父子率众修建,是现存最古老且目前仍在灌溉的伟大水利工程。都江堰以无坝引水为特征,由鱼嘴、飞沙堰、宝瓶口三部分组成。鱼嘴是江心的分水堤坝,把岷江分成外江和内江,外江排洪,内江灌溉;飞沙堰起泄洪、排沙和调节水量

的作用;宝瓶口控制进水流量。都江堰工程设计的合理与巧妙,令现在的许多国内外水利工程专家赞叹不已。图1-2为都江堰图。

图1-2 都江堰

②京杭大运河,是世界上开凿最早、长度最大的人工河。京杭大运河开凿于春秋战国时期,隋朝大业六年(公元610年)全部完成,至今已有2400多年历史。京杭大运河由北京到杭州,流经河北、山东、江苏、浙江四省,沟通海河、黄河、淮河、长江、钱塘江五大水系,全长1794km。至今该运河的江苏、浙江段仍是重要的水运通道。图1-3为京杭大运河的流域图。

(3)应县木塔及蓟县独乐寺观音阁。我国古建筑大多为木结构(Wood Structure)加砖墙建成,应县木塔及蓟县独乐寺观音阁是其中的优秀代表。

①应县木塔(佛宫寺释迦塔),位于山西应县,建于辽代(公元1056年),是我国现存最古、最高的木结构佛塔。塔高67.31m,底层直径30.27m,横截面呈八角形,共九层(五个明层和四个暗层),底层设置四周环廊。

木塔采用分层叠合的明暗层结构,结构体系近似于当今的高层建筑;木塔用料超过5000m³,而构件只有6种规格。该塔经历了多次大地震,近千年仍完好耸立,足以证明我国古代木结构的高超技术。图1-4为应县木塔测绘剖面图。

图1-3 京杭大运河

图1-4 山西应县木塔

3

②蓟县独乐寺观音阁,位于河北蓟县,始建于唐,辽统和二年(984年)重建;面阔五间(20.23m),进深四间(10.52m),共3层,内有高16m的塑于辽代的观音像。观音阁在木柱之间设置了斜撑,加强了结构的刚度,经受了一千多年来多次地震的考验,证明其结构是合理的。图1-5为蓟县独乐寺观音阁测绘剖面图。

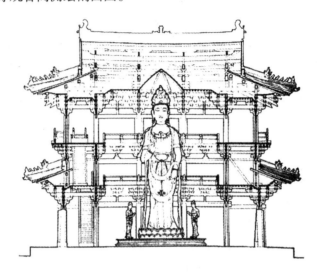

图1-5　河北蓟县独乐寺观音阁

此外,北京故宫、沈阳故宫等宫殿建筑,明十三陵等帝王陵墓的地上建筑,颐和园、北海等皇家园林及苏州园林的建筑等,都是世界著名的中国古代木结构建筑。

(4)赵州桥(图1-6)。又名赵州安济桥,位于河北赵县浚河上,建造于隋代的公元595年~公元605年。赵州桥为单孔圆弧形石拱桥(Stone Arch Bridge),全长50.82m,桥面宽10m,单孔净跨度37.02m,矢高7.23m,用28条并列的石拱券构成,拱券厚度1.03m;在主拱券的两侧,各设置了两个净跨为3.8m和2.85m的小拱,既可减轻桥的自重,又便于排泄洪水,且显得美观。桥面呈弧形,两侧石栏上雕刻着精美的龙兽图案。赵州桥为隋朝匠人李春设计监造,经千余年后尚能正常使用,确为世界石拱桥的杰作。

图1-6　赵州桥

2)古埃及金字塔

金字塔(Pyramids)是一种高大的底座为四方形的角锥体建筑物,用巨石建造,是古埃及法老的陵墓。

古埃及第一座石砌金字塔为昭赛尔金字塔,建于公元前3000年,基底东西长126m,南北长106m,高60m,6层台阶。

建造于公元前2700~公元前2500年的吉萨金字塔群(图1-7),是古埃及金字塔最成熟的代表。吉萨金字塔群位于开罗附近的吉萨高原,包括三座大金字塔及狮身人面像,其中第四王朝法老胡夫的金字塔最大,底面正方形,边长230.5m,高146.59m,为埃菲尔铁塔以前的世界最高建筑物;胡夫金字塔用230余万块巨石垒砌,每块石头平均2 000多公斤,最大的100多吨。石块之间,没有任何黏着物,石头磨得很平,至今很难用刀刃插入石块的间隙。塔内结构复杂,有甬道、石阶、庙堂、墓室并饰以壁画、雕刻等艺术品。

在胡夫的儿子哈夫拉的金字塔附近,建有一个雕着哈夫拉的头部而配着狮子身体的大雕像,即狮身人面像(图1-8)。除部分狮身是用石块砌成之外,整个狮身人面像是在一块巨大的天然岩石上雕琢而成的,至今已有4 500多年的历史。

图1-7　吉萨金字塔群

图1-8　狮身人面像

3)古希腊的帕提农神庙

帕提农神庙(图1-9)是古希腊最著名的建筑,建造于公元前447~公元前438年,为供奉雅典保护神雅典娜而建,是雅典卫城的主体建筑。

帕提农神庙建在一个三级台基上,长70m,宽31m,柱高10.5m。整个神庙用坚硬的大理石建造,结构匀称、比例合理,有丰富的韵律感和节奏感,建筑形象宏伟壮丽,神庙的装饰雕刻更是精美绝伦,被誉为"雅典的王冠"。

4)古罗马竞技场及万神庙

公元前8世纪至公元476年,为古罗马时代,古罗马人在公路、桥梁、城市街道、输水道、神庙建筑及剧场、竞技场、浴场等公共建筑方面均作出了杰出的贡献,并给后世带来深远的影响。

(1)佛拉维奥竞技场(图1-10):建于古罗马的佛拉维奥皇朝时代(公元75年~公元80年),是古罗马建筑的优秀代表。竞技场位于意大利罗马的威尼斯广场南面,占地20 000m²。

图1-9　帕提农神庙

它是一个椭圆形的建筑,长轴188m,短轴156m,中央表演区长轴86m,短轴54m,周长527m,高57m。场内设有观众席60排,逐排向上升起,可以容纳10万名观众。竞技场的外观分为4

层,由不同艺术形式的柱列支承,极其宏伟壮观。

（2）罗马城的万神庙（图1-11）：万神庙是罗马穹顶技术的最高代表,穹顶直径和顶端高度均是43.3m。在现代结构出现以前,它一直是世界上跨度最大的大空间建筑。

图1-10　佛拉维奥竞技场

图1-11　万神庙

5）索菲亚大教堂（图1-12）

索菲亚大教堂位于土耳其伊斯坦布尔,建造于公元532年～公元537年。主体建筑采用砖砌穹顶结构,中央大穹顶直径32.6m,高54.8m,支承在用巨石砌成的大柱（截面尺寸约为7m×10m）上,穹顶覆盖的大厅高大宽阔,适宜于隆重豪华的宗教仪式和宫廷庆典活动,沿穹顶底部四周密排着40个窗洞,光线射入时形成幻影,使大穹顶显得轻巧凌空。

6）巴黎圣母院（图1-13）

巴黎圣母院是西欧中世纪建筑的杰出代表,建造于公元1163年～公元1250年,位于法国巴黎城中。教堂宽47m,进深125m,可容近万人。正面是一对高60余米的塔楼,中部有高达90m的尖塔。

图1-12　索菲亚大教堂

图1-13　巴黎圣母院

在古代土木工程时期还出现了一些经验总结和描述外形设计的土木工程著作。其中,比较有代表性的为我国公元前5世纪的《考工记》,北宋李诫的《营造法式》,意大利文艺复兴时期贝蒂著的《论建筑》等。

2. 近代土木工程(Early Modern Civil Engineering)

近代土木工程的时间跨度为17世纪中叶到20世纪中叶,历时300余年。在这一时期,土木工程有了革命性的发展,其主要特点表现为以下三个方面。

1)土木工程有了比较系统的理论指导,成为一门独立的学科

1683年,意大利学者伽利略发表了"关于两门新科学的对话",首次用公式表达了梁的设计理论;1687年,牛顿总结出力学三大定律,为土木工程奠定了力学分析(Mechanical Analysis)的基础;1744年,瑞士数学家欧拉建立了柱的压屈理论,给出了柱的临界压力计算公式,为结构稳定计算奠定了理论基础;1825年,法国的纳维建立了土木工程中结构设计(Structure Design)的容许应力法;19世纪末里特尔等人提出了结构的极限平衡概念;1906年美国旧金山大地震,1923年日本关东大地震,推动了结构动力学和工程抗震技术的发展。与古代土木工程不同,近代土木工程的结构设计有了比较系统的理论指导,土木工程也逐渐发展成为一门独立的学科。

2)新的土木工程材料的发明与应用

1824年,英国人阿斯普丁发明了波特兰水泥,1850年开始批量生产,水泥是形成混凝土的主要材料,是混凝土得以在土木工程中大量应用的物质基础;1859年,发明了贝塞麦转炉炼钢法,使钢材得以大量生产,并愈来愈多应用于土木工程;1867年,法国人莫尼埃用铁丝加固混凝土制成了花盆,开始应用钢筋混凝土,并于1875年主持修建了一座长达16m的钢筋混凝土桥;1928年,预应力混凝土被发明;1886年,美国杰克逊首先应用预应力混凝土制作建筑配件。这些新材料的发明与应用,使得土木工程师有条件创造新型的土木工程,有条件建造规模更为庞大、构造更为复杂的工程设施。

3)施工机械和施工技术有了巨大的进步

这一时期内,产业革命促进了工业、交通运输业的发展,对土木工程设施提出了更广泛的需求,同时也为土木工程的建造提供了新的施工机械和施工方法。打桩机、压路机、挖土机、掘进机、起重机、吊装机等纷纷出现,为快速高效地建造土木工程设施提供了有力的手段。

这一时期具有历史意义的土木工程很多,下面列举的一些典型的例子。

(1)建筑工程(Building Engineering)

1883~1885年,在美国芝加哥建造了世界上第一座采用铁框架作为承重结构的高层建筑——芝加哥家庭保险公司大楼(图1-14),楼高55m,10层。

1887~1889年,在法国巴黎市中心,建造了高达320.7m的艾菲尔铁塔(图1-15)。铁塔由18 000多个钢铁部件和250万个铆钉铆接而成,总质量达8 500t,其地面处的平面形状为边长100m正方形,在57m、115m、276m和300m处分别设有平台,有步梯1 711级,还设置了4部升降机。艾菲尔铁塔已成为巴黎乃至法国的标志性建筑。

1929~1931年,在美国纽约市中心建造了102层、高381m的帝国大厦(1950年在顶部加建电视塔后高度为448m,见图1-16),建筑占地130m×60m;大厦采用钢框架结构,总质量365 000t,用钢51 900t;建筑高度保持世界纪录达40年之久。

(2)桥梁工程(Bridge Engineering)

1933~1937年,在美国旧金山建造的金门大桥(图1-17)为跨越旧金山海湾的悬索桥,桥跨1 280m,是世界上第一座单跨超过千米的大桥,桥头塔架高227m,主缆直径1.125m,由27 572根钢丝组成,索质量11 000t左右。锚固缆索的两岸锚锭为混凝土巨大块体,北岸和南岸的混凝土锚锭质量分别为130 000t和50 000t。

1924～1932年，在澳大利亚悉尼建造的悉尼港桥（图1-18）为中承式钢桁架拱桥，长1149.1m，宽48.6m，主跨502.9m，矢高106.75m。全桥用钢量为52 000t，为世界最大跨经铁路钢拱桥。

图1-14 芝加哥保险公司大楼

图1-15 巴黎艾菲尔铁塔

图1-16 纽约帝国大厦

图1-17 金门大桥

（3）道路工程（Road Engineering）

1825年，英国修建了世界上第一条铁路，长21km。

1869年，美国建成了横贯东西的北美大陆铁路。

1863年，英国在伦敦建成了世界上第一条地下铁道，随后美、法、德、俄等国均在大城市中相继建设地下铁道交通网。

1931 ~ 1942 年,德国修建了 3 860km 的高速公路网。

图 1-18　悉尼港桥

(4)水利工程(Hydraulic Engineering)

1869 年,开凿成功的苏伊士运河,将地中海和印度洋连接起来,这样从欧洲到亚洲的航行不必再绕行南非。

1914 年,建成的巴拿马运河,将太平洋和大西洋直接联系起来,在全球运输中发挥了巨大作用。

(5)我国近代土木工程

1909 年,詹天佑主持修建了京张铁路,全长 200km,是中国人依靠自己的力量建成的第一条铁路。京张铁路穿越的地形复杂,设计和施工的难度均很高。

1934 年,上海建成了 24 层的国际饭店,高度为 83.8m,采用了钢框架结构,直到 20 世纪 80 年代广州白云宾馆建成前,国际饭店一直是中国内地最高的建筑。

1934 ~ 1937 年,茅以升主持建造了钱塘江大桥(图 1-19)。这是我国第一座自己设计、自己施工的公路、铁路两用的双层钢结构桥梁,大桥 16 孔,下层铁路桥长 1 322.1m,上层公路桥长 1 453m、宽 6.1m,横贯钱塘江南北,是连接沪杭甬、浙赣铁路的交通要道。

图 1-19　钱塘江大桥

3. 现代土木工程(Modern Civil Engineering)

从第二次世界大战结束到目前为现代土木工程时期。这一时期的土木工程有以下几个特点。

1)功能要求多样化

现代土木工程对使用功能的要求更高、更全面,体现在以下三个方面:

(1)公共建筑和住宅建筑要求建筑,结构,环境,水、电、煤气供应,室内温度、湿度调节,通信网络以及安全报警设施等协调配套、融为一体。

(2)由于微电子技术、精密机械制造、生物基因工程等工业的发展,许多工业建筑提出了恒湿、恒温、防微振、防腐蚀、防辐射、防磁、无微尘等要求,并向跨度大、分隔灵活、工厂花园化的方向发展。

（3）核工业、海洋工程、航空航天等高新技术的发展，要求建造核反应堆、核发电站、海洋平台、火箭发射基地等工程设施，对土木工程的安全使用功能提出了更高、更严的要求。

2）城市建设立体化

随着经济发展和人口增长，城市人口密度迅速加大，造成城市用地紧张，交通拥挤。为了解决这些问题，城市建设必须在地面、空中、地下同时展开，形成了立体化发展的局面，主要体现在以下方面。

（1）向高空发展。

在建筑工程方面，高层建筑的大量兴建几乎成了城市现代化的标志。美国的高层建筑兴建最早，数量也很多，许多发展中国家在经济起飞过程中也争相建造高层建筑。近十多年来，中国、马来西亚、新加坡、阿联酋、沙特阿拉伯等国家的高层建筑得到了迅猛发展。

在道路桥梁工程方面，高架道路与城市立交桥的建设发展迅速，不仅缓解了城市交通拥挤问题，而且还为城市的面貌增添风采。

（2）向地下发展。

地下铁路、地下商业街、地下停车场、地下仓库、地下工厂、地下旅店等地下工程方兴未艾。

3）交通工程快速化

经济的繁荣与发展促进了交通运输系统向快速、高效方向发展。

（1）高速公路大规模兴建。据不完全统计，全世界已有 80 多个国家和地区拥有高速公路，通车总里程超过了 23 万 km。到 2011 年底，我国建成通车的高速公路已达 8.49 万 km，仅次于美国（约 10 万 km），居世界第二位。

（2）高速铁路迅速发展。1964 年，日本东京—大阪的“新干线”，时速达 210km；1983 年，法国巴黎—里昂的高速铁路，时速达 270km。我国高速铁路发展迅猛，后来居上，到 2010 年底运营里程达到 8 358km，居世界第一位。上海已建成磁悬浮高速铁路系统，运行速度可达450km/h 以上。

（3）机场建设的规模和速度前所未有。飞机是最快捷的运输工具，第二次世界大战以后许多国家和地区相继建设了先进的大型航空港。1974 年，投入使用的巴黎戴高乐机场，拥有4 条跑道，路道面层混凝土厚400mm，高峰时每分钟可起降 2～3 架飞机；美国芝加哥国际机场，年吞吐量 4 000 万人次，高峰时每小时起降飞机 200 架次，居世界第一；我国在北京、上海、香港新建或扩建的机场均已跨入世界大型航空港之列。

为了满足能源、交通、环保及大众公共活动的需要，许多大型的土木工程在第二次世界大战后陆续建成并投入使用，下面列举一些典型的工程实例。

1）建筑工程

（1）高层建筑。

哈利法塔（Burj Khalifa Tower）于 2010 年建成，位于阿拉伯联合酋长国的城市迪拜，163层，高度828m，为目前世界最高的建筑（图 1-20）。哈利法塔配置了目前世界最快的电梯，速度达 18m/s。

皇家钟塔酒店（Makkah Royal Clock Tower Hotel）于 2011 年建成，位沙特阿拉伯的城市麦加，95 层，高度 601m，为目前世界第二高的建筑，采用钢框架—钢筋混凝土核心筒结构（图 1-21）。

2004 年在我国台北建成的 101 大厦，101 层，高 509m，居世界第三（参见第四章图4-19）。

2008 年在我国上海建成的环球金融中心,101 层,高 492m,居世界第四(图 4-20)。

2010 年在我国香港建成的环球贸易广场,108 层,高 484m,居世界第五(图 1-22)。

图 1-20　哈利法塔

图 1-21　皇家钟塔酒店

1996 年在马来西亚首都吉隆坡建成的佩特纳斯大厦(石油双塔,图 1-23),95 层,高 452m,居世界第六。

图 1-22　香港环球贸易广场

图 1-23　马来西亚石油双塔

2009年在中国南京建成的紫峰大厦,88层,高450m,居世界第七。

1996年在中国广州建成的中天广场,80层,高322m,是目前世界最高的钢筋混凝土结构的建筑。

(2)电视塔(Television Tower)。

日本东京电视塔"东京天空树"(Tokyo Sky Tree),又名晴空塔,于2012年2月29日完工,高634m,为目前世界最高电视塔(图1-24)。

我国广州于2009年9月建成的"广州塔",高600m,为目前世界第二高电视塔(图1-25)。

图1-24　日本"东京天空树"　　　　　　　　　　图1-25　中国"广州塔"

加拿大多伦多电视塔,横截面为Y形,高549m,居世界第三。

居世界第四位的是1967年建成的莫斯科电视塔,高537m。

我国上海于1995年建成的上海东方明珠电视塔,高468m,居世界第五位。

(3)大跨度建筑(Long-span Structure)。

美国西雅图的金群体育馆,采用钢结构球型穹顶,直径达202m。

法国巴黎工业展览馆,装配式薄壳屋盖,跨度为218m×218m。

英国的千年穹顶(Millenium Dome),于1999年12月建成,是英国政府为迎接21世纪而兴建的标志性建筑,位于伦敦泰晤士河畔的格林尼治半岛上,屋盖采用圆球形的张力膜结构,穹顶直径达320m,是目前世界跨度最大的屋盖(图4-44)。

我国北京的国家大剧院(National Centre for the Performing Arts),于2005年建成。外部围护钢结构壳体呈半椭球形,东西跨度212.24m,南北跨度为143.64m,高46.68m(图1-26)。

我国北京的国家体育场(National Stadium)是北京2008年第29届奥运会主会场,于2003年12月24日开工,2008年6月28日落成。体育场平面呈椭圆形,南北长333m,东西宽296m,总建筑面积258 000m²,外形呈双曲面马鞍形,最高点69m,最低点41m。其外壳为受力复杂的空间钢结构,由一系列钢桁架有序编织成"鸟巢"状独特的建筑造型,用钢量达42 000t。

体育场内部为三层预制混凝土碗状看台,看台下为地下 2 层、地上 7 层的混凝土框架—剪力墙结构,基础形式为桩基(图 1-27)。

图 1-26　中国国家大剧院

图 1-27　中国国家体育场(鸟巢)

2)桥梁工程(Bridge Engineering)

(1)悬索桥(Suspension Bridge)。

1998 年建成的日本明石海峡大桥,主跨 1991m,是目前世界上跨径最大的悬索桥(参见图6-10)。

2009 年建成的西堠门大桥,是我国浙江省舟山连岛工程(又称舟山跨海大桥,全长48.16km)五座跨海大桥中技术难度最大的一座,采用了世界上尚无先例的分体式钢箱加劲梁,可抗 17 级超强台风,主跨 1 650m,索塔高 211.286m,大桥跨径居世界第二位(图 1-28)。

1996 年建成的丹麦的大贝尔特东桥,跨度 1624m,居世界第三位。

2005 年建成的中国润扬长江大桥(图 1-29),是我国第一座由悬索桥和斜拉桥构成的组合型桥梁,其南汊桥为跨径 1 490m 的悬索桥,居世界第四位。

1981 年建成的英国恒伯尔桥,主跨 1 410m,居世界第五位。

我国于 1999 年建成的江阴长江大桥,主跨 1 385m,于 1997 年建成的香港青马大桥主跨1 377m,分别居世界第六、第七位。

(2)拱桥(Arch Bridge)。

①混凝土拱桥。

我国于 1997 年在四川万县建成的跨越长江的混凝土拱桥(图 1-30),拱跨 420m,居世界第

13

一位。

克罗地亚的克尔克二号混凝土拱桥,跨径达390m,1979年建成,居世界第二位。

我国贵州的江界河混凝土拱桥,跨度330m,1995年建成,居世界第三位。

我国的广西邕江大桥,采用钢筋混凝土组合拱结构,跨径312m,1996年建成,居世界第四位。

图1-28 中国西堠门大桥

图1-29 中国润扬长江大桥

②钢拱桥。

我国重庆朝天门长江大桥(图1-31),于2009年建成,全长4 880m,为双层公轨两用桥,上层为双向6车道,行人可经两侧人行道上桥;下层为双向轻轨轨道,并在两侧预留了2个车行道。主桥为全长932m的中承式钢桁连续系杆拱桥,主跨552m,是目前世界上跨径最大的钢结构拱桥。

图1-30 四川万县长江混凝土拱桥

图1-31 重庆朝天门长江大桥

我国上海跨越黄浦江的卢浦大桥(图1-32),于2003年建成通车,全长3 900m,主桥长750m,主桥面宽28.7m,桥下净高46m,桥面为双向6车道,拱跨度为550m,居世界第二位。

美国新河峡谷大桥,建成于1977年,是一座上承式钢桁架拱桥,主跨518m,居世界第三位。

(3)斜拉桥(Cable Stayed Bridge)。

我国的苏通大桥,建成于2008年,主跨为1 088m,位居世界已建成的200多座斜拉桥之首;苏通大桥的桥塔高300.4m,最长拉索为577m,为世界之最(参见图6-14)。

我国香港的昂船洲大桥,2009年建成,桥面离海面高度73.5m,桥塔高度为290m,桥塔采用不锈钢—混凝土的混合结构,桥面为三线双向分隔快速公路,大桥全长1 600m,主跨为1 018m,居世界第二位(图1-33)。

我国湖北鄂东长江公路大桥,位于长江湖北黄石水道上游,于2010年建成。大桥主跨为

926m,双塔混合梁斜拉桥,桥塔为钢筋混凝土结构,南北桥塔高度分别为240m和230m,居世界第三位。

图1-32 上海卢浦大桥

图1-33 中国香港的昂船洲大桥

日本多多罗桥(图1-34),于1999年建成,主跨为890m,居世界第四位。

法国米约大桥(图1-35),于2005年竣工,8跨斜拉桥,全长2.46km,最高的桥塔高343m,桥面至地面的最大高度达270m。大桥总质量29×10^4t,其中钢结构桥面质量达3.6×10^4t,是目前世界上最高的斜拉桥。

图1-34 日本多多罗桥

图1-35 法国米约大桥

3)隧道工程(Tunnel Engineering)

隧道工程是穿过大山、大江或海峡的通道。

(1)山区隧道(Mountain Tunnel)。

瑞士的哥达基线隧道(Gotthardbase Tunnel),于2010年建成,总长57km,离地表最深处2500m,是目前世界最长的铁路隧道。

我国辽宁"大伙房水库输水工程"的期输水隧道,于2009年建成,总长85.32km,隧道直径8m,地表到隧道顶端距离最大为630m,最小60m,总计穿越50多座山峰、50多条河谷、29个断层,是目前世界最长的山区输水隧道。

挪威的洛达尔隧道,于2000年建成通车,全长24.5km,是目前世界最长的公路隧道。

我国西康高速公路的秦岭终南山隧道,2007年建成,全长18.04km,是我国最长的公路隧道,也是世界最长的双洞公路隧道。

1980年在德国、意大利之间开凿的开尔其隧道,全长近13km。

我国京广铁路的南岭大瑶山隧道,1987年建成,全长14.295km。

我国西康铁路秦岭隧道,2000年建成,长达18.457km。

15

我国2003年建成的青藏铁路风火山隧道,全长1 338m,海拔4 904m,是世界上海拔最高的隧道。该地区常年冻土层最厚达150m,技术难度很高。

（2）海峡隧道（Channel Tunnel）。

日本于1985年建成的青函海底隧道,长53.8km,居世界第一位。

1993年建成的穿越英吉利海峡的英法隧道长50.3km,居世界第二位。

我国于2010年建成的青岛胶州湾海底隧道,全长7 800m,双向6车道,断面最大跨度28.20m,最深处位于海平面以下82.81m,是国内最长、世界排名第三的海底隧道（图1-36）。

（3）越江隧道（Cross-river Tunnel）。

近年来在我国上海,已建16条越江水底隧道,其中7条直径在14m以上。上海长江隧道,于2009年10月投入运营,全长8.95km,整体断面为双管、双层,两单管间净距为16m,沿其纵向每隔800m设一条横向人行联络通道。单管外径为15.0m,内径为13.70m。内部空间分为三层,上层是用于火灾排烟的通风道,中间层是三条5.2m高的汽车道,下层的中部为地铁空间,左侧为疏散通道,右侧为电缆通道。上海长江隧道是目前世界最大直径（φ15.0m）的水底盾构法隧道工程,也是目前世界上最长的隧桥结合工程的隧道。图1-37为该隧道示意图。

图1-36　青岛胶州湾海底隧道

图1-37　上海长江隧道

4）水利工程（Hydraulic Engineering）

（1）混凝土重力坝（Concrete Gravity Dam）

图1-38　瑞士磊狄克桑坝

目前,世界上最高的混凝土重力坝为瑞士的大狄克桑坝（图1-38）,高285m,于1962年竣工;其次为俄国的萨杨苏申斯克坝,高245m,1989年竣工;我国于2009年建成的广西龙滩水电站大坝,坝高216.5m,是世界最高的碾压混凝土重力坝。

（2）混凝土拱坝（Concrete Arch Dam）

我国云南小湾电站大坝,于2010年建成,坝高292m,为目前世界最高的混凝土双曲拱坝（图1-39）。其次为俄国的英古里双曲拱坝,坝高272m,于1980年建成。我国四川二滩水电站,于2000年建成,混凝土双曲拱坝,坝高242m。我国的长江三峡水利枢纽工程,由大坝、水电站、通航建筑三大部分组成,为目前世界上规模最大的水利工程。三峡大坝为混凝土重力坝,坝长

3 035m,坝高185m,蓄水高175m,总装机容量为2 250万kW。1994年正式动工兴建,2003年开始蓄水发电,2009年全部完工(参见图8-22)。

5)我国的道路工程(Road Project in China)

(1)公路(Highway)。到2011年底,全国公路总里程达到410.64万km,其中高速公路(Expressway)8.49万km;全国公路密度为0.428km/km²,全国通公路的乡镇比例达99.97%,通公路的行政村比例达99.38%。

图1-39 中国云南小湾大坝

图1-40 青藏铁路三岔河大桥

(2)铁路(Railway)。到2010年底,全国铁路营业里程达到9.1万km,其中高速铁路(High Speed Railway)运营里程达到8 358km。通过2007年实施的第六次大面积提速,既有线路时速可达200~250km。

青藏铁路,一期工程(西宁—格尔木)860km,于1984年正式通车;二期工程(格尔木—拉萨)1 118km,2006年7月1日全线贯通。青藏铁路是世界上海拔最高和最长的高原铁路,其中965km海拔超过4 000m,最高点海拔5 072m,经过连续多年冻土地段550km。图1-40为列车通过青藏铁路三岔河大桥时的照片,该桥是青藏铁路最高的桥,桥高50m,海拔3 800m。

城市轻轨交通近年来在我国发展很快,北京、武汉、重庆等城市的轻轨列车已陆续投入运行。图1-41为武汉的轻轨列车在汉口轨道线上行驶的照片。

高速铁路:上海磁悬浮列车(Maglev Trains,图1-42),于2003年建成,为世界上第一条商业运营的磁悬浮列车线路;京沪高铁,全长1 318km,最高运营时速可达380km,并且在2010年12月3日,在枣庄至蚌埠段,创造了时速486.1km的世界最高速。

6)核电站及海洋工程(Nuclear Power Stations and Ocean Engineering)

图1-41 武汉的轻轨列车

图1-42 上海磁悬浮列车

（1）核电站

20 世纪 50 年代开始和平利用核能建造核电站。到 2010 年底，全世界正在运行的核电站共有 438 座，其中美国 104 座，法国 59 座，日本 55 座，英国和俄罗斯也都在 30 座以上，中国 6 座。总发电容量为 353 000MW，占全世界发电量的 16%。

截至 2011 年底，我国已有大亚湾、秦山、岭澳、田湾等 7 个核电站投入运营，总装机容量达到 1 257 万 kW。核电站的土木工程非常复杂，为防辐射泄露及防爆、抗震的核安全壳就是要求十分严格的特种结构，日本福岛核电站在 2011 年 3 月 11 日的大地震中，发生了严重的核泄漏事故，引起了世界各国对核电站安全的高度重视。图 1-43 为我国秦山核电站二期工程。

（2）海洋采油平台（Offshore Oil Platform）

据 2008 年统计，全世界正在运营的海上钻井平台有 678 座。1986 年，我国在渤海建造了第一座海洋采油平台，目前在渤海、东海和南海已建成多座采油钻井平台。这种平台所处环境恶劣、荷载复杂，施工困难而功能要求很高。

图 1-44 为我国建造的"海洋石油 981 深水半潜式钻井平台"。该平台长 114m，宽 89m，自重 30 670t，承重量 12.5 万 t，最大作业水深 3 000m，最大钻井深度可达 10 000m。2012 年 5 月 9 日，该平台在南海海域正式开钻。该平台的建成，标志着我国在海洋工程装备领域已经具备了自主研发能力和国际竞争能力。

图 1-43　秦山核电站　　　　　　　　　图 1-44　海洋石油 981 深水半潜式钻井平台

综观土木工程历史，我国古代土木工程为人类留下了辉煌的篇章，已列入世界文化遗产名录的有明清皇宫（北京故宫、沈阳故宫）、颐和园、长城、天坛、承德避暑山庄和周围寺庙、平遥古城、周口店"北京人"遗址、丽江古城、苏州古典园林、秦始皇陵及兵马俑坑、大足石刻、武当山古建筑群、莫高窟、布达拉宫（大昭寺、罗布林卡）、龙门石窟、曲阜孔庙孔林孔府、明清皇家陵寝（明显陵、清东陵、清西陵、明孝陵、十三陵、盛京三陵）、青城山—都江堰、皖南古村落、云冈石窟、高句丽王城王陵及贵族墓葬等。保护这些宝贵的历史遗产，是土木工程工作者的一项光荣、艰巨而又刻不容缓的任务。

在近代土木工程时期，由于封建时代末期腐败落后的政治制度、列强入侵、军阀混战、社会动荡等因素，我国的土木工程进展缓慢，与欧美国家相比，黯然失色。

在现代土木工程中，我国在改革开放以来的几十年中奋发图强、迎头赶上，取得了举世瞩目的成就。无论是高层建筑、大跨桥梁，还是宏伟机场、港口码头、交通工程，我国均名列前茅。土木工程的发展可以从一个侧面显示了中华民族正在复兴。

第二节 土木工程专业及学习建议
Section 2　Civil Engineering Specialty and Study Recommendations

土木工程是建造各类工程设施的科学技术的统称,培养相应人才的专业即为土木工程专业。对各类土木工程设施的规划、勘测、设计、施工、管理和维修的知识和技能便构成了土木工程专业所要学习的核心内容。1998 年,我国教育部对本科专业进行了大幅度的调整,颁布了新的本科专业目录,其中土木工程专业由原来的建筑工程、矿井建设、城镇建设(部分)、交通土建工程、工业设备安装工程、饭店工程、涉外建筑工程、土木工程八个专业合并而成。新目录中的土木工程专业并不是以前土木工程相关专业的简单归并与重复,而是更高意义上的整合与扩展。它是我国高等教育在改革开放形势下,多年来教育教学改革成果的体现,也是世界科技进步及我国国民经济建设所要求的土木工程专业的新发展。

一、土木工程专业的培养目标(Training Objective of Civil Engineering Specialty)

现在的土木工程专业体现了国家对学校的人才培养提出了更高的要求。我国高等土木工程专业的培养目标是:培养适应社会主义现代化建设需要、德智体全面发展、掌握土木工程学科的基本理论和基本知识、获得土木工程工程师基本训练、具有创新精神的高级工程科学技术人才,使他们毕业后能从事土木工程设计、施工与管理工作,具有初步的工程规划与研究开发的能力。

为了实现上述的培养目标,对土木工程专业的学生在知识和能力培养方面提出了以下具体要求。

1. 知识要求(Knowledge Requirements)

(1)基本理论(Basic Theories),包括基础理论和应用理论两个方面:基础理论主要包括高等数(Higher Mathematics)、物理(Physics)和化学(Chemistry)。应用理论包括工程力学(Engineering Mechanics)(理论力学、材料力学)、结构力学(Structural Mechanics)、流体力学(Hydromechanics)(水力学)、土力学(Soil Mechanics)与工程地质学(Engineering Geology)等。

(2)土木工程的专业知识与技术(Expertise and Technology of Civil Engineering),包括土木工程结构(如钢结构、木结构、混凝土结构、砌体结构等)的设计理论和方法、土木工程施工技术与组织管理、房屋建筑学(Building Architecture)、工程经济、建设法规、土木工程材料、基础工程、结构检验(Inspection of Structure)、土木工程抗震设计(Seismic Design of Civil Engineering)等。

(3)相关知识(Relevant Knowledge),有给水排水、供暖通风、电工电子、工程机械等。

(4)技能或工具,有工程制图、工程测量、材料试验(Engineering Drawing, Engineering Surveying, Material Testing)与结构试验(Structure Experiment)、外语(Foreign Language)及计算机在土木工程中的应用(Computer Applications in Civil Engineering)等。

2. 能力培养的要求(Ability Requirements)

在土木工程学科的系统学习中,不仅要注意知识的积累,更应注意能力的培养。

1)自学能力(Self-study Ability)

土木工程内容广泛,发展迅速,新技术、新理论、新材料、新项目不断出现。为了适应经济建设和科技进步的发展，知识必须不断更新，因此培养学生的自学能力非常重要。不仅要向老师学、向书本学，而且要注意在实践中学习，善于查阅文献，善于在网上学习。

2）综合解决问题的能力(Integrated Problem-solving Skills)

实际工程问题的解决总是要综合运用各种知识和技能，在学习过程中要注意培养这种综合能力，尤其是设计、施工等实践工作的能力。但在大学期间大多数课程是单科教学，所以在学习时要有意识地把相关课程的知识从工程应用的角度联系起来，形成灵活运用的知识链条，对一些训练综合解决问题能力的教学环节，如毕业设计，要特别重视。

3）创新能力(Creative Ability)

社会在进步，经济在发展，对人才创新能力的要求也日益提高。创新是社会进步、科技发展的动力，创新能力是人才能力的核心，因此在学习过程中要特别注意创新能力的培养。创新不仅仅指创造发明新理论、新技术、新材料等，也包括解决工程问题的新思路、新方法、新方案。在课程设计、毕业设计等实践教学环节中，要注意加强方案阶段的训练，设想出多种方案并努力寻求最佳结果，要有精益求精的精神，这种精神是创新能力的基础和动力。要从大处着眼、小处着手培养力争上游、开拓创新的能力。

4）协调、管理能力(Coordination and Management Capability)

现代土木工程不是一个人能完成的，少则几个人、几百人，多则需成千上万的人共同努力才能完成。因此，培养自己的协调、管理能力非常重要。学生毕业参加工作后，总会涉及管理工作，如：管理一部分人（当设计组长、项目负责、工长等）或受人管理（上面有总工、总经理，主管部门有规划局，环境保护局，技术监督局等）。学生们在工作中一定要处理好上下左右的关系，对上级要尊重，有不同意见应当面提出讨论，要努力负责地完成好上级交给的任务，使上级对你的工作"放心"；对同事，既竞争又友好；对下级要既严格要求，又体贴关怀。总之，要有"厚德载物"的包容精神，做事要合情、合理、合法，要有团队精神，这样工作才能顺利开展，事业发展才能更上一层楼。

二、土木工程专业的教学形式与学习建议(Teaching Model and Study Recommendations of Civil Engineering Specialty)

土木工程专业大学教学的主要形式有课堂教学、实验教学、设计训练和施工实习。下面就这几个环节的教学方法作简要介绍，并提出一些学习建议。

1．课堂教学(Classroom Teaching)

课堂教学是最主要的教学形式，即通过老师的讲授、学生听课而学习。与中学相比，大学的课堂教学有三个特点：

（1）教学内容多、进度快，要注意适应，跟上节奏。

（2）大学许多课程要合班上课，老师未必熟悉每一个同学，听课效果好坏，主要靠学生自主努力。

（3）大学的教学内容，必须随时代发展而增删。有时对于教材上还未编入的内容，教师只能根据资料讲解，这时要注意听讲并做好必要的记录。

听课时，要做适当的记录，记下老师讲授的思路、重点、难点和主要结论。课堂教学后，要复习巩固，整理笔记，做到能用自己的语言表达所学内容。对于不懂的问题不要放过，可独立思考，也可与同学切磋。再不懂时，可记下来，适当的时候找老师答疑。

学习中要注重对基本概念的理解和掌握，要善于运用形象思维，切忌死记硬背。

2. 实验教学(Experimental Teaching)

实验教学的目的是通过实验手段掌握实验技术,弄懂科学原理,熟悉国家有关试验、检测规程,熟悉实验方法及学习撰写试验报告。在土木工程专业中开设材料试验、结构检验等实验课,同学们不要有重理论轻实验的思想,应认真做好每一次试验。在实验教学中,应鼓励学生自主设计、规划试验。

3. 设计训练(Design Training)

任何一个土木工程项目确定以后,首先要进行设计,然后才能根据设计图纸进行施工。设计是综合运用所学知识,提出自己的设想和技术方案,并以工程图及说明书来表达自己的设计意图,从根本上培养学生自主学习、自主解决问题的能力。

设计土木工程项目一定会受到多方面的约束,而不像单科习题那样只有一两个已知条件。这种约束不仅有科学技术方面的,还有人文经济等方面的。使土木工程项目"满足功能需要,结构安全可靠,成本经济合理、造型美观悦目"是设计的总体目的。要做到这一点,必须综合运用各种知识,而其答案也不是唯一的。这对培养学生的综合能力、创新能力有很大作用。

4. 施工实习(Construction Practice)

贯彻理论联系实际的原则,使学生到施工现场或管理部门去学习生产技术和管理知识。通常一个工地往往很难容纳一个班(几十人)的学生,因此,施工实习常在统一要求下分散进行。这不仅是对学生能否在实践中学习知识技能的一种训练,也是对学生的敬业精神、劳动纪律和职业道德的综合检验。

主动认真进行施工实习,虚心向工地工人、工程技术人员请教,可以学到在课堂上学不到的许多知识和技能;但如果马马虎虎,仅为完成实习报告而走过场,则会白白浪费自己宝贵的时间。能否成为土木工程方面的优秀人才,施工实习至关重要。

思 考 题

1. 简要说明土木工程的定义及内涵。
2. 土木工程在国民经济中占有什么样的地位?
3. 古代土木工程有什么特点? 有哪些典型工程?
4. 近代土木工程有什么特点? 有哪些典型工程?
5. 现代土木工程有什么特点? 有哪些典型工程?
6. 土木工程专业的培养目标是什么? 应注意哪些方面的素质培养?
7. 土木工程专业的教学形式有哪些? 在学习中应注意哪些问题?

参 考 文 献

[1] 江见鲸,叶志明.土木工程概论[M].北京:高等教育出版社,2001.
[2] 罗福午.土木工程(专业)概论[M].武汉:武汉工业大学出版社,2000.
[3] 828m迪拜塔启用世界最高楼[N].联合报,2010-1-5.
[4] 世界十大高楼排行榜[N].新浪网,2012-09-13.
[5] 世界最高电视塔"东京天空树"正式对外开放[N].新华国际,2012-5-22.

[6] 新电视塔就叫广州塔[J].广州日报,2010-9-29.

[7] 国家体育场[N].国家体育场官网,2012-12-10.

[8] 在建和已建成世界大跨径桥梁前十名排序[N].揭阳公路局网,2012-8-30.

[9] 重庆朝天门大桥[J].中国公路,2010.

[10] 香港昂船洲大桥[J].中国公路,2010.

[11] 我国高速公路里程跃居世界第二[J].人民日报,2012.

[12] 2011年公路水路交通运输行业发展统计公报[R].中华人民共和国交通运输部,2012.

[13] 中国铁路建设五年发展综述:昂首走在世界的前列[J].新华社,2011-1-18.

[14] 青岛胶州湾海底隧道全线贯通[J].大众日报,2010-4-29.

[15] 世界最长隧道贯通[J].地球周刊,2010-11-7.

[16] 世界级深水钻井平台"海洋石油981"顺利出坞[N].人民网,2010-2-26.

第二章 土木工程材料
Chapter 2 Civil Engineering Materials

在土木工程中,建筑、桥梁、道路、港口、码头、矿井、隧道等都是用相应材料建造的,所使用的各种材料统称为土木工程材料。材料的品种很多,一般分为金属材料和非金属材料两类。金属材料包括黑色金属(钢、铁)与有色金属;非金属材料包括水泥、石灰、石膏、砂石、木材、玻璃等。材料也可按功能分类,一般分为结构材料(承受荷载作用)和非结构材料。非结构材料有围护材料、防水材料、装饰材料、保温隔热材料等。

土木工程的发展与材料的类型、数量、质量关系密切,了解材料在土木工程中的作用主要应从以下三个方面去认识:材料对保证工程质量的作用;材料对工程造价的影响;材料对工程技术进步的促进作用。

第一节 砌 体 材 料
Section 1　Masonry Materials

一、石材(Stone Materials)

经过加工或未经加工的石材,统称为天然石材。天然石材具有很高的抗压强度、良好的耐磨性、耐久性和装饰性。天然石材具有资源分布广、蕴藏量丰富、便于就地取材、生产成本低等优点,是古今土木工程中修建城垣、桥梁、房屋、道路及水利工程的主要材料,也是现代土木工程的主要装饰材料之一。天然石分重岩天然石(表观密度大于 18kN/m³)及轻岩天然石(表观密度小于 18kN/m³)。在工程中常用的重岩天然石一般有花岗岩、砂岩、石灰石等。常用的轻岩天然石为贝壳石灰岩、凝灰岩等。

1. 毛石(Rubble)

毛石是采石场由爆破直接获得的形状不规则的石块。根据平整程度,又分为乱毛石和平毛石两类:

1)乱毛石

形状不规则,一般高度不小于150mm,一个方向长度为 300 ~ 400mm,体积不小于 0.01m³。

2)平毛石

由乱毛石略经加工而成。基本上有六个面,但表面粗糙。毛石可用于砌筑基础、堤坝、挡土墙等,乱毛石也可用作毛石混凝土的集料。此外,还有毛板石,它是由成层岩中采得,形状成板状而不规则,但有大致平行的两个面,最小厚度不小于200mm。

2. 料石(Rock Materials)

料石是由人工或机械开采出的较规则的六面体石块,一般由致密均匀的砂岩、石灰岩、花岗岩加工而成。根据表面加工的平整程度分为毛料石、粗料石、半细料石和细料石四种。毛料

23

石外形大致方正,一般不加工或仅稍予加工修整,高度不小于200mm。粗料石为外观规则,表面凹凸深度大于2mm,截面宽度、高度大于200mm,且不小于长度的1/3。细料石规格尺寸同上,而表面凹凸深度小于20mm。

3. 饰面石材(Facing Stone)

用于建筑物内外墙面、柱面、地面、栏杆、台阶等处装修的石材称为饰面石材。饰面石材从岩石种类分主要有大理石和花岗岩两大类。饰面石材的外形有平面的板材,或形成曲面的各种定型件。表面可加工成一般平整面、凹凸不平的毛面、精磨抛光成光彩照人的镜面。

4. 色石渣(Color Stone)

色石渣也称色石子,是由天然大理石、白云石、方解石或花岗岩等石材经破碎、筛选加工而成,作为集料主要用于人造大理石、水磨石、水刷石、干黏石、斩假石等建筑物面层的装饰工程。

二、砖与砌块(Brick and Block)

1. 砖(Brick)

砖是一种砌筑材料,有着悠久的历史。制砖原料容易取得,生产工艺比较简单,价格低,体积小,便于组合。所以至今仍然广泛地用于墙体、基础、柱等砌筑工程中。但是由于生产传统黏土砖毁田取土量大、能耗高、砖自重大、施工中劳动强度高、工效低,因此有必要逐步改革并用新型材料取而代之。如推广使用利用工业废料制成的砖,不仅可以减少环境污染,保护农田,而且可以节省大量燃料煤。我国的一些大城市已禁止在建筑物中使用黏土砖。

砖按照生产工艺分为烧结砖(Fired Brick)和非烧结砖(Non-fired Brick),按所用原材料分为黏土砖、页岩砖、煤矸石砖、粉煤灰砖、炉渣砖和灰砂砖等。按有无孔洞分为实心砖(Solid Brick)、多孔砖(Perforated Brick)、空心砖(Hollow Brick)。常用的工业废料有:粉煤灰、煤矸石等。

烧结黏土砖(Fired Clay Brick)是用黏土烧制成的,有红砖(Red Brick)和青砖(Blue Brick)。青砖是在土窑中烧制,在窑中经浇水浸闷制成,只能小批量生产,现在已很少生产和应用这种砖。红砖是在旋窑中大批量生产,不需浇水浸闷。标准砖的规格为240mm×115mm×53mm,见图2-1a)。烧结黏土多孔砖和空心砖有竖向的孔洞。烧结黏土多孔砖是承重砖,KPⅠ型多孔砖的尺寸是240mm×115mm×90mm,见图2-1b),并配有180mm×115mm×90mm的配砖,以便于砌筑。M型多孔砖的尺寸是190mm×190mm×90mm,见图2-1c)。图2-1d)为空心砖。多孔砖砌成的墙、柱抗压强度较高,且质量减轻,符合轻质高强的发展方向。空心砖一般作为非承重隔墙砌筑材料。非承重隔墙也可以采用陶粒空心砌块等轻质块材。由于多孔砖和空心砖内含有按一定方位排列的孔洞,容易烧透,因此厚度和高度较实心砖大,有利于加快砌筑进度,减少砂浆用量。

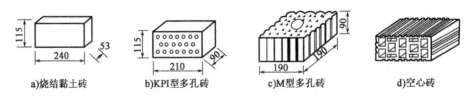

a)烧结黏土砖　　　b)KPI型多孔砖　　　c)M型多孔砖　　　d)空心砖

图2-1　部分地区空心砖的规格(尺寸单位:mm)

国内生产的承重多孔砖，其孔洞率一般在25%～30%，而非承重空心砖的孔洞率则较大。国外生产的砖和空心砖强度较我国的高很多，孔洞率也较大。我国砖和空心砖强度一般为10～20MPa，孔洞率为25%左右。美国空心砖强度为17～140MPa，最高达230MPa。前捷克空心砖强度达160～200MPa，孔洞率达40%以上。国外非承重空心砖孔洞率可达60%～70%。此外，国外空心砖的形式也是多样的，有错缝而可设置竖向钢筋。这方面有很多工作需要做，首先是要推广普及多孔砖和空心砖，扩大孔洞率和空心砖类型，逐步提高空心砖的强度。

北京市自2002年5月1日起，所有建筑工程（包括基础部分）禁止使用黏土实心砖。采用几种新型非黏土的页岩煤矸石多孔砖、页岩多孔砖，可用于多层砖混结构±0以上的墙体，以逐步取代黏土多孔砖。新型非黏土砖有：

（1）页岩煤矸石和页岩实心砖（Shale Gangue and Shale Hollow Brick）

这两种非黏土烧结实心砖与原黏土实心砖外形尺寸完全相同，均为240mm×115mm×53mm。全面替代黏土实心砖，可用于多层砖混结构的基础墙、暖气沟墙、室外挡土墙及其他室内外原使用黏土实心砖的部位。

（2）页岩煤矸石和页岩多孔砖（Shale Gangue and Perforated Shale Brick）

页岩煤矸石多孔砖为扁孔KPI型。页岩多孔砖为圆孔KPI型，如图2-2所示。这两种多孔砖尺

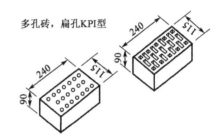

图2-2　页岩煤矸石多孔砖和页岩多孔砖
（尺寸单位：mm）

寸为240mm×115mm×90mm，与原黏土KPI型多孔砖外形尺寸相同。可用于多层砖混结构±0以上内外承重墙或其他适宜的部位。

（3）灰砂砖（Sand-lime Brick）

由石灰、砂蒸压而成，尺寸为240mm×115mm×53mm。可用于多层砖混结构的内外墙及±0以下的基础墙。但是有酸性侵蚀介质的地基土不得采用蒸压灰砂砖做基础和地下室墙。

2. 砌块（Block）

砌块是近年来迅速发展起来的一种砌筑材料，我国目前使用的砌块品种很多，其分类的方法也不同。按砌块特征分类，可分为实心砌块（Solid Block）和空心砌块（Hollow Block）两种。凡平行于砌块承重面的面积小于毛截面的75%者属于空心砌块，大于或等于75%者属于实心砌块，空心砌块的空心率一般为30%～50%。按生产砌块的原材料不同分类，可分为混凝土砌块（Concrete Block）和硅酸盐砌块（Lime-silicate Concrete Block）。

（1）普通混凝土小型空心砌块（Common Concrete Small Hollow Block）

混凝土砌块是由水泥、水、砂、石，按一定比例配合，经搅拌、成型和养护而成。砌块的主规格为390mm×190mm×190mm，配以3～4种辅助规格，即可组成墙用砌块基本系列。

混凝土砌块是由可塑的混凝土加工而成，其形状、大小可随设计要求不同而改变，因此它既是一种墙体材料，又是一种多用途的新型建筑材料。混凝土砌块的强度可通过混凝土的配合比和改变砌块的孔洞而在较大幅度内得到调整。因此，可用作承重墙体和非承重的填充墙体。混凝土砌块自重较实心黏土砖轻，地震荷载较小，砌块有空洞便于浇注配筋芯柱，能提高建筑物的延性。混凝土砌块的绝热、隔声、防火、耐久性等大体与黏土砖相同，能满足一般建筑要求。

（2）加气混凝土砌块（Aerated Concrete Block）

加气混凝土砌块是用钙质材料(如水泥、石灰)、硅质材料(粉煤灰、石英砂、粒化高炉矿渣等)和加气剂作为原料,经混合搅拌、浇注发泡、坯体静停与切割后,再经蒸压养护而成。加气混凝土砌块具有表观密度小、保温性能好及可加工等优点,一般在建筑物中主要用作非承重墙体的隔墙。

(3)石膏砌块(Gypsum Block)

生产石膏砌块的主要原材料为天然石膏或化工石膏。为了减小表观密度和降低导热性,可掺入适量的锯末、膨胀珍珠岩、陶粒等轻质多孔填充材料。在石膏中掺入防水剂可提高其耐水性。石膏砌块轻质、绝热吸气、不燃、可锯可钉,生产工艺简单,成本低。石膏砌块多用作内隔墙。

三、瓦(Tile)

瓦是屋面材料,按形状分平瓦和波形瓦两类。目前我国生产的瓦多为平瓦。旧式的波形瓦除农村小厂偶尔烧制外,已不生产。古建筑中应用的筒瓦(包括琉璃瓦),也只有在特殊情况下,少量烧制应用。平瓦的种类较多,有黏土瓦、水泥瓦、石棉水泥瓦、钢丝网水泥瓦聚氯乙烯瓦、玻璃钢瓦、沥青瓦等。

四、砂(Sand)

砂是组成混凝土和砂浆的主要组成材料之一,在土木工程中用量是很大的。砂一般分为天然砂和人工砂两类。由自然条件作用(主要是岩石风化)而形成的,粒径在3mm以下的岩石颗粒,称为天然砂。按其产源不同,天然砂可分为河砂、海砂和山砂。山砂表面也糙,颗粒多棱角,与水泥黏结较好。但山砂含泥量和有机杂质含量也较高,使用时进行质量的检验。海砂和河砂表面圆滑,与水泥的黏结较差。另外,海砂含盐分较多,对混凝土和砂浆有不利的影响,河砂较为洁净,故应用较广。应该注意到,乱挖河砂也是会对环境造成破坏。砂的粗细程度是指不同粒径的砂粒混合在一起的平均粗细程度,通常有粗砂、中砂、细砂之分。配制混凝土时,应优先选用中砂。砌筑砂浆可用粗砂或中砂,由于砂浆层较薄,对砂子最大粒径应有所限制。对于毛石砌体所用的砂,最大粒径应小于砂浆层厚度的1/5~1/4。对于砖砌体,以使用中砂为宜,粒径不得大于2.5mm。对于光滑的抹面及勾缝的砂浆,则应采用细砂。

五、石膏和石灰(Gypsum and Lime)

石灰、石膏和水成浆后,能硬化为坚实整体的矿物质粉状材料。砂浆是石灰、石膏或水泥等胶凝材料掺砂或矿渣等细骨料加水拌和而成的,用以砌筑砌体或抹灰、粉刷。

1. 石膏(Gypsum)

石膏是以硫酸钙 $CaSO_4$ 为主要成分的气硬性胶凝材料,天然二水石膏矿石或含有二水石膏的化工副产品和废渣为原料。常用品种有:建筑石膏、高强石膏、粉刷石膏以及无水石膏水泥、高温煅烧石膏等。

建筑石膏(Calcined Gypsum):以 β 型半水石膏为主要成分,不添加任何外加剂。主要用途有:制成石膏抹灰材料、各种墙体材料(如纸面石膏板、石膏空心条板等)。建筑石膏硬化后具有很强的吸湿性,耐水性和抗冻性较差,不宜使用在潮湿部位。它的抗火性能好,抗裂性能好。

高强石膏(High Strength Gypsum):以α型半水石膏为主要成分,由于其结晶良好,拌和时需水量仅约为建筑石膏的一半("水膏比"小),因此硬化后具有较高密实度和强度,适用于强度要求较高的抹灰工程、装饰制品和石膏板。

粉刷石膏(Plastering Anhydrite):是以建筑石膏和其他石膏(硬石膏或煅烧黏土质石膏)添加缓凝剂和辅料(石灰、烧黏土、氧化铁红等)的一种抹灰材料,可以现拌现用,适用范围广。

无水石膏水泥(Anhydrite Cement):将石膏经400℃以上高温煅烧后,加少量激发剂混合磨细制成,主要用作石膏板或其他制品,也可用于室内抹灰。

地板石膏(Floor Gypsum):是将石膏在800℃以上高温煅烧,分解出部分CaO,磨细后制成,硬化后有较高强度和耐磨性,抗水性较好。

2. 石灰(Lime)

石灰是将石灰石(主要成分为碳酸钙$CaCO_3$)在900~1 100℃温度下煅烧,生成以氧化钙(CaO)为主要成分的气硬性胶凝材料,称生石灰。使用时,要将生石灰熟化,即加水使之消解为熟石灰(或消石灰)——氢氧化钙$Ca(OH)_2$。熟化过程为放热反应,放出大量热的同时,体积增大1~2.5倍。石灰硬化后强度不高,耐水性差,所以石灰不宜在潮湿环境中使用,也不宜单独用于建筑物基础。石灰硬化过程中大量游离水分蒸发,引起显著收缩,除粉刷外,常掺入砂、纸筋,以减小收缩,并节约石灰。石灰在建筑中的应用除了石灰乳、石灰砂浆和石灰土、三合土以外,还可用于制作硅酸盐制品生产加气混凝土制品,如轻质墙板、砌块、各种隔热保温制品以及碳化石灰板等。

六、砌体(Masonry)

石材或砖用砂浆砌筑成的构件(墙、柱等)称砌体。图2-3a)为乱毛石砌体,图2-3b)为砖砌体。当将砖侧砌时,则构成空斗墙,如图2-3c)所示。这是古老的砌筑方式,原用薄壁砖砌筑,为非承重的。试验证明采用标准砖砌筑空斗墙是可用以承重的,但在地震区使用应慎重。

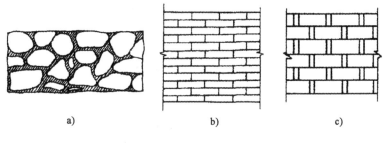

a)   b)   c)

图2-3　砌体

无论在哪种砌体中,砌筑时石材或砖都应错缝,即最多五条以上竖缝不应在同一垂直截面内。山区某些简易石建筑,有时可不用砂浆而砌筑干砌墙。

为了提高砖墙的抗震性能,可采用抗震空心砖,在孔洞中设竖向钢筋浇筑混凝土,如图2-4所示,在西安已陆续建筑了一些使用这种砖的6~7层住宅,考虑了抗震要求。国内还提出并生产带凹槽和凸榫的异型混凝土空心砌块,以提高沿通缝的抗剪强度,并曾在云南、贵州等震区建造若干幢多层建筑。

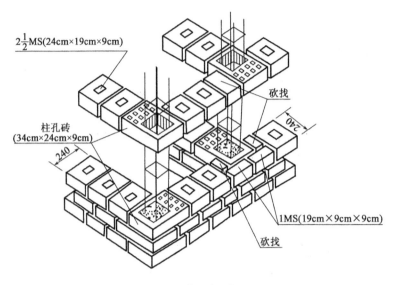

图 2-4　配筋砌块砌体结构

第二节　混　凝　土
Section 2　Concrete

一、水泥（Cement）

1. 水泥的性质（Properties of Cement）

水泥是水硬性胶凝材料，即加水拌和成塑性浆体，能在空气中和水中凝结硬化，可将其他材料胶结成整体，并形成坚硬石材的材料。

水泥按其用途及性能分为三类：通用水泥、专用水泥、特性水泥。水泥按其主要水硬性物质名称分为：硅酸盐水泥、铝酸盐水泥、硫铝酸盐水泥、氟铝酸盐水泥、磷酸盐水泥，以火山灰性或潜在水硬性材料以及其他活性材料为主要组分的水泥。

水泥为干粉状物，加适量的水并拌和后便形成可塑性的水泥浆体，水泥浆体在常温下会逐渐变稠直到开始失去塑性，这一现象称为水泥的初凝。随着塑性的消失，水泥浆体开始产生强度，此时称为水泥的终凝。水泥浆体由初凝到终凝的过程，称为水泥的凝结。水泥浆体终凝后，其强度会随着时间的延长不断增长，并形成坚硬的水泥石，这一过程称为水泥的硬化。

2. 水泥品种（Varieties of Cement）

用于配制普通混凝土的水泥，可采用常用的五大类水泥。

1）硅酸盐水泥（Portland Cement）

由硅酸盐水泥熟料、0~5%石灰石或粒化高炉矿渣、适量石膏磨细制成。

2）普通硅酸盐水泥（Ordinary Portland Cement）

由硅酸盐水泥熟料、6%~15%混合材料、适量石膏磨细制成。掺活性混合材料时，不得超过15%，其中允许用5%的窑灰或10%的非活性混合材料代替。与硅酸盐水泥相比，早期硬化速度稍慢，抗冻性与耐磨性略差。普通硅酸盐水泥强度等级比较高，适用于重要结构的高强混凝土和预应力混凝土。它的硬化较快，耐冻性好，耐腐蚀性差，放热量大。硅酸盐水泥适用于一般建筑工程,不适用于大体积、耐高温和海工结构。

3)矿渣硅酸盐水泥(Portland Blastfumace-slag Cement)

由硅酸盐水泥熟料、粒化高炉矿渣、适量石膏磨细制成。粒化高炉矿渣掺加量为 20% ~ 70%。允许用不超过 8% 的窑灰、石灰石,粉煤灰和火山灰质混合材料替代粒化高炉矿渣,但粒化高炉矿渣不得少于 20%。

与硅酸盐水泥相比,早期强度(3d、7d)较低,后期强度高。它的水化热低,抗软水、抗海水和硫酸盐腐蚀能力较强;耐热性较好,抗碳化能力较差,抗冻性和抗渗性也较差。

4)火山灰质硅酸盐水泥(Portland Pozzolana Cement)

由硅酸盐水泥熟料、火山灰质混合材料、适量石膏磨细制成。火山灰质混合材料掺加量为 20% ~ 50%。与矿渣硅酸盐水泥相似,其抗冻性和耐磨较差,但是抗渗性较好。

5)粉煤灰硅酸盐水泥(Portland Fly-ash Cement)

由硅酸盐水泥熟料、粉煤灰、适量石膏磨细制成。粉煤灰掺加量为 20% ~ 40%。与矿渣硅酸盐水泥相似,但抗裂性较好。

根据使用场合的不同,各种水泥的适用程度也不同。水泥强度等级的选择,应与混凝土的设计强度等级相适应。经验证明,一般以水泥强度等级为混凝土强度等级的 1.5 ~ 2.0 倍为宜。

二、混凝土(Concrete)

混凝土是当代最主要的土木工程材料之一。混凝土具有原料丰富、价格低廉、生产工艺简单的特点。同时,混凝土抗压强度高,耐久性好,强度等级范围宽,使用范围十分广泛。

混凝土的种类很多,按胶凝材料不同,分为水泥混凝土(又叫普通混凝土)、沥青混凝土、石膏混凝土及聚合物混凝土等;按表观密度不同,分为重混凝土、普通混凝土、轻混凝土;按使用功能不同,分为结构用混凝土、道路混凝土、水工混凝土、耐热混凝土、耐酸混凝土及防辐射混凝土等;按施工工艺不同,又分为喷射混凝土、泵送混凝土、振动灌浆混凝土等。为了克服混凝土抗拉强度低的缺陷,将水泥混凝土与其他材料复合,出现了钢筋混凝土、预应力混凝土、各种纤维增强混凝土及聚合物浸渍混凝土等。

1. 普通混凝土(Normal Weight Concrete)

普通混凝土由水泥、水、粗集料、细集料和外加剂五种原材料组成。在混凝土中,砂、石起骨架作用,称为集料;水泥与水形成水泥浆,水泥浆包裹在集料的表面并填充其空隙。硬化前水泥浆与外加剂起润滑作用,赋予拌和物一定和易性,便于施工。硬化后水泥浆与外加剂起到胶结作用,将集料胶结成一个坚实的整体。

2. 轻集料混凝土(Lightweight Aggregate Concrete,轻质混凝土(Lightweight Concrete),轻集料混凝土(Lightweight Aggregate Concrete)

用轻质粗集料、轻质细集料(或普通砂)、水泥和水配制而成,其干表观密度不大于 1 950kg/m³ 的混凝土叫轻集料混凝土。

3. 纤维增强混凝土(Fiber Reinforced Concrete,简称 FRC)

纤维增强混凝土是由不连续的短纤维均匀地分散于混凝土基材中,形成的复合混凝土材料。纤维增强混凝土可以克服混凝土抗拉强度低、抗裂性能差、脆性大的缺点。在纤维增强混凝土中,韧性及抗拉强度较高的短纤维均匀分布于混凝土中,纤维与水泥浆基材的黏结比较牢固,纤维间相互交叉和牵制,形成了遍布结构全体的纤维网。因此,纤维增强混凝土的抗拉、抗弯、抗裂、抗疲劳、抗振及抗冲击能力得以显著改善。

4. 聚合物混凝土(Polymer In Concrete,简称 PIC)

聚合物混凝土是用有机聚合物作为组成材料的混凝土,分为聚合物浸渍混凝土、聚合物水泥混凝土(简称 PCC)和聚合物胶结混凝土(简称 PC)三种。

5. 碾压混凝土(Roller Compacted Concrete)

碾压混凝土中水泥和水的用量较普通混凝土显著减少,有时还大量掺入工业废渣。碾压混凝土水灰比小,以及用碾压设备压实,施工效率高。碾压混凝土路面的总造价可比水泥混凝土路面降低 10% ~20%。碾压混凝土在道路或机场工程中是十分可靠的路面或路面基层材料,在水利工程中是抗渗性和抗冻性良好的筑坝材料,也是各种大体积混凝土工程的良好材料。

6. 自密实混凝土(Self-compacting Concrete)

一般混凝土的成型密实主要靠机械振捣,这不仅劳动强度大,易出质量事故,并且有噪声影响居民工作或生活,现在已经研制出有大流动度的混凝土,可自行密实到一角落,硬化后有很高的强度。

三、混凝土外加剂(Concrete Admixture)

外加剂能改善混凝土拌和物的和易性,对保证并提高混凝土的工程质量很有好处。外加剂能减少养护时间或缩短预制构件厂的蒸养时间,也可以使工地提早拆除模板,加快模板周转,还可以提早对预应力混凝土的钢筋放张、剪筋。总之,掺用外加剂可以加快施工进度,提高建设速度。外加剂能提高或改善混凝土质量。有些外加剂,可以提高混凝土强度,增加混凝土的耐久性、密实性、抗冻性及抗渗性,并可改善混凝土的干燥收缩及徐变性能。有些外加剂还能提高混凝土中钢筋的耐锈蚀性能。在采取一定的工艺措施之后,掺加外加剂能适当地节约水泥而不致影响混凝土的质量。外加剂可以使水泥混凝土具备一些特殊性能,如产生膨胀或可以进行低温施工等。

1. 外加剂的分类(Classification of Admixture)

外加剂有减水剂、早强剂、引气剂、缓凝剂、速凝剂、防冻剂、膨胀剂、泵送剂。外加剂种类繁多,功能多样,所以国内外分类方法很不一致,通常有以下两种分类方法。

按照外加剂功能分类,混凝土外加剂按其主要功能分为四类:

(1)改善混凝土拌和物流变性能的外加剂,包括各种减水剂、引气剂和泵送剂等。

(2)调节混凝土凝结时间、硬化性能的外加剂,包括缓凝剂、早强剂和速凝剂等。

(3)改善混凝土耐久性的外加剂,包括引气剂、防水剂和阻钙剂等。

(4)改善混凝土其他性能的外加剂,包括加气剂、膨胀剂、防冻剂、着色剂、防水剂和泵送剂等。

按外加剂化学成分可分为三类:无机物类、有机物类、复合型类。

目前,建筑工程中应用较多和较成熟的外加剂有:减水剂、早强剂、引气剂、调凝剂、防冻剂、膨胀剂等。

2. 外加剂品种(Varieries of Admixture)

(1)减水剂(Water Reducer):在保持坍落度基本相同的条件下,减少用水量。减水剂吸附于水泥颗粒表面,憎水基团向外,亲水基团向内,形成吸附膜。在同电荷相斥的作用下,使水泥颗粒分开,因此具有润湿、乳化、分散、润滑、起泡、洗涤的作用。

(2)早强剂(Hardening Accelerator):加速混凝土早期强度的发展。

(3)引气剂(Air Entraining Admixture):在混凝土拌和物中产生大量微小的气泡,改善了混凝土的和易性(流动性、黏聚性、保水性),改善了混凝土的抗渗性和抗冻性,水泥浆的体积增大。但是强度、耐磨性和弹性模量有所降低。

(4)缓凝剂(Retarding Agent):减缓混凝土的凝结时间,不显著降低混凝土后期强度。

(5)速凝剂(Rapid Setting Admixture):加速混凝土的凝结时间。

(6)防冻剂(Antifreeze Admixture):主要组分有防冻组分、减水组分、早强组分、引气组分。防冻组分可以降低冰点。

(7)膨胀剂(Expansion Admixture):使混凝土产生一定程度的体积膨胀。

(8)泵送剂(Pumping Agent):非引气剂型和引气剂型,主要组分有减水组分、引气组分,还可以加入膨胀组分。

四、混凝土掺和料(Concrete Mixed Material)

粉煤灰(Fly Ash):煤粉炉排出的烟气中收集到的细粉末。粉煤灰中的氧化物与氢氧化钙反应,生成水化物,是一种胶凝材料。粉煤灰可以增强混凝土拌和物的和易性,降低水化热,抑制碱集料反应。

硅粉(Silica Fume):生产硅钛合金或硅钢排出的烟气中收集到的细粉末。硅粉与高效减水剂配合使用,可以改善混凝土拌和物的黏聚性与保水性,提高混凝土强度,提高密实度,提高耐久性能。

沸石粉(Zeolite):天然沸石岩磨细而成,是一种火山灰质铝硅酸盐矿物,含有一定的氧化物,可以改善混凝土拌和物的和易性。沸石粉与高效减水剂配合使用,提高混凝土强度。

第三节 钢 材
Section 3　Steels

土木工程中应用量最大的金属材料是钢材,钢材广泛应用于铁路、桥梁、建筑工程等各种结构工程中。在钢结构中,需要使用各种型材(如圆钢、角钢、工字钢等)、板材、管材。在钢筋混凝土结构中,需要使用各种线材,如钢筋、钢丝等。

一、常用建筑钢材品种(Varieties of Common Building Steel)

1. 碳素结构钢(Carbon Structural Steels)

碳素结构钢是碳素钢中的一大类,用于结构工程,适合生产各种型钢、钢筋和钢丝等,产品可供焊接、铆接、栓接的构件用。

2. 低碳合金结构钢(Low-carbon Alloy Structure Steels)

低碳合金钢是在普通钢种内加入微量合金元素,但硫、磷杂质的含量保持普通钢的水平,而具有较好的综合力学性能,主要用于桥梁、建筑钢筋、重轨和轻轨等方面。

3. 优质碳素结构钢(Carbon Constructional Quality Steels)

含碳量小于0.8%,有害杂质含量较小,用于制作钢丝和钢绞线。

二、钢筋(Steel Bar/Steel Reinforcement)

钢筋的性能主要取决于所用钢种及其加工方式。

1. 热轧钢筋(Hot Rolled Bar)

热轧钢筋是土木工程中用量最大的钢筋品种之一,主要用于钢筋混凝土结构和预应力钢筋混凝土结构的配筋。热轧钢筋的表面形式为光面钢筋与变形钢筋。近年来,我国逐步采用了月牙形变形钢筋,如图2-5所示,月牙形钢筋具有较好的塑性和黏结性能。过去采用的变形钢筋为螺纹钢筋和人字纹钢筋,螺纹钢筋如图2-6所示。除两条纵肋外,横肋间距较密,虽然黏结性能较好,但横肋与纵肋连接处钢筋比较脆,且生产时轧辊易损坏。为了保证光面钢筋在构件中受力时,与混凝土黏结可靠,需在端头做成半圆形弯钩。

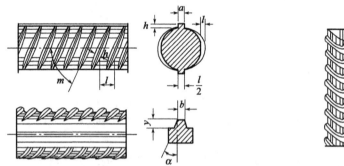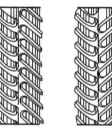

图2-5　月牙形钢筋图　　　　　　　　　　图2-6　螺纹钢筋

涂层钢筋是用环氧树脂在钢筋上涂上一层0.15～0.3mm薄膜,一般采用环氧树脂粉末以静电喷涂方法制作。涂层钢筋也常在水工结构工程中采用,北京西客站广场地上通道的顶板、广东汕头LPG码头、宁波大桥、香港青马大桥等许多工程项目采用了环涂层钢筋。

2. 冷轧带肋钢筋(Cold-rolled Ribbed Bar)

冷轧带肋钢筋是将普通低碳钢热轧圆盘条,在冷轧机上冷轧成三面或二面有月牙形横肋的钢筋。这种钢筋是近年来从国外引进的技术生产的。

3. 热处理钢筋(Heat Treated Rebar)

热处理钢筋是用热轧中碳低合金钢筋经淬火、回火调质处理的钢筋。通常用于预应力混凝土结构,为增加与混凝土的黏结力,钢筋表面常轧有通长的纵肋和均布的横肋。

4. 冷拉低碳钢筋和冷拔低碳钢丝(Cold Drawing Mild Steel Bar and Cold Strenched Mild Wire)

对于低碳钢和低合金钢,在保证要求延伸率和冷弯指标的条件下,进行较小程度的冷加工后,既可提高屈服极限和强度极限,又可满足塑性的要求。这种钢筋须在焊接后进行冷拉,否则冷拉效果在焊接时,会由于高温影响而消失。

5. 预应力钢丝、刻痕钢丝和钢绞线(Pre-stressing Wire、Indented Wire and Steel Strand)

预应力钢丝是以优质碳素结构钢圆盘条经等温淬火并拔制而成。若将预应力钢丝辊压出规律性凹痕,以增强与混凝土的黏结,则成为刻痕钢丝。预应力钢丝应具有强度高、柔性好、松弛率低、耐腐蚀等特点,适用于各种特殊要求的预应力混凝土。钢绞线是由高强钢丝捻制成的,如图2-7所示,有三根一股和七根一股的钢绞线。

钢丝、刻痕钢丝及钢绞线均属于冷加工强化的钢材,没有明显的屈服点,材料检验只能以抗拉强度为依据。它具有强度高、塑性好、使用时不需要接头等优点,适用于大荷载、大跨度及曲线配筋的预应力混凝土结构。

三、钢筋连接(Splice of Reinforcement)

热轧钢筋直径一般为 6 ~ 32mm,小直径钢筋(12mm 以下)做成盘圆供应,大直径钢筋长度一般为 12m(火车车厢长度),因此有时需接头。接头有搭接及焊接,焊接又有对头焊接、搭接焊接、帮条焊接,如图 2-8 所示。

图 2-7　钢绞线

钢筋的机械连接可以采用直螺纹接头(图 2-9)和锥螺纹接头(图 2-10)。钢筋的直螺纹可以通过机械加工制作,锥螺纹通过机械调质后,再车削制成。这种接头强度与钢筋母材等强,性能稳定可靠,连接速度便捷。

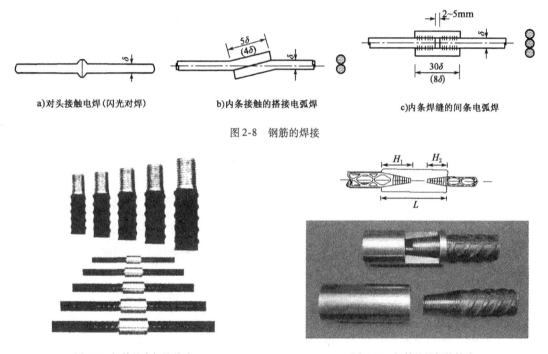

a)对头接触电焊(闪光对焊)　　b)内条接触的搭接电弧焊　　c)内条焊缝的间条电弧焊

图 2-8　钢筋的焊接

图 2-9　钢筋的直螺纹接头　　　　图 2-10　钢筋的锥螺纹接头

钢筋还可以采用冷挤压接头,是一种机械连接方法,即通过轻便式压接机,将套在待接的两根变形钢筋上的连接套筒挤压变形,紧紧咬住变形钢筋的横肋形成整体,以达到连接的目的。

四、型钢(Chape Steel)

钢结构构件可选用各种型钢,也可以采用焊接构件。构件之间可直接连接或辅以连接钢板进行连接,连接方式可铆接、螺栓连接或焊接,所以钢结构所用钢材主要是型钢和钢板。

1)热轧型钢(Hot-rolled Section Steels)

常用的热轧型钢有:等边和不等边的角钢[图 2-11a)、b)]、槽钢[图 2-11c)]、工字钢[图 2-11d)]、T 型钢、H 型钢、L 型钢等。

2)冷弯薄壁型钢(Cold-firmed Thin-wall Steel)

通常是用 2 ~ 6mm 薄钢板冷弯或模压而成,有角钢、槽钢等开口薄壁型钢和方形、矩形等空心薄壁型钢,可用于轻型钢结构。

　　3）钢管（Steel Tube）

　　常用的有热轧无缝钢管和焊接钢管。

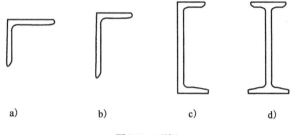

图2-11　型钢

五、钢板与焊接组合截面钢材（Steel Plate and Welding Combination Section Steels）

　　钢板和压型钢板用光面轧辊轧制而成的扁平钢材,以平板状态供货的称钢板;以卷状供货的称钢带。根据轧制温度不同,又可分为热轧和冷轧两种。建筑用钢板及钢带的钢种主要是碳素结构钢,重型结构、大跨度桥梁、高压容器等也采用低合金钢钢板。按厚度来分,热轧钢板分为厚板（厚度大于4mm）和薄板（厚度为0.35~4mm）两种。而冷轧钢板只有薄板（厚度为0.2~4mm）一种。厚板可用于焊接结构,如图2-12所示。日本的建筑钢板厚度已达到40~70mm,可用于高层钢结构建筑中的柱,如图2-13所示。

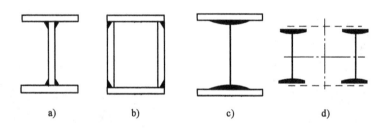

图2-12　焊接组合截面

　　钢薄板或其他金属材料薄板可用作屋面（图2-14）或墙面等围护结构,或作为涂层钢板的原料,如制作压型钢板等。压型钢板具有单位质量轻、强度高、抗震性能好、施工快、外形美观等特点,主要用于围护结构、楼板、屋面等。

图2-13　厚H型钢

图2-14　压型钢板

　　钛金属质地坚硬,比钢坚硬30%,质量比钢材轻,并且抗腐蚀性能非常强,多用于建筑标准高或环境条件恶劣的地区。例如,北京的国家大剧院和杭州大剧院已采用了钛金属屋面。杭州大剧院如图2-15所示。

图2-15 杭州大剧院

六、钢材化学成分及其对钢材性能的影响(The Chemical Composition of Steel and Their Effects on the Properties of Steel)

钢材中除主要化学成分铁(Fe)以外,还含有少量的碳(C)、硅(St)、锰(Mn)、磷(P)、硫(S)、氧(O)、氮(N)、钛(Ti)、钒(V)等元素。这些元素虽含量很少,但对钢材性能的影响很大。

碳是决定钢材性能的最重要元素,它影响到钢材的强度、塑性、韧性等机械力学性能。当钢中含碳量在0.8%以下时,随着含碳量的增加,钢的强度和硬度提高,塑性和韧性下降;但当含碳量大于1.0%时,随含碳量增加,钢的强度反而下降。一般工程用碳素钢均为低碳钢,即含碳量小于0.25%。

钢中有益元素有锰、硅、钒、钛等,控制掺入量可冶炼成低合金钢。

钢中主要的有害元素有硫、磷及氧,要特别注意控制其含量。磷是钢中很有害的元素之一,磷含量增加,钢材的强度、硬度提高,塑性和韧性显著下降。特别是温度愈低,对塑性和韧性的影响愈大,从而显著加大了钢材的冷脆性。磷也使钢材可焊性显著降低,但磷可提高钢的耐磨性和耐蚀性。

硫也是很有害的元素,呈非金属硫化物夹杂存在于钢中,降低钢材的各种机械性能。由于硫化物熔点低,使钢材在热加工过程中造成晶粒的分离,引起钢材断裂,形成热脆现象,称为热脆性。硫使钢的可焊性、冲击韧性、耐疲劳性和抗腐蚀性等均降低。

氧是钢中有害元素,主要存在于非金属夹杂物中,少量熔于铁素体内。非金属夹杂物降低钢的机械性能,特别是韧性。氧有促进时效倾向的作用。氧化物所造成的低熔点亦使钢的可焊性变差。

第四节　其他材料
Section 4　Other Materials

一、木材(Timber)

木材是一种古老的工程材料,由于其具有一些独特的优点,即使在今天,木材仍在工程中占有重要的地位。木材具有很多优点,如轻质高强,易于加工,有较高的弹性和韧性,能承受冲击和振动作用,导电和导热性能低,木纹装饰性好等。但木材也有缺点,如构造不均匀,各向异性,易吸湿大,吸水性大。因而,木材易产生较大的湿胀、干缩变形,易燃、易腐等。这些缺陷经加工和处理后,可得到很大程度上的改善。

1. 木材分类(Classification of Timber)

木材是由树木加工而成的,树木分为针叶树和阔叶树两大类。针叶树树干通直而高大,易得大材,纹理平姻木质较软而易于加工,故又称软木材,常用树种有松、杉、柏等。阔叶树树干通直部分一般较短,材质较硬,较难加工,故称硬木材,常用树种有榆木、水曲柳、柞木等。木材的构造决定着木材的性能,针叶树和阔叶树的构造不完全相同。

2. 木材的强度(Strength)

木材的顺纹(作用力方向与纤维方向平行)强度和横纹(作用力方向与纤维方向垂直)强度有很大的差别。一般针叶树横纹抗压强度约为顺纹抗压强度的10%;阔叶树为15%~20%。

影响木材强度的主要因素为含水率(一般含水率高,强度降低),温度(温度高,强度降低),荷载作用时间(持续荷载时间长,强度下降)及木材的缺陷(木节、腐朽、裂纹、翘曲、病虫害等)。

3. 木材的品种(Varieties)

工程中木材又常分为原木、锯材及各类人造板材。原木是已经除去皮、根、树梢而未加工成规定材品的木材。锯材是已经加工锯成一定尺寸的木料,常有板材(宽度为厚度的三倍或三倍以上)和方材。

4. 木材的综合利用(Comprehensive Utilization)

人造板材是利用木材或含有一定纤维量的其他作物做原料,采用一般物理和化学方法加工而成的。这类板材与天然木材相比,板面宽,表面平整光洁,没有节子,不翘曲、开裂,经加工处理后还具有防水、防火、防腐、防酸性能。常用的人造板材有:胶合板,纤维板,刨花板、木丝板、木屑板。

二、沥青、沥青制品和防水材料(Asphalt,Asphalt Products and Other Waterproof Matericals)

1. 沥膏、沥青制品(Asphalt and Asphalt Products)

沥青材料是由复杂的高分子碳氢化合物和其非金属(氧、硫、氮)衍生物组成的混合物。沥青按其在自然界中获得的方式,可分为地沥青(包括天然地沥青和石油地沥青)和焦油沥青(包括煤沥青、木沥青、页岩沥青等)。这些类型的沥青在土木工程中最常用的主要是石油沥青和煤沥青,其次是天然沥青,天然沥青在我国亦有较大储量。

沥青除用于道路工程外,还可以作为防水材料和防腐材料。沥青混合料是指沥青与矿料、砂石拌和而成的混合料。沥青砂浆是由沥青、矿质粉料和砂所组成的材料。如再加入碎石或卵石,就成为沥青混凝土。沥青砂浆用于防水,沥青混凝土用于路面和车间大面积地面等。根据沥青混合料剩余空隙率的不同,把剩余空隙率大于10%的沥青混合料称为沥青碎石混合料,剩余空隙率小于10%的沥青混合料称为沥青混凝土混合料。

2. 其他防水材料(Other Waterproof Matericals)

用于屋面、地下工程及其他工程的防水材料的品种很多,如高聚合物改性沥青、橡胶、合成高分子防水材料,在工程应用中取得了较好的防水效果。我国研制和使用高分子新型防水卷材虽然时间较短,但已取得了较大的发展。目前的品种有三大类:橡胶类防水卷材,主要品种有二元乙丙橡胶、聚氨酯橡胶、丁基橡胶、氯丁橡胶、再生橡胶卷材等;塑料类防水卷材,主要品种有聚氯乙烯、聚乙烯、氯化聚乙烯卷材等;橡塑共混型防水卷材,主要品种有氯化聚乙烯—橡塑共混卷材、聚氯乙烯—橡胶共混卷材等。

新型防水材料还有橡胶类胶黏剂,如聚氨酯防水涂料;新型密封材料,如聚氨酯建筑密封膏,可用于各种装配式建筑屋面板、楼地面、阳台、窗框、卫生间等部位的接缝,施工缝的密封,给排水管道储水池等工程的接缝密封,混凝土裂缝的修补。丙烯酸酯建筑密封膏,可用于混凝土、金属、木材、天然石料、砖、砂浆、玻璃、瓦及水泥石之间的密封防水。

三、玻璃和陶瓷制品(Glass and Ceramic Products)

玻璃已广泛地应用于建筑物,它不仅有采光和防护的功能,而且是良好的吸声、隔热及装饰材料。除建筑行业外,玻璃还应用于轻工、交通、医药、化工、电子、航天等领域。常用剥离材料的品种可分为:平板玻璃、装饰玻璃、安全玻璃、防辐射玻璃、玻璃砖。

陶瓷是由适当成分的黏土经成型、烧结而成的较密实材料。尽管我国陶瓷材料的生产和应用历史很悠久,但在土木工程中的大量应用,特别是陶瓷材料的性能改进只是近几十年的事情,陶瓷材料也可看作土木工程中的新型人造石材。根据陶瓷材料的原料和烧结密实程度不同,可分为陶质、箔质和瓷质三种性能不同的人造石材。陶质材料密实度较差,瓷质材料密实度很大,性能介于陶质材料和瓷质材料之间的陶瓷材料称为炻质材料。

为改善陶瓷材料表面的机械强度、化学稳定性、热稳定性、表面光洁程度和装饰效果,降低表面吸水率,提高表面抗污染能力,可在陶瓷材料的表面覆盖一层玻璃态薄层,这一薄层称为釉料。这种陶瓷材料称为釉面陶瓷材料,其基体多为陶质材料。

常用陶瓷材料的品种可分为:陶瓷锦砖(马赛克)、陶瓷墙地砖、陶瓷釉面砖、卫生陶瓷。

四、塑料和塑料制品(Plastics and Plastic Products)

塑料是以有机高分子化合物为基本材料,加入各种改性添加剂后,在一定的温度和压力下塑制而成的材料。塑料具有以下性质:表观密度小、导热性差、强度重力比大、化学稳定性良好、电绝缘性优良、消声吸振性良好及富有装饰性。除了上述的优点之外,建筑塑料尚存在一些有待改进和解决的问题,即弹性模量较小、刚度差和容易老化。

塑料在工业与民用建筑中可作为塑料模板(图2-16)、管材、板材、门窗、壁纸、地毯、器皿、

图 2-16　塑料模壳成品和施工现场

绝缘材料、装饰材料、防水及保温材料等。在基础工程中可用作塑料排水板或隔离层、塑料土工布或加筋网等。在其他工程中可用作管道、容器、黏结材料或防水材料等，有时也可用作结构材料，如膜结构。

五、吸声材料（Sound Absorption Material）

应选用密实的材料作为隔声材料，如砖、混凝土、钢板等。若采用轻质材料或薄壁材料，需辅以多孔吸声材料或采用夹层结构，如夹层玻璃就是一种很好的隔声材料。至于固体声的隔声，最有效的措施是采用不连续的结构处理，即在墙壁和承重梁之间、房屋的框架和墙板之间加弹性衬垫，如毛毡、软木、橡皮等材料或在楼板上加弹性地毯。

常用的吸声材料有：
无机材料：水泥蛭石板、石膏砂浆（掺水泥玻璃纤维）、水泥膨胀珍珠岩板、水泥砂浆等。
有机材料：软木板、木丝板、穿孔五夹板、三夹板、木质纤维板等。
多孔材料：泡沫玻璃、脲醛泡沫塑料、泡沫水泥、吸声蜂窝板、泡沫塑料等。

六、防腐涂料和材料（Anticorrosion Coating and Material）

目前，国内使用较多的建筑防腐材料主要包括耐腐蚀涂料、树脂胶泥耐腐蚀材料、玻璃钢耐腐蚀材料和塑料板材四大类。

1. 防腐涂料（Anticorrosion Coating）

防腐涂料的主要品种有：过氯乙烯漆、环氧树脂漆、酚醛漆、沥青漆、聚氨酯漆。

2. 树脂胶泥耐腐蚀材料（Resin Mortar Resistant Material）

树脂类耐腐蚀胶泥是以各种合成树脂为主要材料，加入固化剂、填料、溶剂及其他助剂等配制成的树脂胶泥类耐腐蚀材料。目前，国内在建筑防腐蚀工程中常用的合成树脂有环氧树脂、酚醛树脂、吹哺树脂及不饱和聚酯树脂等。胶泥的耐腐蚀性主要取决于树脂自身的耐腐蚀性能。

3. 玻璃钢防腐材料（Frp Anticorrosion Material）

玻璃钢是玻璃纤维增强塑料（FRP）的俗称，是以合成树脂为胶黏剂，加入稀释剂、固化剂和粉料等配成胶料，以玻璃纤维或其制品作增强材料，经过一定的成型工艺制成的一类复合材料。在玻璃钢中，合成树脂一方面将玻璃纤维或制品黏结成一个整体，起着传递荷载的作用，另一方面又赋予玻璃钢各种优良的综合性能，如良好的耐腐蚀性、电绝缘性和施工工艺性等。

4. 防腐塑料板材（Anticorrosion Plastic Plate）

塑料板材在防腐蚀工程中是应用非常广泛的一类材料。多数塑料对酸、碱、盐等腐蚀性介质具有良好的耐受能力。

七、防火材料（Fireproof Material）

建筑材料的防火性能包括建筑材料的燃烧性能，耐火极限，燃烧时的毒性和发烟性。建筑材料的燃烧性能，是指材料燃烧或遇火时所发生的一切物理、化学变化。其中，着火的难易程度、火焰传播程度、火焰传播快慢以及燃烧时的发热量，均对火灾的发生和发展具有重要的意义。

八、绝热材料(Insulation Material)

绝热材料是保温、隔热材料的总称,一般是指轻质、疏松、多孔、松散颗粒、纤维状的材料,而且孔隙之间不相连通的,绝热性能就越好。常用绝热保温材料可分为无机绝热材料和有机绝热材料。

1. 无机绝热材料(Inorganic Insulation Material)

纤维状材料:矿棉及矿棉制品、玻璃棉及其制品、石棉及制品。石棉具有绝热、耐火、耐酸碱、耐热、隔声、不腐朽等优点。石棉制品有石棉水泥板、石棉保温板,可用作建筑物墙板、天棚、屋面的保温、隔热材料。矿渣棉具有质轻、不燃、防蛀、价廉、耐腐蚀、化学稳定性好、吸声性能好等特点。它不仅是绝热材料,还可作为吸声、防振材料。

粒状材料:膨胀蛭石及其制品、膨胀珍珠岩及其制品。膨胀蛭石制品主要有水泥膨胀蛭石制品、水玻璃膨胀蛭石制品。这两类制品可制成各种规格的砖、板、管等,用于围护结构和管道的保温、绝热材料。膨胀珍珠岩具有质轻、绝热、吸音、无毒、不燃烧、无臭味等特点,是一种高效能的绝热材料。

多孔材料:微孔硅酸钙、泡沫玻璃。多孔混凝土有泡沫混凝土和加气混凝土两种,上述两种混凝土的最高使用温度为600℃,用于围护结构的保温隔热。

2. 有机绝热材料(Organic Insulation Material)

有机绝热材料有泡沫塑料、软木及软木板、木丝板、蜂窝板。

软木板耐腐蚀、耐水,只能阴燃不起火焰,并且软木中含有大量微孔,所以质轻,是一种优良的绝热、防振材料。软木板多用于天花板、隔墙板或护墙板。

泡沫塑料是以各种树脂为基料,加入一定剂量的发泡剂、催化剂、稳定剂等辅助材料,经加热发泡制成的一种轻质、保温、隔热、吸声、防振材料。

蜂窝板是由两块较薄的面板,牢固地黏结在一层较厚的蜂窝状芯材两面而形成的板材,也称蜂窝夹层结构。面板必须用适合的胶粘剂与芯材牢固地黏合在一起,才能显示出蜂窝板的优异特性,即强度重力比大,导热性能差和抗震性能好等。

九、装饰材料(Decoration Material)

对建筑物主要起装饰作用的材料称装饰材料,对装饰材料的基本要求是:装饰材料应具有装饰功能、保护功能及其他特殊功能。虽然装饰材料的基本要求装饰功能,但同时还可满足不同的使用要求(如绝热、防火、隔声)以及保护主体结构,延长建筑物寿命。以外,还应对人体无害,对环境无污染。装饰功能即装饰效果,是由质感、线条和色彩等因素构成的。装饰材料种类繁多,无机材料与有机材料,以及复合材料。也可按其在建筑物的装饰部位分类。

1. 外墙装饰材料(External Wall Decoration Material)

天然石材(大理石、花岗岩);人造石材(人造大理石、人造花岗岩);瓷砖和磁片;玻璃(玻璃马赛克、彩色吸热玻璃、镜面玻璃等);白水泥、彩色水泥与装饰混凝土;铝合金;外墙涂料碎屑饰面(水刷石、干黏石等)等。

2. 内墙装饰材料(Interior Wall Decoration Material)

内墙涂料;墙纸与墙布;织物类;微薄木贴面装饰板(0.2~1.0 mm);铜浮雕艺术装饰板;玻璃制品。

3. 地面装饰材料(Ground Decoration Material)

人造石材;地毯类;塑料地板;地面涂料;陶瓷地砖(包括陶瓷锦砖);人造石材;天然石材;木地板。

4. 顶棚装饰材料(Ceiling Decoration Material)

塑料吊顶材料(钙塑板等);铝合金吊顶;石膏板(浮雕装饰石膏板、纸面石膏装饰板等);墙纸装饰天花板;玻璃钢吊顶吸声板;矿棉吊顶吸声板;膨胀珍珠岩装饰吸声板。

思 考 题

1. 什么是实心砖、多孔砖、空心砖? 为什么说烧结黏土砖会造成环境破坏?
2. 非黏土烧结砖的主要成分是什么?
3. 什么是硅酸盐水泥的凝届硬化? 水泥的品种有哪些?
4. 混凝土的组成是什么?
5. 混凝土外加剂有哪些? 混凝土掺和料有哪些?
6. 建筑钢筋的品种有哪些? 钢筋如何连接?
7. 什么是建筑型钢?
8. 钢材如何防腐、防火?

参 考 文 献

[1] 江见鲸,叶志明. 土木工程概论[M]. 北京:高等教育出版,2001.

[2] 丁大钧,蒋永生. 土木工程概论[M]. 北京:中国建筑工业出版,2003.

[3] 罗福午. 土木工程(专业)概论[M]. 武汉:武汉工业大学出版,2001.

[4] 湖南大学. 土木工程材料[M]. 北京:中国建筑工业出版,2002.

[5] 中国建筑标准设计研究院. 建筑产品选用技术(结构)2005[M]. 北京:中国建筑工业出版,2005.

第三章 地基和基础
Chapter 3 Base and Foundation

第一节 地 基
Section 1 Base

地球的表层——地壳是人类赖以生存的场所,它构成了一切工程建筑的环境和物质基础。万丈高楼平地起,任何土木工程都建筑在地壳之上。为了使所修建的工程能够正常地发挥预期的效益,造价合理,且不对周围的环境造成不良后果,要求土木工程人员必须根据实际需要深入研究地质环境,并解决土木工程中出现的工程地质问题。

将上部结构(Superstructure)荷载传递给地基、连接上部结构与地基的下部结构(Substructure),称为基础(Foundation)。远古人类在史前建筑活动中,就已创造了自己的地基基础工艺。我国西安半坡村新石器时代遗址和殷墟遗址的考古发掘中,都发现有土台和基础;由著名的隋朝石匠李春所建、现位于河北省赵县的赵州桥将桥台基础置于密实的砂土层上,1 300 多年来据考证沉降仅几厘米。

地基(Base)是指承托基础的场地。地基处理是指天然地基(Natural Base)很软弱,不能满足地基承载力和变形的设计要求,地基需经过人工处理的过程。欧美国家称为地基处理,有些国家称为地基加固。

人们总是希望选择在地质条件良好的场地上从事工程建设,但有时也不得不在地质条件不良的地基上修建工程。另外,随着科学技术的发展,结构物的荷载日益增大,对变形要求也越来越严,因而原来一般可被评价为良好的地基,也可能在特定条件下必须进行地基处理。

一、天然地基类型(Types of Natural Base)

1. 土质地基(Soil Base)

土是在漫长的地质年代中,由岩石经历风化、剥蚀、搬运、沉积生成的。按地质年代划分为"第四纪沉积物",根据成因的类型分为残积物、坡积物和洪积物、平原河谷冲积物(河床、河漫滩、阶地)、山区河谷冲积物(较前者沉积物质粗,大多为砂料所充填的卵石、圆砾)等。土按颗料级配或塑性指数可划分为碎石土、砂土、粉土和黏性土。

土质地基(Soil Base)一般是指成层岩石以外的各类土,在不同行业的规范中其名称与具体划分的标准略有不同。地基与我们称为土的材料组成成分相同,不同点是前者为承受荷载的那部分土体,而后者是对地壳组成部分除岩层、海洋外的统称。

土质地基处于地壳的表层,施工方便,基础工程造价较经济,是房屋建筑,中、小型桥梁,涵洞,水库,水坝等构筑物基础经常选用的持力层。

2. 岩石地基(Rock Base)

当岩层距地表很近,或高层建筑、大型桥梁、水库水坝荷载通过基础底面传给土质地基,地基土体承载力、变形验算不能满足相关规范要求时,必须选择岩石地基(Rock Base),如我国南京长江大桥的桥墩基础、三峡水库大坝的坝基基础等。

岩石根据其成因不同,分为岩浆岩、沉积岩、变质岩。它们具有足够的抗压强度,颗粒间有较强的连接,除全风化、强风化岩石外,均属于连续介质,它较土粒堆积而成的多孔介质的力学性能优越许多。

3.特殊土地基(Special Base)

我国地域辽阔,工程地质条件复杂。在不同的区域,由于气候条件、地形条件、季风作用,在成壤过程中形成具有独特物理力学性质的区域土概称为特殊土。我国特殊土地基通常有湿陷性黄土地基、膨胀土地基、冻土地基、红黏土地基等。

(1)湿陷性黄土地基(Collapsible Loess Base)。

湿陷性黄土是指在一定压力下受水浸湿,土结构迅速破坏,并发生显著附加下沉的黄土。湿陷性黄土主要为马兰黄土和黄土状土。前者属于晚更新世 Q_3 黄土;后者属于全新世 Q_4 黄土。在一定压力和充分浸水条件下,下沉稳定为止的变形量称为总湿陷量。在地基计算中,当建筑物地基的压缩变形、湿陷变形或强度不满足设计要求时,应针对不同土质条件和使用要求,在地基压缩层内采取处理措施。选择地基处理的方法,应根据建筑物的类别、湿陷性黄土的特性、施工条件和当地材料,并经综合技术经济比较确定,以避免湿陷变形给建筑物的正常使用带来危害。在湿陷性黄土地基上设计基础的底面积尺寸时,其承载力的确定应遵守相关的规定。

(2)膨胀土地基(Expansive Soil Base)。

土中黏粒成分主要由亲水性矿物组成,同时具有显著的吸水膨胀和失水收缩两种变形特性的黏性土称为膨胀土。在一定压力下,浸水膨胀稳定后,土样增加的高度与原高度之比称为膨胀率。由于膨胀率的不同,在基底压力作用时,膨胀变形数值不同。反之,气温升高,水分蒸发引起的收缩变形数值也不相同。但基础某点的最大膨胀上升量与最大收缩下沉量之和应小于或等于建筑物地基容许变形值。若不满足,应采取地基处理措施。因而在膨胀土地区进行工程建设,必须根据膨胀土的特性和工程要求,综合考虑气候特点、地形地貌条件、土中水分的变化情况等因素,因地制宜,采取相应的设计计算与治理措施。

(3)冻土地基(Frozen Soil Base)。

含有冰的土(岩)称为冻土。冻结状态持续两年或两年以上的土(岩)称为多年冻土。地表层冬季冻结,夏季全部融化的土称为季节冻土。冻土中易溶盐的含量超过规定的限值时称盐渍化冻土。冻土由土颗粒、冰、未冻水、气体四相组成。低温冻土作为建筑物或构筑物基础的地基时,强度高、变形小,甚至可以看成是不可压缩的。高温冻土在外荷作用下表现出明显的塑性,在设计时,不仅要进行强度计算,还必须考虑按变形进行验算。

利用多年冻土作地基时(例如青藏公路、铁路与沿线的房屋和构筑物),由于土在冻结与融化两种不同状态下,其力学性质、强度指标、变形特点与构造的热稳定性等相差悬殊。当从一种状态过渡到另一种状态时,一般情况下将发生强度由大到小、变形由小到大的突变。因此,在施工、设计中应注意建筑物周围的环境生态平衡,保护覆盖植被,避免地温升高,减少冻土地基的融沉量。

在季节冻土地区的地基,一个年度周期内经历未冻土—冻结土的两种状态。因此,季节冻土地区的地基基础设计,首先应满足非冻土地基有关规范的规定,即在长期荷载作用下,地基变形值在允许数值范围内,在最不利荷载作用下地基不发生失稳。然后根据有关冻土地基规范的规定计算冻结状态引起的冻胀力大小和对基础工程的危害程度。同时,应对冻胀力作用下基础的稳定性进行验算。冻土地基的最大特点是土的工程性质与土温息息相关,土温又与气温相关,两者的数值不相等。这是因为气温升高或降低产生的热辐射能,首先被土中水发生相变(水变成冰或反之)而消耗,其次土中的其他组成成分吸热或放热导致土体温度改变。当地温降低时,土中水由液态转为固态引起体积膨胀,弱结合水的水分迁移加大了膨胀数值,这种向上膨胀趋势给地基中的基础增加了非冻土中不存在的向上冻胀力。地温升高时,土中冰转为液态水,体积收缩,土的刚度减弱,引起很大的沉降变形,产生非冻土中不存在的融沉现象。当融沉变形不均匀产生时,会引起道路开裂、边坡滑移、房屋倾斜、基础失稳。

(4)红黏土地基(Red Clay Base)。

红黏土为碳酸盐岩系的岩石经红土化作用(岩石在长期的化学风化作用下的成土过程),形成的高塑性黏土,其天然含水率较高(几乎与塑限相等),但土体一般为硬塑或坚硬状态,具有较高的强度和较低的压缩性。颜色呈褐红、棕红、紫红及黄褐色。

红黏土是原岩化学风化剥蚀后的产物,因此其分布厚度主要受地形与下卧基岩面的起伏程度控制。地形平坦,下卧基岩起伏小,厚度变化不大;反之,在小范围内厚度变化较大,而引起地基不均匀沉降。在勘察阶段应查清岩面起伏状况,并进行必要的处理。

二、地基处理(Base Treatment)

1.地基处理的对象与目的(Object and Purpose of Base Treatment)

(1)地基处理的对象(Object of Base Treatment)

地基处理(Base Treatment)的对象是软弱地基和特殊土地基。软弱地基是指主要由淤泥、淤泥质土、冲填土、杂填土或其他高压缩性土层构成的地基。特殊土地基有地区性的特点,包括湿陷性黄土、膨胀土、冻土和红黏土等地基。软弱地基和特殊土地基可能引起上部结构的沉降过大或不均匀沉降,影响上部结构的正常使用,甚至造成上部结构破坏。

图3-1为世界著名建筑比萨斜塔,始建于1173年,设计为垂直建造,但是在工程开始后不久便由于地基不均匀和土层松软而倾斜,于1372年完工,塔身倾斜向东南。目前,塔身倾斜5.5°,偏离地基外沿2.3m,顶层突出4.5m。

(2)地基处理的目的(Purpose of Base Treatment)

地基处理的目的是采用各种地基处理方法以改善地基条件,这些措施包括以下几项:

①改善剪切特性。地基的剪切破坏表现在建筑物的地基承载力不够,使结构失稳或土方开挖时边坡失稳;使临近地基产生隆起或基坑开挖时坑底隆起。因此,为防止剪切破坏,需要采取增加地基土的抗剪强度的措施。

②改善压缩性。地基的高压缩性表现为建筑物的沉降和差异沉降大,因此需要采取措施提高地基土的压缩模量。

③改善透水性。地基的透水性表现在堤坝、房屋

图3-1 比萨斜塔

等基础产生的地基渗漏;基坑开挖过程中产生流砂和管涌。因此,需要研究和采取使地基土变成不透水或减少其水压力的措施。

④改善动力特性。地基的动力特性表现在地震时粉土、砂土会产生液化。图3-2为由于地震引起砂土液化造成的建筑物倾斜。由于交通荷载或打桩等原因,使邻近地基产生振动下沉,因此需要研究和采取防止地基土液化,并改善振动特性以提高地基抗震性能的措施。

⑤改善特殊土不良地基的特性。主要是指消除或减少黄土的湿陷性和膨胀土的胀缩性等地基处理的措施。

2.地基处理方法(Method of Base Treatment)

(1)强使密实(Compelled Compaction)

①地基土表层处理。一般采用重锤夯实法、强夯法、机械碾压法和振动压实法等。

重锤夯实(heavy tamping)法的主要机具是起重机和重锤(质量小于1.5t,锤底直径1.5m),落距3~4m,一般认为夯实的影响深度约为锤底的直径。

强夯法是用更重的锤(质量一般为8~40t),从更高(一般为6~40m)处自由落下,对土进行夯实的地基处理方法,其主要特点是效果好、速度快、节省材料,不需要预压等。但施工时噪声和振动很大,影响附近的建筑物和居民的工作及生活,在城市中不宜采用。

图3-2 地基土液化造成建筑物倾斜

机械碾压(Machine Rolled)法是用压路机等压实机械来压实松散土的方法,碾压效果主要取决于被压实土的含水率和压实机械的压实能力。

振动压实(Vibrating Compaction)法是采用振动压实机在地基表面施加振动动力以振实浅层松散土的方法。振动压实机的自重为2t,振动力为50~100N,频率为1 160~1 180r/min,振幅为3.5mm。如果地下水位过高,则将影响振实效果。此外,振动也影响周围建筑物,因此一般情况下,振源与建筑物之间的距离应大于3m。

②地基土层内处理。可采用挤密砂桩和振冲桩等。挤密砂桩是利用沉管、冲击或爆扩等方法在地基中挤土成孔,然后向孔内夯填砂成桩。成孔时,桩孔部位的土被侧向挤出,从而使桩周土得以加密。孔直径为0.6~0.8m,间距1~2.5m。也可采用挤实土桩和生石灰桩。

振冲桩是加固砂土的,施工主要设备为类似插入式混凝土振捣器的机具,称为振冲器,其中设有上下喷水口。振冲器就位后,打开下喷水口,启动振冲器,借喷水和振动作用使其沉至需要加固的深度。由于周围土体在压力水和振动作用下变密,使振冲孔扩大,这时关闭喷水口,打开上喷水口,一边向孔内填砂,一边喷水振动,使砂密实。当下边土体密实后逐步上提振冲器,不断填砂振冲最后形成振冲桩(图3-3)。

(2)换置垫层(Displacement of Cushion Layer)

当建筑物基础下的持力层比较软弱、不能满足上部荷载对地基的要求时,可采用砂垫层、碎石垫层或素土垫层换土的办法来处理(图3-4)。实践证明,换置垫层可以有效地处理某些荷载不大的建筑物地基问题。

(3)排水固结(Drainage Consolidation)

饱和软土在荷载作用下将产生排水固结(Drainage Consolidation),其抗剪强度相应提高。堆载预压就是利用这个原理来处理软土地基的另一种方法。为了加速厚层软土地基的固结,缩短预压时间,提高预压效果,要求设法改善厚层软土的排水条件。如果在软土层中按一定的间距打入一孔孔的"砂井",这样改变了软土层的排水条件,使土中水可以通过砂井和砂垫层排走,从而人工地增加排水途径,在荷载作用下达到加速固结,加速地基强度增长的作用,这就是砂井堆载预压。

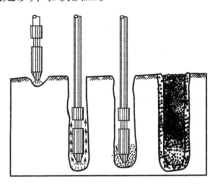

图3-3 振冲桩

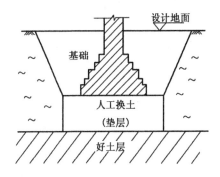

图3-4 换置垫层

(4)化学加固(Chemical Consolidation)

化学加固(Chemical Consolidation)法是利用化学溶液或胶结剂,通过压力灌注或搅拌混合等措施,将土粒胶结起来的地基处理方法。目前应用较多的是水泥浆液,此外也可用水玻璃为主的浆液,配方很多。较常用的是将水玻璃(硅酸钠)浆液和氯化钙浆液配合使用,施工时可分别注入硅酸钠和氯化钙两种溶液。硅酸盐在土中分解时形成凝胶转变为固态胶结物,把土粒胶结起来,因此可单独使用。而氯化钙的作用则主要是促进硅胶的形成,这种方法称为硅化加固法(Consolidation by Silication)。但是土渗透系数很小(小于10^6m/min的黏性土),则具有压力的水玻璃溶液难以注入土的孔隙中。这时必须借助于电渗作用,使水玻璃溶液能进入土的孔隙中。施工时,先在土中打入两根金属管子作为电极,然后将水玻璃溶液和氯化钙溶液先后由阳极压注入土中,通过电流,使溶液在土体中电渗,这种方法称为电硅化法。

此外还有使用丙烯酸氯为主的浆液,效果虽好,但价格昂贵,难以广泛使用。用纸浆液为主的浆液,加固效果较好,但有毒性,易污染地下水。

施工方法除采用灌注法和电硅化法外,还采用高压旋喷法和旋转搅拌法等。

高压旋喷法一般是用工程钻机钻孔至设计处理深度后,用高压脉冲泵,通过钻杆下端的特殊喷射装置,一边旋转,一边向四周土体喷射化学浆液,并将钻杆逐渐上提。化学浆液混合、胶结硬化后即在地基中形成比较均匀的固结土圆柱体,称旋喷桩。

3. 地基处理的方案选择(Selection of Base Treatment Scheme)

首先应根据搜集的资料,初步选定可供考虑的几种地基处理方案。对初步选定的几种地基处理方案,应进行技术经济分析和对比,从中选择最佳的地基处理方案。任何一种地基处理方法都有它的适用范围和局限性。必要时,也可采用两种或多种地基处理的综合处理方案。选择地基处理方案时,尚应同时考虑加强上部结构的整体性和刚度。

对已选定的地基处理方案,可在有代表性的场地上进行相应的现场实体试验,以检验设计参数、选择合理的施工方法和确定处理效果。现场实体试验最好安排在初步设计阶段进行,以便及时为施工图设计提供必要的参数。

第二节 基 础
Section 2　Foundation

基础为传递上部结构(或机器设备等)荷载至地基上的结构,有墙基础及柱基础,一般用砖、石、混凝土及钢筋混凝土等材料建造。基础应有足够大的底面积和埋置深度,以保证地基的强度和稳定性,并使不发生过大的变形。

通常把位于天然地基上、埋置深度小于5m的一般基础(柱基或墙基)以及埋置深度虽超过5m但小于基础宽度的大尺寸基础(如箱形基础),统称为天然地基上的浅基础(Shallow Foundation)。位于地基深处承载力较高的土层上,埋置深度大于5m的或大于基础宽度的大尺寸基础,称为深基础(Deep Foundation)。

天然地基上的浅基础埋置深度较浅,无需复杂的施工设备,在开挖基坑、必要时支护坑壁和排水疏干后对地基不加处理即可修建,工期短、造价低,因而设计时宜优先选用天然地基。当这类基础及上部结构难以适应较差的地基条件时,才考虑采用大型或复杂的基础形式,如桩基础、连续墙基础等。

一、浅基础(Shallow Foundation)

1. 单独基础(Isolated Foundation)

按支承的上部结构形式,可分为柱下单独基础和墙下单独基础。

(1)柱下单独基础(Isolated Foundation under Column)

柱的基础一般都是单独基础(Isolated Foundation)。依据柱的材料和荷载大小确定基础所用的材料。砌体柱下常采用刚性基础,材料一般为砖、石、灰土或三合土、混凝土等。现浇柱下一般采用钢筋混凝土扩展基础(Spread Foundation)。预制柱下一般采用钢筋混凝土杯形基础(Socket-connected Foundation)。基础截面形式可做成阶梯形、锥形、杯形,如图3-5所示。

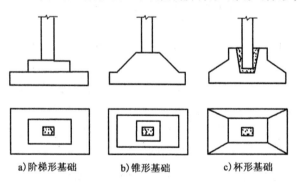

　　　a)阶梯形基础　　　　　b)锥形基础　　　　　c)杯形基础

图 3-5　柱下单独基础

(2)墙下单独基础(Isolated Foundation Under Wall)

墙下单独基础是在当上层土质松散而在不深处有较好的土层时,为了节省基础材料和减少开挖量而采用的一种基础形式。图3-6是在单独基础之间放置钢筋混凝土过梁,以承受上部结构传来的荷载。单独基础应布置在墙的转角,两墙交叉和窗间墙处,其间距一般不超过4m。在我国北方为防止梁下土受冻膨胀而使梁破坏,需在梁下留60~90mm空隙,两侧用砖挡土,空隙下面铺500~600mm厚的松砂或干煤渣。

2. 条形基础(Strip Foundation)

条形基础(strip Foundation)是指基础长度远大于其宽度的一种基础形式,可分为墙下条形基础和柱下条形基础。

(1)墙下条形基础(Strip Foundation under Wall)

墙下条形基础是承重墙基础的主要形式,常用砖、毛石、三合土和灰土建造。当上部结构荷重较大而土质较差时,可采用混凝土或钢筋混凝土建造。墙下钢筋混凝土条形基础一般做成无肋式,如图 3-7a)所示;如果地基在水平方向上压缩不均匀,为了增加基础的整体性,减少不均匀沉降,也可做成有肋式的条形基础,如图 3-7b)所示。

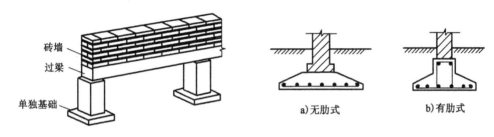

图 3-6　墙下单独基础　　　　　　　　图 3-7　墙下钢筋混凝土条形基础

(2)柱下条形基础(Strip Foundation under Column)

如果柱子的荷载较大而土层的承载力又较低,做单独基础需要很大的面积,因而互相接近,为增加基础的整体性并方便施工,在这种情况下,将同一排的柱基础连通做成柱下钢筋混凝土条形基础,如图 3-8 所示。

3. 柱下十字交叉基础(Cross Foundation under Column)

荷载较大的高层建筑,如土质较弱,为进一步增加基础的整体刚度,减少不均匀沉降,可在柱网下纵横方向设置钢筋混凝土条形基础,形成柱下交叉梁基础(Cross Foundation),如图 3-9 所示。

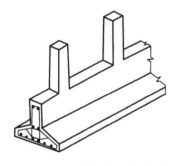
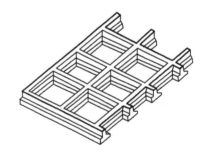

图 3-8　柱下钢筋混凝土条形基础　　　　　　图 3-9　柱下十字交叉基础

4. 片筏基础(Raft Foundation)

当柱子或墙传来的荷载很大,地基土较弱,用十字交叉条形基础仍不能满足地基承载力的要求时,或相邻基槽距离很小,施工不便时,或地下水常年在地下室的地坪以上,为了防止地下水渗入室内时,往往需要把整个房屋底面(或地下室部分)作成整块钢筋混凝土片筏基础(Raft Foundation),如图 3-9 所示。按构造不同,可分为平板式和梁板式两类。平板式是在地基上做一块钢筋混凝土底板,柱子直接支承在底板上,如图 3-10a)所示。梁板式按梁板的位置不同

又可分为两类:图 3-10b)所示为将梁放在底板的下方,底板上面平整,可作建筑物底层底面;
图 3-10c)所示是在底板上做梁,柱子支承在梁上。

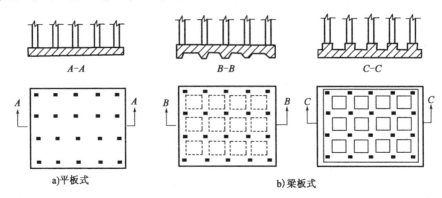

图 3-10   片筏基础

5. 箱形基础(Box Foundation)

箱形基础(Box Foundation)由钢筋混凝土底板、顶板和纵横交叉的隔墙构成,如图 3-11 所示。底板、顶板和隔墙共同工作,具有很大的整体刚度。基础中空部分构成地下室(Basement)。与实体基础相比,可减少基底压力。箱形基础较适用于作为地基软弱、平面形状简单的高层建筑物基础。某些对不均匀沉降有严格要求的设备间或构造物,也可采用箱形基础。

6. 壳体基础(Shell Foundation)

为改善基础的受力性能,基础的形状可做各种形式的壳体,称为壳体基础(Shell Foundation),如图 3-12 所示。壳体基础常见形式是正圆锥壳及其组合形式。主要在高耸建筑物,如烟囱、水塔、电视塔、储仓和中小型高炉等筒形构筑物使用。

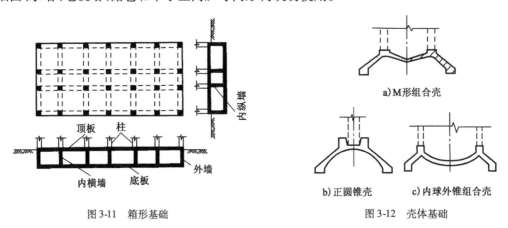

图 3-11   箱形基础

图 3-12   壳体基础

二、深基础(Deep Foundation)

1. 桩基础(Pile Foundation)

桩基础(Pile Foundation)是将上部结构荷载通过桩穿过较弱土层传递给下部坚硬土层的基础形式,由设置在土中的桩和承接上部结构的承台(Bearing Table)组成(图 3-13)。桩在平面内可布置成方形或矩形网络,或三角形及梅花形网络。桩可为等间距的,也可为不等间距的。个别情况下一个承台承接一根桩,但绝大多数桩基础中的桩数不止一根,这时通过承台将各根桩在上端连成一体,成为群桩(Grouped Piles)。桩底部的承台也可利用地下室的底板或整片基础的底板,这时甚至可用条形基础来代替整片基础。桩基础中的桩一般为竖直的,有时也设置斜桩。

由于承台和地面位置不同,有低承台或高承台(图 3-14)。前者底面位于地面以下,后者则高出地面以上,且其上部常处于水下。高承台主要是为了减少水下施工作业和节省基础材料。低承台受荷载的条件较高承台好,特别是在水中荷载作用下,承台周围土体可以发挥一定的作用。一般房屋和构筑物几乎都采用低承台桩基,而高承台桩基常用于桥梁和港口工程中。

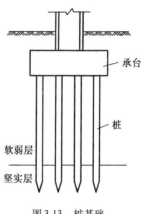

图 3-13　桩基础

按受力条件,桩分别为端承桩(End Bearing Pile)和摩擦桩(Friction Pile)。端承桩系通过桩端传递荷载的[图 3-15a)],而不考虑桩身侧面与土的摩擦力。实用上常将桩的端部置于岩层或坚实土层中。摩擦桩系通过桩侧面传递全部或部分荷载于土层中[图 3-15b)],它主要依靠桩身侧面与土之间的摩擦力来支承,同时也考虑桩端下土的支承作用。对于全部荷载都由摩擦力传递的桩称为纯摩擦桩。实际上桩身周围及桩端以下都是软弱土的桩就属于这种情况。

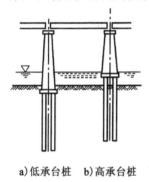

a)低承台桩　b)高承台桩

图 3-14　低承台桩与高承台桩

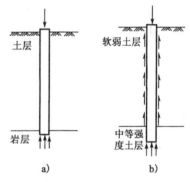

图 3-15　桩的受力条件

按桩身材料不同,可将桩划分为木桩、混凝土桩、钢筋混凝土桩、钢桩、其他组合材料桩等。按施工方法的不同,则有预制桩(Precast Pile)和灌注桩(Cast-in-situ Pile)两大类。按挤土效应分为大量排土桩、小量排土桩和不排土桩。当高层建筑荷载较大,箱形基础、筏形基础不能满足沉降变形、承载能力要求时,往往采用桩箱基础、桩筏基础的形式。对于桩箱基础,宜将桩布置于墙下;对于带梁(肋)桩筏基础,宜将桩布置于梁(肋)下。这种布桩方法对箱、筏底板的抗冲切、抗剪十分有利,可以减小箱基或筏基的底板厚度。

2. 沉井基础(Sunk Well Foundation)

沉井(Sunk Well)是井筒状的结构物,它是以井内挖土,依靠自身重力克服井壁摩擦力后下沉至设计高程,然后经过混凝土封底,并填塞井孔,使其成为桥梁墩台或其他构筑物的基础,如图 3-16 所示。沉井既是基础,又是施工时的挡土和挡水围堰结构,施工工艺也不复杂。沉井基础的特点是埋置深度可以很大、整体性强、稳定性好,能承受较大的垂直荷载和水平荷载。沉井基础的缺点是:施工期较长;对细砂及粉砂类土在井内抽水易发生流砂现象,造成沉井倾斜;沉井下沉过程中遇到的大孤石、树干或井底岩层表面倾斜过大,均会给施工带来一定困难。

根据经济上合理和施工上可能的原则,通常在下列情况,考虑采用沉井基础:

（1）上部荷载较大，结构对基础的变位敏感，而表层地基土的允许承载力不足，做扩大基础开挖工作量大以及支撑困难，但在一定深度下有好的持力层，采用沉井基础与其他深基础相比较，经济上较为合理时。

（2）在山区河流中，虽然浅层土质较好，但冲刷大，或河中有较大卵石不便桩基础施工时。

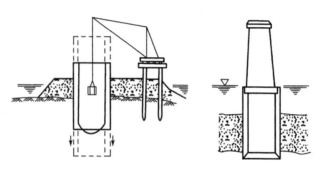

图 3-16 沉井基础

（3）岩层表面较平坦且覆盖层薄，但河水较深，采用扩大基础施工围堰有困难时。

沉井工程包括沉井制作和沉井下沉两个主要部分。根据不同情况，沉井可采取一次制作或分节制作；可一次制作一次下沉或制作与下沉交替进行。

在沉井设计时，一般均考虑依靠沉井自重在不断挖土的情况下，将沉井顺利下沉，沉井的下沉方法视沉井穿过的土层而定，一般分为排水下沉和不排水下沉两种。

（1）当土质是透水性很低或漏水量不大的稳定土层，其涌水量每平方米沉井面积不超过 $1m^3/h$，排水不会产生流砂，可采用排水（或不灌水）挖土下沉。其优点是挖土简单，易控制，下沉较均衡且易纠偏。下沉达设计高程后，可直接检查基底土的平整与否，并可采用干封底以加快工程进度，保证质量和节约材料，宜优先考虑采用。

应用这一方法时，可用人工挖土配以小型机具吊运走，也可采用抓斗挖土机进行。后一种情况下，沿沉井周围应有较好路基，否则可能发生塌方及引起吊车倾覆。

（2）当沉井下沉穿过的土层有较厚的亚砂土或粉砂层，且含水率大时，这时沉井下的土层不稳定，采用排水下沉法将出现流砂，应采用不排水（或灌水）挖土下沉。

沉井按不同的下沉方式可分为就地制造下沉的沉井与浮运沉井（Float Sunk Well）。

就地制作下沉的沉井是在基础设计的位置上制造，然后挖土靠沉井自重下沉。如基础位置在水中，需先在水中筑岛，再在岛上筑井下沉。

在深水地区，筑岛存在困难或不经济，或有碍通航，或河流流速大，可在岸边制作沉井后拖运到设计位置下沉，再用水下混凝土填充，这类沉井叫浮运沉井。浮运沉井一般多采用薄壁结构，可采用钢板、木模板或钢丝网水泥等材料制成。

沉井按外观形状分类，在平面上可分为单孔或多孔的圆形、矩形、圆端及网格形沉井，如图 3-17 所示。圆形沉井受力好，适用于河水主流方向易变的河流。矩形沉井制作方便，但四角处的土不易挖除，河流水流也不顺。圆端形沉井兼有两者的优点，也在一定程度上兼有两者的缺点，是土木工程中常用的基础类型。

3. 沉箱基础（Caisson Foundation）

沉箱（Caisson）是一个有盖无底的箱形结构，见图 3-18。水下施工时，为了保持箱内无水，需压入压缩空气将水排出，使箱内保持的压力在沉箱刃脚处与静水压力平衡，因而又称为气压沉箱,简称沉箱。沉箱下沉到设计高程后用混凝土将箱内部的井孔灌实,成为建筑物的深基础。

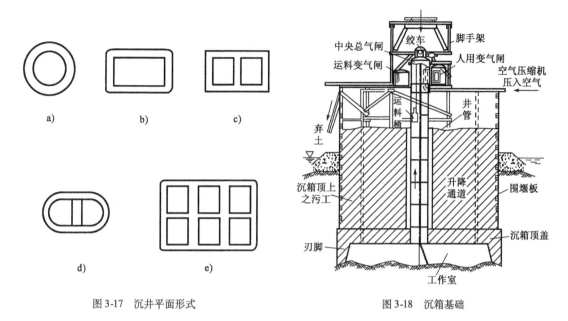

图 3-17　沉井平面形式

图 3-18　沉箱基础

沉箱基础的优点是整体性强,稳定性好,能承受较大的荷载,沉箱底部的土体持力层质量能得到保证;缺点是工人在高压无水条件下工作,挖土效率不高甚至有害于健康。为了工人的安全,沉箱的水下下沉深度不得超过 35m(相当于增大了 3.5 个大气压),使应用范围受到限制。由于存在以上缺点,目前在桥梁基础工程中较少采用沉箱基础。

4. 地下连续墙深基础(Slurry Wall Foundation)

地下连续墙(Slurry Wall)是基坑开挖时,防止地下水渗流入基坑,支挡侧壁土体坍塌的一种基坑支护形式或直接承受上部结构荷载的深基础形式。它是在泥浆护壁条件下,使用开槽机械,在地基中按建筑物平面的墙体位置形成深槽,槽内以钢筋、混凝土为材料构成地下钢筋混凝土墙。

地下连续墙的嵌固深度根据基坑支挡计算和使用功能相结合决定。宽度往往由其强度、刚度要求决定,与基坑深浅和侧壁土质有关。地下连续墙可穿过各种土层进入基岩,有地下水时无须采取降低地下水位的措施。用它作为建筑物的深基础时,可以地下、地上同时施工,因此在工期紧张的情况下,为采用"逆作法"施工提供了可能。目前在桥梁基础、高层建筑箱基、地下车库、地铁车站、码头等工程中都有实用成功的实例。它既是地下工程施工时的临时支护结构,又是永久建筑物的地下结构部分。

思 考 题

1. 什么是地基? 地基有哪几种类型?

2. 地基处理的目的是什么?

3. 地基处理的方法有哪些?

4. 基础是什么? 浅基础与深基础如何划分?

5.浅基础包括哪几种类型?各有什么特点?

6.深基础包括哪几种类型?各有什么特点?

参 考 文 献

[1] 中华人民共和国国家标准.GB 50007—2002 建筑地基基础设计规范[S].北京:中国建筑工业出版社,2002.

[2] 中华人民共和国行业标准.JGJ 3—2002 高层建筑混凝土结构技术规程[S].北京:中国建筑工业出版社,2002.

[3] 丁大均,蒋永生.土木工程概论[M].北京:中国建筑工业出版社,2003.

[4] 江见鲸,叶志明.土木工程概论[M].北京:高等教育出版社,2001.

[5] 刘英.土木工程概论[M].北京:化学工业出版社,2005.

[6] 罗福午.土木工程(专业)概论[M].武汉:武汉工业大学出版社,2000.

[7] 赵明华,徐学燕.基础工程[M].北京:高等教育出版社,2003.

[8] 王广月,王盛桂,付志前.地基基础工程[M].北京:中国水利水电出版社,2001.

[9] 侯兆霞.基础工程[M].北京:中国建材工业出版社,2004.

第四章 建 筑 工 程
Chapter 4　Building Engineering

　　建筑工程是土木工程学科中最有代表性的分支,主要解决社会和科技发展所需的"衣、食、住、行"中"住"的问题,具体表现为形成人类活动所需要的、功能良好和舒适美观的空间,能同时满足人类物质方面以及精神方面的需要。对建筑工程的基本要求:实用、美观、经济、环保。通常将建筑物的骨架称为建筑结构,其主要功能是保证建筑物在各种荷载和其他因素作用下的适用性、安全性和耐久性。组成建筑结构的各个部分称为基本构件。按照使用功能的不同,建筑工程分为工业建筑、民用建筑和农业建筑等;按照层数和高度的不同,可分为单层、多层和高层建筑;按照建筑结构所用材料的不同,可分为砌体结构、混凝土结构、钢结构、木结构等结构形式;按照受力体系的不同,建筑结构又可分为框架结构、剪力墙结构、筒体结构等。

　　本章主要介绍组成建筑结构的基本构件、建筑工程的主要类型、建筑工程的常见结构形式和结构体系等。

第一节　基 本 构 件
Section 1　Basic Member

　　正像一部机械由若干零件组成一样,建筑结构也是由若干构件组成的,依据构件的形式及受力的不同,主要有板、梁、柱、拱等。

一、板(Slab)

　　用于建筑工程中的板有楼板、屋面板、基础板、墙板等。通常水平放置,但有时也斜向设置(如楼梯板)或竖向设置(如墙板)。

　　板按平面形式可分为方形板、矩形板、圆形板及三角形板,按截面形式可分为实心板、空心板、槽形板等。

　　按施工特点可分为预制板(工厂预制,现场吊装铺设),现浇板(现场整体浇筑)和迭合板(下部预制板,上部现浇)等。

　　按所用材料可分为木板、钢板、钢筋混凝土板、预应力板等。

　　板按受力形式可分为单向板(Lone-way Slab,图4-1)和双向板(Two-way Slab,图4-2)。

　　单向板指板上的荷载沿一个方向传递到支承构件上的板,双向板指板上的荷载沿两个方向传递到支承构件上的板。当矩形板为两边支承时,为单向板;当有四边支承时,板上的荷载沿双向传递到四边,则为双向板。

　　但是,当板的长边比短边长很多时,板上的荷载主要沿短边方向传递到支承构件上,而沿长边方向传递的荷载则很少,可以忽略不计。这样的四边支承板仍认定其为单向板。根据理论分析,当四边支承板的长边 l_2 与短边 l_1 之比 $l_2/l_1 \geq 3$ 时,为单向板;当 $l_2/l_1 \leq 2$ 时,为双向板;当 $2 < l_2/l_1 < 3$ 时,宜按双向板考虑(图4-3)。

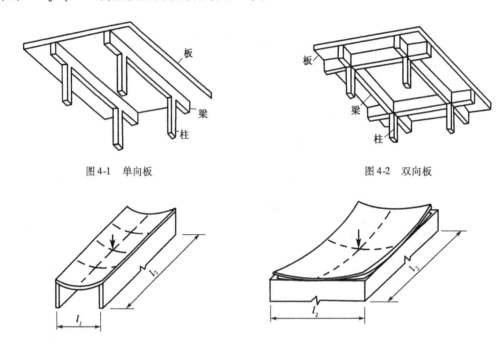

图4-1 单向板   图4-2 双向板

图4-3 板的边界条件

二、梁(Beam)

梁是工程结构中的受弯构件,梁的截面高度通常大于截面的宽度,梁的截面高度与跨度之比一般为 1/8～1/16,高跨比大于 1/4 的梁称为深梁。但因工程需要,梁宽大于梁高时,称为扁梁;梁的高度沿梁纵轴线变化时,称为变截面梁。梁通常水平放置,但有时也斜向设置以满足使用要求,如楼梯梁。

梁的形式有多种不同的划分方法。

1. 按截面形式分(Accord to Section Form)

按截面形式分为矩形梁、T 形梁、倒 T 形梁、L 形梁、Z 形梁、槽形梁、箱形梁、空腹梁、叠合梁等,如图4-4 所示。

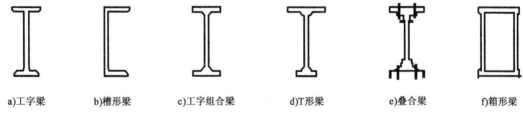

a)工字梁   b)槽形梁   c)工字组合梁   d)T形梁   e)叠合梁   f)箱形梁

图4-4 钢梁截面

2. 按所用材料分(According to Uses the Material)

按所用材料分为钢梁(图4-4)、钢筋混凝土梁(图4-5)、预应力混凝土梁、木梁以及钢与混凝土组成的组合梁等。

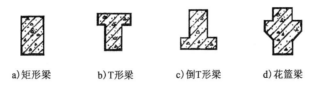

a)矩形梁　　　b)T形梁　　　c)倒T形梁　　　d)花篮梁

图 4-5　钢筋混凝土梁截面

3.按梁的常见支承方式分(Accord to Support Condition)

按常见支承方式分,可分为简支梁、悬臂梁、一端简支另一端固定梁、两端固定梁、连续梁等,如图 4-6、图 4-7 所示。

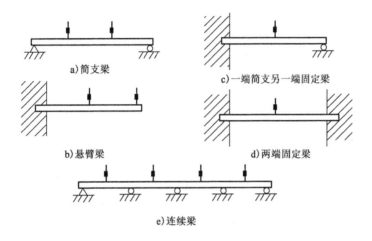

a)简支梁

c)一端简支另一端固定梁

b)悬臂梁

d)两端固定梁

e)连续梁

图 4-6　梁的支承方式

a)简支木梁桥　　　　　　　　　　　　　　b)连续钢梁

图 4-7　不同支承方式梁的工程实例

4.按在结构中的位置分(Accord to Position)

按在结构中的位置分为主梁、次梁。

次梁一般直接承受板传来的荷载,再将板传来的荷载传递给主梁(图 4-8)。主梁除承受板直接传来的荷载外,还承受次梁传来的荷载,主梁的截面高度一般大于次梁。

建筑工程中还有一些其他类型的梁,如连梁、圈梁、过梁等。连梁主要用于连接两榀排架,使其成为一个整体。圈梁一般用于砖混结构,将整个建筑围成一体,增强结构的抗震性能。过梁一般用于门窗洞口的上部,用以承受洞口上部结构的荷载。

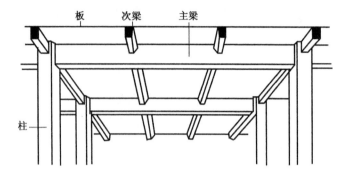

图 4-8　建筑楼盖中的主次梁

三、柱(Column)

柱是工程结构中主要承受压力,有时也同时承受弯矩的竖向构件。其类型有:

(1)按截面形状分(Accord to Section Shape)

可分为方柱、圆柱、管柱、矩形柱、工字形柱、H 形柱、L 形柱、十字形柱、双肢柱、格构柱。

(2)按所用材料(According to Uses the Material)

可分为石柱、砖柱、砌块柱、木柱、钢柱、钢筋混凝土柱、劲性钢筋混凝土柱、钢管混凝土柱和各种组合柱。其中,钢柱按截面形式分为实腹柱和格构柱(图 4-9)。实腹柱指截面为一个整体,常用截面为工字形截面,格构柱指柱由两肢或多肢组成,各肢间用缀条或缀板连接。

(3)按破坏形式或长细比短柱(Accord to Destroy Model Slenderness Ratio)

可分为短柱、长柱及中长柱。

(4)柱按受力形式(Accord to Eccentric Distance)

可分为轴心受压柱和偏心受压柱(图 4-10)。

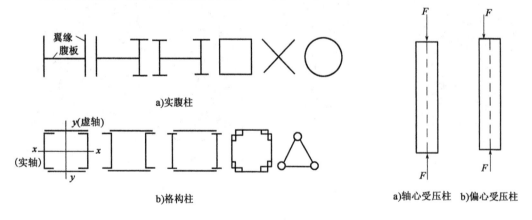

图 4-9　钢柱的截面形式

图 4-10　轴心受压与偏心受压柱

四、拱(Arch)

拱为曲线形结构,如拱桥。拱主要承受轴向压力,可以利用抗拉性能较差而抗压较强的材料,如砖、石、混凝土等来建造。

56

在建筑工程中主要用作砖砌门窗拱形过梁,也用于拱形的大跨度结构。

拱按铰数可分为三铰拱、无铰拱、双铰拱、带拉杆的双铰拱(图 4-11)。

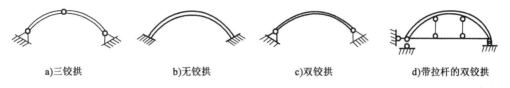

a)三铰拱　　　　b)无铰拱　　　　c)双铰拱　　　　d)带拉杆的双铰拱

图 4-11　拱的形式

第二节　建筑工程的类型
Section 2　Classification of Architectural Engineering

一、按使用功能分类(Accord to Function)

建筑物按照它们的使用功能,可以分为工业建筑、民用建筑、农业建筑和特种建筑等。

1. 民用建筑(Civil Architecture)

民用建筑又可以分为居住建筑和公共建筑两大类。

(1)居住建筑(Residential Building)

居住建筑是指供人们生活起居用的建筑物,如住宅、宿舍、公寓等。由于住宅的需求量大、面广,国家对住宅建设的投资在基本建设的总投资中占有很大比例,建造住宅所需的材料、建筑设计和施工的工作量也都是很大的,所以又称作大量性民用建筑。为了加速实现我国现代化建设和尽快提高人民生活水平的需要,住宅建设应考虑设计标准化、构件工厂化、施工机械化和管理科学化等方面的要求。图 4-12 为厦门的一个住宅区。

(2)公共建筑(Public Architecture)

公共建筑是指供人们进行各项社会、政治、文化活动的建筑,如办公楼、学校、商场、影剧院等。由于某些公共建筑规模宏大、投资巨大,如大型的体育馆、航空港、剧院、商场和办公楼等,所以常称为大型建筑。公共建筑包括了以下一些建筑类型:

生活服务类建筑:食堂、菜场、浴室、服务站等。

文教类建筑:学校、图书馆等。

托幼类建筑:托儿所、幼儿园等。

科研类建筑:研究所、科学实验楼等。

医疗类建筑:医院、门诊所、疗养院等。

商业类建筑:商店、商场、购物中心、超市等。

行政办公类建筑:各种办公楼等。

交通类建筑:车站、水上客运站、航空港、地铁站等。

通信广播类建筑:邮电所、广播台、电视塔等。

图 4-12　厦门的一个住宅区

体育类建筑:体育馆、体育场、游泳池等。

观演类建筑:电影院、剧院、杂技场等。

展览类建筑:展览馆、博物馆等。

旅馆类建筑:各类旅馆、宾馆等。

园林类建筑:公园、动植物园等。

纪念性建筑:纪念堂、纪念馆等。

图4-13所示北京天安门广场及图4-14所示南京中山陵都是典型的公共建筑。

图4-13 北京天安门广场

图4-14 南京中山陵

2.工业建筑(Industrial Architecture)

工业生产的类别繁多,因生产工艺不同,相应的工业建筑亦随之而异,在建筑设计中常按厂房的用途、内部生产状况分类。

(1)按厂房的用途分类(By the Use of Plant Classification)

工业建筑按厂房的用途分为主要生产厂房(指各种生产产品的车间,如金工、锻工、铸工等车间);辅助生产厂房(指间接从事生产的车间,如机修、电修、工具车间等)、动力用厂房(为生产提供能源的车间,如发电厂、锅炉房、煤气站等);储藏类建筑(为生产提供储备原料、成品的厂房,如材料库、成品库等)和运输类建筑(指管理、检修和停放运输工具的厂房,如车库等)。

(2)按生产状况分(Classification According to Production)

工业建筑按生产状况可分为热加工车间、冷加工车间、恒温恒湿车间、洁净车间等。

图4-15 工业厂房建筑

工业建筑除了必须满足生产工艺的要求之外,还必须注意环境建设,如设置绿化区,对粉尘、废水、废渣、废气等污染源的控制和处理。图4-15为一个典型的工业厂房建筑。

3.农业建筑(Agricultural Architecture)

主要进行农业生产的建筑,如暖棚、畜牧场、大型养鸡场等。

4.特种建筑(Special Architecture)

主要指具有特种用途的工程结构,如水池、水塔、烟囱、电视塔等构筑物。

二、按照层数和高度分类(In Accordance with the Low-rise and High Classification)

房屋建筑工程按层数和高度可分为单层建筑、多层建筑、高层建筑。一般将 2～9 层的房屋称为多层建筑;10 层及以上的居住建筑或建筑高度 28m 以上的公共建筑称为高层建筑,超过 100m 的为超高层建筑。

1. 单层建筑(Single-storey Building)

公用建筑,如别墅、大礼堂、影剧院、工程结构实验室、工业厂房以及仓库等,往往采用单层结构。单层住宅建筑在我国城市的应用越来越少。图 4-16 为南京奥林匹克体育中心体育馆效果图。图 4-17 所示为著名的悉尼歌剧院。

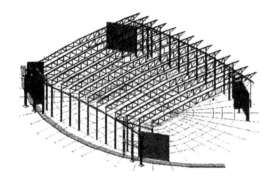

图 4-16　南京奥林匹克体育中心体育馆

图 4-17　悉尼歌剧院

2. 多层建筑(Multi-storey Building)

多层建筑广泛应用于住宅、学校、商场、办公楼、医院、旅馆等公共民用建筑中,在我国建筑领域具有相当大的市场。

3. 高层建筑(High-rise Building)

高层建筑在我国发展迅速,已居于世界先进行列。表 4-1 给出了 2012 年世界排名前 10 的已竣工高楼,其中 6 栋在中国。

世界排名前 10 名的高楼　　　　　表 4-1

排　　名	名　　称	高度(m)	所　在　地	建成时间(年)
1	哈利法塔	828.00	迪拜(阿联酋)	2010
2	皇家钟塔酒店	601.00	麦加(沙特阿拉伯)	2011
3	101 大厦	509.00	台北(中国)	2005
4	上海环球金融中心	492.00	上海(中国)	2008
5	环球贸易广场	484.00	香港(中国)	2010
6	石油双塔	452.00	吉隆坡(马来西亚)	1998
7	紫峰大厦	450.00	南京(中国)	2009
8	西尔斯大厦	442.00	芝加哥(美国)	1974
9	京基金融中心	441.80	深圳(中国)	2011
10	国际金融中心	441.75	广州(中国)	2010

图 4-18 ~ 图 4-20 分别为西尔斯大厦、台北 101 大厦和上海环球金融中心的照片。

图 4-18　西尔斯大厦

图 4-19　台北 101 大厦

图 4-20　上海环球金融中心

第三节　建筑结构形式及结构体系
Section 3　Form and System of Structural

一、建筑结构形式(Structural Form)

建筑物按结构材料的不同,可以分为木结构、砌体结构、混合结构、钢筋混凝土和钢结构等形式。

1. 木结构（Wood Structure）

木结构的构件由木材加工而成。木结构的优点是自重轻、加工制作方便，施工速度快。木结构的缺点是易燃、易腐朽、易虫蛀、结构变形较大。由于我国森林资源贫乏，一般除在森林地区采用全木结构房屋外，木结构只用于房屋的屋盖系统，如木望板、木椽、木檩、木梁、木屋架等，配以砖、石墙建成砖木混合结构房屋。但在欧美一些国家，木结构应用较多。图 4-21 为武汉某区正在施工中的轻型木结构住宅。

图 4-21　施工中的轻型木结构

2. 砌体结构（Masonry Structure）

砌体结构建筑是以石材、砖、砌块等不同块材，借用砂浆砌筑成竖向承重墙体的建筑物。砌体结构又称为砖石结构，由于新型人工块材的出现，砌体结构含义更为广泛。

砌体结构房屋中的屋盖和楼盖等水平结构大多采用钢筋混凝土建造，因此又称为混合结构房屋。砌体结构在房屋建筑中主要用于墙、柱和基础部分。图 4-22 为一多层砌体结构住宅。

图 4-22　多层砌体结构住宅

3. 钢筋混凝土结构（Reinforced Concrete Structure）

钢筋混凝土结构是目前建筑业中应用最为广泛的结构类型，我国年混凝土用量超过 5 亿 m^3，居世界第一位。

混凝土有较高的抗压强度，但抗拉强度却很低。将钢筋置于混凝土构件中，克服了混凝土

61

抗拉强度低的不足,因而由钢筋混凝土制作的构件能承受较大荷载。

钢筋混凝土结构的主要优点是:取材方便,造价较低,可模性能、抗震性能、防火性能及耐久性好。

图4-23 香港中环广场大厦

钢筋混凝土结构的主要缺点是结构自重大,抗裂性差,现浇结构需支撑模板、工期长、寒冷地区受季节限制,修复处理较钢结构困难。目前钢筋混凝土结构的发展方向是开发轻质、高强的混凝土材料,以减轻结构自重;开展构件工厂化预制,采用装配整体式结构,以节约模板、加快施工速度和加强结构的整体性;采用预应力混凝土可以提高结构构件的抗裂性和刚度。图4-23 为1993 年建成的香港中环广场大厦,它采用了混凝土结构。

4. 钢结构(Steel Structure)

钢结构的构件采用钢材制作,其主要优点是自重轻,有很好的韧性和塑性,可焊性好,工业化程较高,工作性能可靠,可广泛用于各类建筑物和构筑物。其主要缺点是耐火性和耐腐蚀性差。钢结构主要用于承受较大荷载的重型工业厂房及高层建筑、高耸构筑物和大跨度结构等。

图4-24 为施工中的多层钢结构住宅。图4-25 为高层钢结构的连接节点。

图4-24 施工中的多层钢结构住宅

图4-25 高层钢结构的连接节点

二、建筑结构体系(System of Structure)

建筑工程按照其结构的受力体系不同,又可分为框架结构、剪力墙结构、框架—剪力墙结构、简体结构、大跨度结构及新型仿生杂交结构。

1. 框架结构(Frame Structure)

框架结构指由梁和柱刚性连接而成骨架的结构(图4-18 为钢筋混凝土框架结构)。框架结构的优点是可获得较大的使用空间,建筑布置灵活,主要应用于多层的工业厂房、仓库、商场、办公楼等建筑。

框架结构因其受力体系由梁和柱组成,用以承受竖向荷载是合理的,在承受水平荷载方面能力较差,因此仅在房屋高度不大、层数不多时采用。因当房屋层数不多时,风荷载的影响很小,竖向荷载对结构的设计起控制作用,但当层数较多时,水平荷载将起很大的影响,会造成梁、柱的截面尺寸很大,在技术经济上不如其他结构体系合理。

2. 剪力墙结构(Shear Wall Structure)

当房屋的层数更高时,横向水平荷载已对结构设计起控制作用,这时宜采用剪力墙结构,即全部采用纵横布置的剪力墙组成,剪力墙不仅承受水平荷载,也承受垂直荷载,如图 4-26 所示。

剪力墙结构因剪力墙的存在,其空间分隔固定,建筑布置极不灵活,所以一般用于住宅、旅馆等建筑。图 4-27 为高层剪力墙结构住宅。

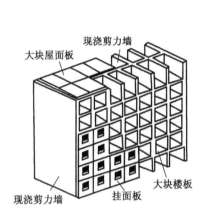

图 4-26　剪力墙结构布置　　　　　　　　　　图 4-27　高层剪力墙结构住宅

3. 框架—剪力墙结构(Frame-shear Wall Structure)

在框架—剪力墙结构中,框架与剪力墙协同受力,如图 4-28 所示,剪力墙承担绝大部分水平荷载,框架则以承担竖向荷载为主。这样可以大大减少柱子的截面,但剪力墙在一定程度上限制了建筑平面布置的灵活性。这种体系一般用于办公楼、旅馆、住宅等。

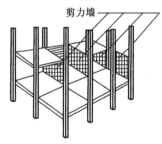

图 4-28　框架—剪力墙结构

4. 筒体结构(Tube Structure)

筒体结构是由一个或多个筒体作承重结构的高层建筑体系,适用于层数较多的高层建筑。筒体在侧向风荷载的作用下,其受力类似刚性的箱型截面的悬臂梁,迎风面将受拉,而背风面将受压。

筒式结构可分为框筒体系、筒中筒体系、桁架筒体系、成束筒体系等,见图 4-29。

广东国际大厦主楼,采用无黏结预应力混凝土楼板,主体结构为筒中筒体系,外筒为 35.1m×37m 的矩形平面,由 24 根中柱和 4 根异形角柱组成。内筒为 17m×24m 的矩形平面,由电梯井和楼梯间等剪力墙组成,见图 4-30。

美国贝壳广场大厦也是采用筒中筒结构体系建造的高层建筑,见图 4-31。

在筒体结构中,增加斜撑来抵抗水平荷载,以进一步提高结构承受水平荷载的能力,增加体系的刚度。这种结构体系称为桁架筒体系。典型的例子是图 4-32 所示香港中国银行大厦,其平面为 52m×52m 的正方形,70 层,高 315m,至天线顶高为 367.4m。上部结构为 4 个巨型三角形桁架,斜腹杆为钢结构,竖杆为钢筋混凝土结构。钢结构楼面支承在巨型桁架上。4 个巨型桁架支承在底部三层高的巨大钢筋混凝土框架上,最后由 4 根巨型柱将全部荷载传至基础。4 个巨型桁架延伸到不同的高度,最后只有一个桁架到顶。

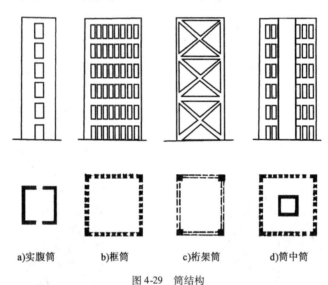

a)实腹筒　　　　b)框筒　　　　c)桁架筒　　　　d)筒中筒

图 4-29　筒结构

图 4-30　广东国际大厦

图 4-31　美国贝壳广场大厦

　　成束筒体系是由多个筒体组成的筒体结构。最典型的成束筒体系的建筑应为美国芝加哥的西尔斯大厦,地上 110 层,地下 3 层,高 443m,包括两根 TV 天线高 475.18m,采用钢结构成束筒体系。1~50 层由 9 个小方筒连组成一个大方形筒体,在 51~66 层截去一条对角线上的两个筒,67~90 层又截去另一对角线上的另两个筒,91 层及以上只保留两个筒,形成立面的参差错落,使立面富有变化和层次,简洁明快,见图 4-33。

5. 大跨结构（Large Span Structure）

大跨结构通常指用于单层建筑的跨度很大（一般大于 60m）的空间结构,主要有网架结构、索结构、薄壳结构、空间桁架、膜结构等。

图 4-32　香港中国银行大厦

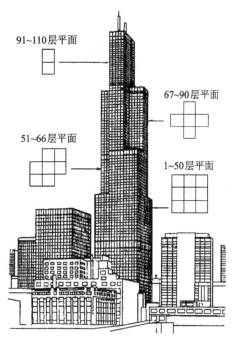

图 4-33　西尔斯塔楼筒体不同高度的截面

（1）网架结构（Cellular Structure）

网架结构为大跨度结构最常见的结构形式,其杆件多采用钢管或型钢,现场安装。图 4-34 给出了常见钢网架的几种形式。我国第一座网架结构是 1964 年建造的上海师范学院球类房,平面尺寸为 31.5m×40.5m,用角钢制作。首都体育馆网架平面尺寸为 99m×1 122m;上海体育馆平面为圆形,网架直径 110m。图 4-35 为国家大剧院外罩球形钢网壳。

a)平板式网架　　　　　　　b)球形钢网壳　　　　　　　c)筒形钢网壳

图 3-34　钢网架的几种形式

网架节点形式可分为焊接钢板节点和焊接空心球节点两种。焊接空心球节点（图 4-36）中的空心球由两个半球对焊而成,它是我国最早采用的节点,也是目前采用员普遍的一种节点。螺栓球节点（图 4-37）由螺栓、钢球、销子、套筒和锥头组成,可通过高强螺栓来连接钢管件。

图 4-35　国家大剧院外罩球形钢网壳

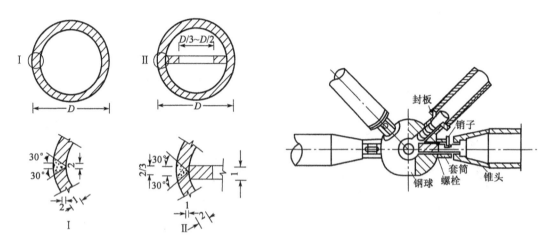

图 4-36　焊接空心球节点　　　　　　　图 4-37　螺栓球节点

（2）索结构（Cable Structure）

索结构是将桥梁中的悬索"移植"到房屋建筑中，可以说是土木工程中结构形式互通互用的典型范例。如北京亚运会的朝阳体育馆（图 4-38），其平面呈微橄榄形，长、短径分别为 96m 和 66m，屋面结构为索网—索拱结构，由双曲钢拱、预应力三角大墙组成，造型新颖，结构合理。

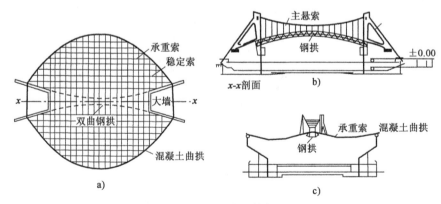

图 4-38　北京朝阳体育馆

（3）薄壳结构（Thin-shell Structure）

薄壳结构常用的形状为圆顶、筒壳、折板、双曲扁壳和双曲抛物面壳等。图 4-39 所示就是一个钢筋混凝土薄壳建筑。

（4）空间钢桁架结构（Space Steel Truss）

空间钢桁架特别是预应力空间钢桁架可以实现很大的跨度，近年来在首都国际机场航站楼、广州新白云机场（图4-40）、2004年雅典奥运会场馆（图4-41）等大型建筑中得到了成功的应用。

（5）膜结构（Capsule Structure）

膜结构通常可以分为充气膜结构和索膜结构两大类。

图4-39　混凝土薄壳建筑

充气膜结构是在玻璃丝增强塑料薄膜或尼龙布罩内部充气形成一定的形状，作为建筑空间的覆盖物。图4-42所示为日本大阪万国博览会富士馆，采用了充气式膜结构，跨度达到50m。加拿大温哥华的B.C.体育馆也是此类结构（图4-43）。

图4-40　广州新白云机场

图4-41　雅典奥运会场馆

图4-42　大阪万国博览会富士馆

图4-43　加拿大温哥华的B.C.体育馆

（6）索膜结构（Cable-Capsule Structure）

以拉索和薄膜结合在一起，可以覆盖大面积的建筑空间。图4-44所示的1999年完成的英国千年穹顶是一个典型的例子。穹顶位于伦敦泰晤士河畔的格林尼治半岛北端，穹顶周长为1km，直径365m，中心高度为50m，它由超过70km的钢索悬吊在12根100m高的钢桅杆上。屋顶由带PTEE涂层的玻纤材料制成。

6. 杂交、仿生结构（Hybrid Bionic Structure）

图4-45为2003年竣工的浙江黄龙体育中心，在建筑上首次将斜拉桥的结构概念运用于体育场的挑篷结构之中。该挑篷结构由吊塔、斜拉索、内环梁、网壳、外环梁和稳定索组成，总

覆盖面积 21 000m²,为一无视觉障碍的体育场。网壳结构支撑于钢箱形内环梁和预应力钢筋混凝土外环梁上。内环梁通过斜拉索悬挂在两端的吊塔上。吊塔为 85m 高的预应力混凝土筒体结构,筒体外侧施加预应力。外环梁为支承于看台框架上的预应力钢筋混凝土箱形梁。内环梁采用 1 600mm×2 200mm×25(30)mm 的箱形钢梁。网壳采用双层类四角锥焊接球节点形式。斜拉索与稳定索采用了 7φ5 高强度钢绞线。由此形成一个复杂的空间杂交结构。

图 4-44 英国千年穹顶索膜结构

图 4-45 黄龙体育中心

图 4-46 是北京奥运场馆中被称为"水立方"的国家游泳中心,为 176.5m×176.5m×29.4m 的立方体建筑面积 7 953m²,混凝土结构地下 2 层,地上 4 层。其墙体和屋盖结构创造性地采用了新型多面体空间刚架结构体系(图 4-47)。该结构的弦杆选用矩形钢管,腹杆选用圆钢管,节点为焊接球节点。虽然结构的构成类似网架结构,但结构构件的受力状况完全不同于网架结构的二力杆。而表现为类似空腹网架的刚接梁。"水立方"的覆盖结构采用四氟乙烯制成的膜材料,质量轻、强度大,由于自身的绝水性,它可以利用自然雨水完成自身清洁,是一种新兴的环保材料,犹如一个个"水泡泡"的 ETFE 膜具有较好抗压性,厚度仅如同一张纸的 ETFE 膜构成的气枕,甚至可以承受一辆汽车的重力。屋盖和墙体的内外表面均覆以充气枕,最大的单个气枕面积约 71m² 跨度 9m 左右。

图 4-48 是 2008 年北京奥运会主体育场,正在施工中的"鸟巢"。

图 4-49 清晰地显示出了"鸟巢"的结构体系。其屋盖主体结构是由两向不规则斜交的平

面桁架系组成的椭圆平面网架结构,每榀桁架与内环相切或接近相切,称为鸟巢形网架。通过高低不同的24个桁架绕着一周排列,就形成平面椭圆形的布局。建筑顶面呈鞍形,长轴为332.3m,短轴为296.4m,最高点高度为68.5m,最低点高度为42.8m。大跨度屋盖支撑在24根桁架柱之上,柱距为37.96m,均匀分布在椭圆形结构的最外圈,承受了建筑的大部分力。外圈的钢柱扭曲上升,纷繁交错,里面的混凝土柱子也没有一根是垂直的,倾斜的柱子通过横梁取得平衡。一个不可思议的"无规则"体就出现在现实中。

图4-46 国家游泳中心"水立方"

图4-47 场馆内看"水立方"

图4-48 施工中的鸟巢

图4-49 鸟巢的结构体系

钢结构大量采用由钢板焊接而成的箱形构件,交叉布置的主桁架与屋面及立面的次结构一起形成了"鸟巢"的特殊建筑造型。主结构完成后,在"鸟巢"顶部的网架结构外表面贴上一层半透明的膜,以此来解决采光和围护的矛盾。

思 考 题

1.观察身边的建筑结构,指出其有哪些基本构件组成。

2.建筑工程有哪几种分类方法? 举出身边的工程实例。

3.简述各种基本构件的受力特点。

4.简述高层建筑常见的结构体系及受力特点。

5.大跨结构有哪些主要类型?

参 考 文 献

[1] 叶列平.土木工程科学前沿[M].北京:清华大学出版社,2006.

[2] 陈学军.土木工程概论[M].北京:机械工业出版社,2006.

[3] 郑晓燕,胡白香.土木工程概论[M].北京:中国建材工业出版社,2007.

[4] M S Palanichamy. Basic Civil Engineering[M].北京:机械工业出版社,2005.

[5] 胡玉银.超高层建筑的起源、发展与未来[J].建筑施工,2006,28(11):938-941.

[6] 范重.国家体育场大跨度结构设计中的新技术[J].工程力学,2006,23(Sup Ⅱ):78-84.

[7] 尹伯悦,赖明,谢飞鸿.绿色建筑与智能建筑在世界和我国的发展与应用状况[J].建筑技术,2006,37(10):733-735.

第五章 道路与铁路工程
Chapter 5　Road and Railway Engineering

第一节　道路工程
Section 1　Road Engineering

道路运输从广义上讲是指货物和旅客借助一定的运输工具(如机动车或非机动车),沿道路某个方向,做有目的移动的过程。狭义上讲道路运输则是汽车在道路上有目的的移动过程。由于道路运输的广泛性、机动性和灵活性,已被广泛应用到社会生活、生产领域的各个方面。它与其他运输形式相比较,是实现"面对面"、"户对户"的直达运输服务,因此它是运输体系中最活跃的运输方式。道路运输必须依赖道路来实现。道路是建筑在大地表面供各种车辆行驶的线形带状物,主要承受车轮荷载的反复作用和各种自然因素的影响,它常常和桥梁、涵洞、隧道等构成统一的工程实体。

一、道路的基本组成(Basic Component of Road)

道路由线形和结构两部分组成。

1. 线形(Alignment)

道路线形是道路中线的立体形状,由平面、纵断面和横断面三维确定路线的方向、高程和几何形状。道路由于受自然条件或现有地物的限制,在平面上有转折、纵断面上有起伏,所以在转折点两侧相邻直线处。为了满足车辆行驶顺适、安全和速度要求,必须用一定半径的曲线连接,故道路的路线在平面和纵断面上均由直线和曲线组成。

道路线形的基本要求:

(1)保证汽车在道路上行驶的稳定性

汽车行驶的稳定性是指汽车在行驶时,不发生翻车、倒溜和侧滑的性能。它要求合理地选用圆曲线的半径和设置纵横坡,并保证汽车车轮与路面有足够的附着力。

(2)保证行车畅通,达到安全、迅速的行车目的

它要求道路有足够的路面宽度、行车视距,还要尽可能减少平面交叉,以满足交通量及通行能力要求,达到安全行驶的目的。行车顺畅可以缩短行车时间,节省燃料,提高营运经济效益。

(3)对道路的平、纵、横断面要合理布局

它要求合理利用地形,正确运用技术标准进行道路线形的设计,保证路线的整体协调。平面顺适、纵坡均衡、横面合理、线形组合协调,尽量避开地质不良地区。

(4)满足行车舒适要求

路线必须与环境及景观相协调,保护生态环境,尽可能使驾驶员和乘客不感到疲劳。行车安全指人的出游安全和货物运输不受损坏,它是路线几何设计的重要指标之一。要达到汽车

行驶安全和舒适,就要使路线的起伏不宜过于频繁,路线的平、纵曲线的最小半径要加以限制以免离心力过大而产生不舒适,平、纵曲线组合要保证线形的连续性。

道路线形由平面线形、纵断面线形和横断面线形三部分组成。

(1)平面线形(Horizontal Alignment)

道路平面线形是指道路中线在水平面上的投影,它反映道路平面的弯曲状况。两点间建立一条道路,受地形、地质和现状地物等障碍的影响,从工程经济等角度考虑而需要或必须转折时,在相邻直线间用圆曲线连接。当圆曲线半径较小时,在圆曲线和直线间插入缓和曲线。缓和曲线是曲率连续变化的曲线。组成道路平面线形的三个要素:直线、圆曲线和缓和曲线(图5-1)。直线与曲线的组合:同向曲线、反向曲线、复曲线、回头曲线。

平曲线的超高和加宽:

①超高与超高缓和段(Superelevation and Supereelevation Runoff)。

当曲线半径小于一定尺寸时,汽车在弯道上行驶会产生较大的离心力。为抵消车辆在平曲线路段上行驶时所产生的离心力,将路面作成外侧高内侧低的单向横坡形式,称为平曲线超高。从直线段的双向横坡断面逐渐变到曲线段具有超高的单坡横断面,需要一个逐渐变化的过渡段,称为超高缓和段(图5-2)。超高缓和段的长度一般与缓和曲线长度相同。

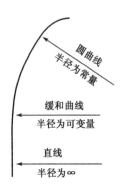

图5-1 平面线形

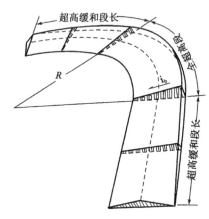

图5-2 超高与超高缓和段

②平曲线加宽(Curve Widening)。

平曲线加宽指为适应汽车在平曲线上行驶时后轮轨迹偏向曲线内侧的需要,平曲线内侧相应增加的路面、路基宽度。设置平曲线加宽时,从加宽值为零逐渐加宽到全加宽值的过渡段称为加宽缓和段(图5-3)。

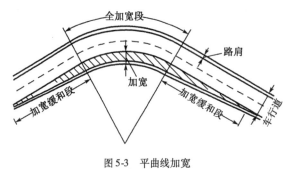

图5-3 平曲线加宽

(2)纵断面线形(Vertical Alignment)

道路纵断面线形是指道路中线在纵剖面上的起伏形状。沿道路中线竖直地剖切再行展开,所得到的图形称为路线纵断面。纵断面线形由直线(坡度线)与曲线(竖曲线)组成。纵断面线形反映路中线的地面起伏和设计路线的坡度情况,是通过道路中线的竖向剖面。

72

①坡度线(Grading Line)。

坡度(i)是指坡度线的终点与起点的高差与两端点的水平距离比值的百分数。上坡为正,下坡为负。坡度的大小会影响汽车的行驶速度、工程造价与营运经济及行车安全,因此坡度的临界值(如最大坡度、最小坡度)都要加以限制。最大纵坡是指在纵坡设计时各级道路允许采用的最大坡度值。最小纵坡是为纵向排水的需要,对排水不畅的路段所规定的纵坡最小值。要求纵坡起伏不宜过于频繁,不宜连续采用极限陡坡。应争取较均匀的纵坡,尽量做到纵向填挖平衡,以保证汽车安全顺适行驶。

②竖曲线(Vertical Curve)。

纵断面上相邻两条坡度线相交处会出现变坡点和变坡角,在变坡处用一曲线连接以利于车辆平顺行驶,该曲线称为竖曲线。竖曲线有凹形竖曲线和凸形竖曲线(图5-4),凹形竖曲线设于道路纵坡呈凹形转折处的曲线,用以缓冲行车中因运动量变化而产生的冲击和保证夜间汽车前照灯视线和汽车在立交桥下行驶时的视线。凸形竖曲线设于道路纵坡呈凸形转折处的曲线,用以保证汽车按设计速度行驶时有足够的行车视距。竖曲线的形式可采用抛物线和圆曲线。

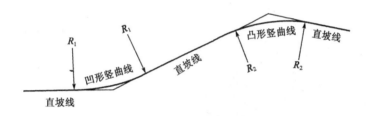

图5-4　凹形竖曲线和凸形竖曲线

(3)横断面(Cross Section)

道路的横断面是道路中心线的法线方向切面,由横断面设计线和地面线构成,它反映路基的形状和尺寸,是道路设计的技术文件之一。横断面设计包括行车道、路肩、分隔带、边沟、边坡、截水沟、护坡道、取土坑、弃土堆、环境保护等设施;在城市道路的横断面组成中包括机动车道、非机动车道、人行道、绿化带等;高速公路和一级公路上还设有变速车道、爬坡车道等。路线设计中的横断面设计只限于公路两路肩外侧边缘(城市道路红线)之间的那一部分的宽度、横向坡度等问题,故也称路幅设计。路幅是指两侧路肩外缘之间的部分,由行车道、路肩、中间带等组成(图5-5)。

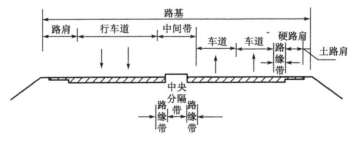

图5-5　道路横断面

①行车道(Carriageway)。

道路上供汽车行驶的部分。行车道宽度根据行驶车辆车厢宽度和富余宽度而定,一般为3.5~3.75m,车道数的多少由交通量和通行能力确定。

②路肩（Shoulder）。

路肩是位于行车道外缘至路基边缘，具有一定宽度的带状部分（包括硬路肩与土路肩），为保持车行道的功能和临时停车使用，并作为路面的横向支承。

③中间带（Central Strip）。

中间带是由中央分隔带和路缘带组成。中央分隔带在构造上起到分隔对向交通的作用，路缘带提供了安全行车所必需的侧向余宽并能诱导驾驶员的视线。高速公路和一级公路必须设置中间带。

（4）道路交叉（Road Intersection）

路线相交部位称为道路交叉口，它是道路系统的主要组成部分。在道路交叉处行车干扰严重，道路的通行能力降低，易发生交通事故等。道路交叉分为平面交叉（Grade Crossing）（图5-6）和立体交叉（Grade-separated Junction）（图5-7）两种。

图5-6　平面交叉 　　　　　　　　　　　图5-7　立体交叉

平面交叉是道路与道路在同一平面内的交叉。平面交叉又分为简单交叉口形式、拓宽路口式交叉口和环行交叉口。简单交叉口是指平面交叉中，对交叉部位不做任何特殊处理的交叉口。简单交叉口形式简单，交通组织方便，使用范围广，可用于相同等级或不同等级的道路交叉，在任何一种形式的道路网规划中，是最基本的交叉口形式。

立体交叉是道路与道路或铁路在不同高程上的交叉。高速公路与各级公路交叉或一级公路与交通量大的公路交叉应采用立体交叉。立体交叉口由相交道路、跨线桥、匝道、引道、通道和其他附属设施组成。立体交叉分为分离式立体交叉和互通式立体交叉。分离式立体交叉按其结构形式不同，可以分为隧道式和跨路式两种。互通式立体交叉又分为枢纽式立体交叉和一般互通式立体交叉。

2. 结构（Structure）

1）路基（Subgrade）

路基是按照路线位置和一定技术要求修筑的带状构造物，是路面的基础，承受由路面传来的行车荷载。路基必须具有足够的强度和整体稳定性。由于路基通常由天然土石材料建筑而成，因此路基还应具有足够的水稳定性。路基在道路建设项目中具有路线长，工程数量大，技术条件复杂，通过的地带类型多，占用土地多，受地形、气候和水文地质条件影响很大等特点。特别是在工程量集中，水文、地质条件复杂的地段，施工更复杂，常常是决定路线方案的主要因素。为保证路基稳定，路基工程还应包括必要的排水设施和防护支挡工程。路基横断面按填挖情况可分为路堤、路堑、半填半挖路基三种基本形式（图5-8）。

74

路基的基本构造由高度、宽度和边坡坡度组成。路基的填土高度要求大于规定的最小填土高度;路基宽度根据设计交通量和道路等级而定;路基边坡影响路基的整体稳定性,由路基高度和土质综合决定。

2)路面(Pavement)

路面应有足够的强度、稳定性、耐久性、平整度和抗滑性。路面通常用力学性能较好的材料铺筑而成,路面工程质量的好坏直接影响到道路的使用性能和服务质量。

(1)路面结构(Pavement Structure)

路面结构按使用要求、受力状况、土基支承条件和自然影响因素的不同,自上而下分为面层、基层、底基层、垫层(图5-9)。

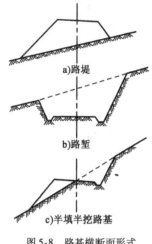

图5-8 路基横断面形式

图5-9 路面结构图

①面层(Surface Course)。

面层是直接承受车轮荷载反复作用和自然因素影响的结构层。它承受较大的行车荷载的垂直力、水平力和冲击力,同时还受到降水的侵蚀和气温变化的影响。因此,面层应具备较高的结构强度、抗变形能力、水稳定性和温度稳定性,而且应当耐磨、不透水,其表面还应有良好的抗滑性和平整度。

②基层和底基层(Base Course and Subbase)。

基层设置在面层以下,主要承受由面层传来的车辆荷载的垂直力,并将荷载传到底基层、垫层、土基。它应具有一定的强度和刚度,并具有良好的扩散应力的能力。基层遭受大气因素的影响虽然比面层小,但是仍然有可能经受地下水和通过面层渗入雨水的侵蚀,所以基层结构应具有足够的水稳定性。基层表面虽不直接供车辆行驶,但仍然要求有较好的平整度,这是保证面层平整的基本条件。修筑基层的材料主要有各种结合料(如石灰、水泥或沥青等)稳定土、贫水泥混凝土、普通水泥混凝土、天然砂砾、各种碎石或砾石、片石、块石或卵石,各种工业废渣(如煤渣、粉煤灰、矿渣、石灰渣等)稳定土等。

底基层在基层以下,与基层一起承受荷载的作用,对底基层材料质量的要求可以降低,可使用当地材料来修筑。水泥混凝土基层下未设垫层,上路床为细粒土、黏土质砂或级配不良砂(承受特重或重交通时),或者为细粒土(承受中等交通时)时,应在基层下设置底基层。底基层可采用级配粒料、水泥稳定粒料或石灰粉煤灰稳定粒料。

③垫层(Bed Course)。

垫层介于土基与基层之间,它的功能是改善土基的湿度和温度状况,以保证面层和基层的强度、刚度和稳定性不受土基水温状况变化所造成的不良影响。另外的功能是将基层传下的车辆荷载应力加以扩散,以减小土基产生的应力和变形。同时也能阻止路基土挤入基层中,影响基层结构的性能。

修筑垫层的材料,强度要求不一定高,但水稳定性和隔温性能要好。常用的垫层材料分为两类:一类是由松散粒料,如砂、砾石、炉渣等组成的透水性垫层;另一类是用水泥或石灰稳定土等修筑的稳定类垫层。

(2)路面的分类(Pavement Classification)

路面按其所用材料不同可分为沥青路面(Asphalt Pavement)、水泥混凝土路面(Cement concrete Pavement)、砂石路面(Sand Aggregate Pavement)等;按其力学性能可分为柔性路面(Flexible Pavement)、刚性路面(Rigid Pavement)和半刚性路面(Semi-rigid Pavement)。

沥青路面是用沥青材料作结合料黏结矿料修筑面层与各类基层和垫层所组成的路面结构。沥青路面一般有柔性基层沥青路面、半刚性基层沥青路面和刚性基层沥青路面三种形式,其中半刚性基层沥青路面在我国得到了最广泛的运用。水泥混凝土路面指用水泥混凝土做面层(配筋或不配筋)的路面,包括普通混凝土路面、钢筋混凝土路面、连续配筋混凝土路面、钢纤维混凝土路面、水泥混凝土预制块路面和碾压混凝土等。砂石路面是以砂、石等为骨料,以土、水、灰为结合料,通过一定的配比铺筑而成的路面的总称,包括级配碎(砾)石路面、泥结碎(砾)石路面、水结碎石路面。

用柔性结构层组成的路面称柔性路面。柔性路面主要包括各种未经处治的粒料基层和各类沥青面层、碎(砾)石面层或块石面层组成的路面结构。刚性路面主要指水泥混凝土路面。水泥混凝土路面强度高,结构层处于板体工作状态,竖向弯沉较小,传递给基础上的单位压力较柔性路面小得多。半刚性路面主要指用水泥砂和乳化沥青(渣油)两种结合料组成的路面。半刚性基层是用无机结合料(石灰、水泥和工业废渣)稳定土类的材料铺筑一定厚度的基层。半刚性材料在前期具有柔性路面的力学性质,后期的强度和刚度均有较大幅度的增长,最终的强度和刚度处于柔性材料与刚性材料之间。

3)附属设施(Ancillary Facilities)

(1)防护设施(Safety Facilities)。防护设施是为了保证路基稳定、加固路基边坡所建的人工构筑物。常用防护设施有:护坡、碎落台、填石路堤、反压护道、导流堤、坡面防护等。

(2)照明设施(Lighting Facilities)。道路照明设施的设置可以起到减少交通事故、提高道路的利用率、消除行人的不安全感和保证驾驶员行车视距和安全感的作用。

道路照明的设备有:日常使用灯、水银荧光灯、钠光灯等。一般在交叉口或人行横道、视线不好的弯道、道路宽度突变的地点、陡坡、站前广场和公共场所相接的道路、收费道路的收费所附近以及其他一些特殊必要的地点进行设置。

(3)排水设施(Drainage Facilities)。为了保证路基路面的稳定,免受地面水和地下水的侵害,还应修建专门的排水设施。排水结构物分纵向排水结构设施(边沟、截水沟、排水沟)和横向排水结构设施(桥梁、涵洞、路拱、过水路面和路堤、渡水槽)。

(4)绿化设施(Planting Facilities)。在路侧带、中央分隔带、道路用地范围内的边角空地及停车场等处绿化,在环形交叉口、立交区和大桥桥头可以进行景观设计,美化环境,但不应妨碍视线。

(5)交通标志、交通标线(Traffic Sign、Traffic Marking)。道路交通标志是指应用图形符号和文字符号传递特定信息,用以管理交通安全的设施,一般设在路侧或路的上方。交通标志有指示标志、警告标志、禁令标志。指示标志指示驾驶员行驶的方向、行驶里程和汽车长时间停车的地方。警告标志指出前方障碍物和危险的地方,警告驾驶员安全行驶。禁令标志指出各种必须遵守的交通限制的标志。

交通标线是布设在路面上的交通安全设施,共有四种形式。白色连续实线:作为不准逾越的车道分界线;白色间断线:车辆可以逾越的车道分界线;白色箭头指示线(表示方向):用来指引汽车左右转弯或直行;黄色连续实线:作为严禁车辆逾越的车道分界线。

二、道路分类(Road Classification)

道路按其位置、交通性质及使用特点可分为公路、城市道路、专用道路等。

1.公路(Highway)

公路是主要供汽车行驶,具有一定技术等级和设施的道路。公路等级根据公路通车能力和技术水平的指标划分有技术等级和行政等级。公路等级愈高,允许行驶速度愈高,可以适应的交通量和车辆荷载也愈大。

公路按技术等级分为高速公路(图5-10)、一级公路、二级公路、三级公路和四级公路五个等级。

高速公路(Freeway):专供汽车分向、分车道行驶并应全部控制出入的多车道公路。四车道高速公路应能适应将各种汽车折合成小客车的年平均日交通量为 25 000~55 000 辆;六车道高速公路应能适应将各种汽车折合成小客车的年平均日交通量为 45 000~80 000 辆;八车道高速公路应能适应将各种汽车折合成小客车的年平均日交通量为 60 000~100 000 辆。

一级公路(First-grade Highway):供汽车分向、分车道行驶,并可根据需要控制出入的多车

图 5-10　高速公路

道公路。四车道一级公路应能适应将各种汽车折合成小客车的年平均日交通量为 15 000~30 000辆;六车道一级公路应能适应将各种汽车折合成小客车的年平均日交通量为 25 000~55 000辆。

二级公路(Second-grade Highway):供汽车行驶的双车道公路,一般能适应将各种汽车折合成小客车的年平均日交通量为 5 000~15 000 辆。

三级公路(Third-grade Highway):供汽车行驶的双车道公路,一般能适应将各种汽车折合成小客车的年平均日交通量为 2 000~6 000 辆。

四级公路(Forth-grade Highway):供汽车行驶的双车道或单车道公路,一般能适应将各种汽车折合成小客车的年平均日交通量为双车道 2 000 辆以下,单车道 400 辆以下。

公路等级适用的面层类型见表5-1。

公路等级适用的面层类型　　　　　　　　　　表 5-1

面 层 类 型	适 用 范 围
沥青混凝土	高速公路、一级公路、二级公路、三级公路、四级公路
水泥混凝土	高速公路、一级公路、二级公路、三级公路、四级公路
沥青贯入、沥青碎石、沥青表面处治	三级公路、四级公路
砂石路面	四级公路

按照公路的位置以及在国民经济中的地位和运输特点的行政等级分为国道(图5-11)、省道、县道和乡道四个等级。其中,国道是国家公路干线,由国家统一规划,所在省市自治区负责建设、管理和养护。各有:"1"字打头(北京),"2"字打头(南北方向),"3"字打头(东西方向)。省道是在国道网的基础上,由省对具有全省意义的干线公路加以规划,并且建设、管理、养护。县道中的主要道路由省统一规划、建设和管理,一般路段由县自定并建设、管理和养护。乡(道)道路主要为乡村服务,由县统一组织建设、管理和养护。

公路设计时必须遵守几何标准、载重标准和净空标准这三个技术标准。几何标准或称线形标准主要是确定路线线形几何尺寸的技术标准。载重标准是用于道路的结构设计,它的主要依据是汽车的载重标准等级。净空标准是根据不同汽车的外轮廓尺寸和轴距,来确定道路的尺寸。

2. 城市道路(City Road)

城市道路是指城市内部的道路,联结城市各个功能分区和对外交通的纽带。城市道路与公路相比,具有功能多样、组成复杂、行人交通量大、车辆多、车速差异大、交叉口多的特点,平均行驶速度比公路低。城市道路为适应城市里种类繁多的交通工具,划分为机动车道、公共交通优先专用道、非机动车道。依据道路在城市道路网中的地位和交通功能以及道路对沿路的服务功能,将城市道路划分为四种类型:快速路、主干路、次干路、支路。

图5-11　312国道

快速路(Expressway):为城市大量、长距离、快速交通服务,道路中设有中央分隔带,具有四条以上的双向行车道,全部或部分采用立体交叉与控制出入,供车辆以较高的速度行驶的道路。

主干路(Arterial Road):连接城市主要分区的干路,是城市道路的骨架,以交通功能为主。主干路上要保证一定的车速。在城市道路网中起骨架作用的道路。

次干路(Secondary Trunk Road):一般为一个区域内的主要道路,与主干道组成道路网,起集散交通之用,兼有服务功能。城市道路网中的区域性干路,与主干路相连接,构成完整的城市干路系统。

支路(Branch Road):次干道与街坊路的连接线,解决局部地区交通,以服务功能为主。城市道路网中干路以外联系次干路或供区域内部使用的道路。

城市内道路很多,纵横交织,如同网一样,所以道路系统又称为道路网。道路网是城市总平面图的骨架,各道路彼此互相配合,把城市的各部分有机地联系起来。城市的道路网是在编制城市规划时拟订的,它从总体考虑,对每条道路都要提出明确的任务。

常用的道路网可归纳成四种类型:方格式、放射环形式、自由式和混合式。其中,方格式与放射环形式比较常见。

3. 专用道路(Special Road)

专用道路为厂区、林区、矿区、港区的道路,由专用部门自行规划、建设、管理和养护。厂矿道路主要为工厂、矿区交通服务;林区道路主要为林区开发的木材运输服务。

第二节 铁 路 工 程
Section 2　Railway Engineering

铁路运输是一种以钢轨引导列车运行的运输方式。世界铁路的发展已有一百多年的历史。第一条完全用于客货运输的铁路是1830年通车的英国利物浦至曼彻斯特铁路,这条铁路全长为35英里。此后,铁路主要是依靠牵引动力的发展而发展。牵引机车从最初的蒸汽机车发展成内燃机车、电力机车。运行速度也随着牵引动力的发展而加快。20世纪60年代开始出现了高速铁路,速度从120km/h提高到450km/h左右,以后又打破了传统的轮轨相互接触的黏着铁路模式,发展到轮轨相互脱离的速度能达到500km/h以上的磁悬浮铁路。我国的铁路事业,从1876年英国商人在上海修建淞沪铁路开始,已发展到延伸祖国东南西北的全国铁路网。城市轻轨与地下铁道已是各国发展城市公共交通的重要手段之一。自北京出现了我国第一条地下铁路以后,上海、天津、广州、南京等地都把发展地铁作为解决城市公共交通的重要措施之一。从上海浦东国际机场至龙阳路地铁站的磁悬浮铁路也已开通,这标志着我国铁路建设已逐步迈上国际先进水平。铁路运输的主要特点是:运载能力大,运输成本低;基础投资大,固定设施费用高;总运程时间较长,需要时间性强。依据铁路在路网中的作用、性质、旅客及列车设计行车速度和客货运量的大小,将铁路划分为4个等级。

一、铁路的基本组成(Basic Component of Road Railway)

铁路由线路、路基和轨道组成。此外,属于铁路工程的还有桥梁、涵洞、隧道、车站设施、机务设备、电力供应等。

1. 线路(Railway Line)

铁路线路在广义上是只由轨道、路基、桥涵、隧道及其他建筑物构成的,供列车按规定速度行驶的铁路线的简称。从狭义上讲是指铁路中心线的空间位置。由平面和纵断面上的直线与曲线组成。铁路线路的平面是线路中心线在水平面上的投影,纵断面是线路中心线在垂直面上的投影。

铁路线路平面设计通过灵活设计线路的直线、圆曲线和缓和曲线等技术参数,不仅可以使设计线满足铁路行车安全、平稳和舒适的条件,同时可使得工程和运营条件达到最佳。因此,铁路线路平面设计是选线设计的一个重要组成部分。

线路平面设计的基本要求为:

(1)为了节省工程费用与运营成本,一般力求缩短线路长度。

(2)为了保证行车安全与平顺,应尽量采用较长直线段和较大的圆曲线半径。线路平面的最小半径受到铁路等级、行车速度和地形等条件的限制。

(3)列车要平顺地从直线段驶入曲线段,一般在圆曲线的起点和终点处设置缓和曲线。缓和曲线的目的是使车辆的离心力缓慢增加,以利于行车平稳,同时使得外轨超高,以增加向心力,使其与离心力的增加相配合。

铁路线路可在纵断面上设置上坡、下坡和平道,纵断面由长度不同、陡缓各异的坡段组成。列车在坡道上行驶时,其重力平行于坡道方向的分力便成为车辆行驶的阻力,称为坡道阻力。纵坡越大,其坡道阻力也越大,而机车克服坡道阻力后所剩余的牵引力越小。这就影响到机车所能牵引的列车重力,也直接影响到线路的运输能力。坡段的特征用坡段长度和坡度值表示。

铁路线路的某区段上限制货物列车重力的坡度,称作限制坡度。限制坡度定得越小,所能牵引的列车重力越大,线路的运输能力越大。但当地形起伏较大时,按所规定的限制坡度设置会引起很大的工程量,可考虑采用多台机车牵引方案。这时,由于牵引力增大,限制坡度可以提高(称为加力牵引坡度),从而缩短线路长度,减少工程量。

铁路定线,就是在地形图或地面上选定线路的方向,确定线路的空间位置,并布置各种建筑物,是铁路勘测设计中决定全局的重要工作。

它一般要考虑以下因素:

(1)设计线路的意义和与行政区其他建设的配合关系。

(2)设计线路的经济效益和运量要求。

(3)设计线路所处的自然条件。

(4)设计线路主要技术标准和施工条件等。

2. 路基(Subgrade)

铁路路基是经开挖或填筑而形成的直接支撑轨道的基础结构。路基可分成路堤、路堑和填挖结合路基三种基本形式。路基面应当平顺,其高程以路肩高程表示。路基面形状应设计为三角形路拱,由路基中心线向两侧设4%的人字排水坡。曲线加宽时,路基面仍应保持三角形。路基两侧必须设置排水沟保证线路排水畅通。

路基面应有足够的宽度,符合轨道铺设、附属构筑物设置和线路养护维修作业的要求。路基顶面的宽度,根据铁路等级、轨道类型、道床标准、路肩宽度和线路间距等因素确定。路堤的路肩宽度不得小于0.8m,路堑不得小于0.6m。而在区间单线曲线路段上,由于需要设置曲线超高而加厚道床厚度,在曲线外侧的路基宽度应随超高度的不同而适当加宽。

3. 轨道(Track)

铁路轨道是由钢轨、道岔、轨枕、道床、防爬设备和连接零件等主要部件(图5-12)组成的工程结构。它起着机车车辆运行的导向作用,同时直接承受由车轮传来的巨大压力,并把它传递给路基或桥隧建筑物。

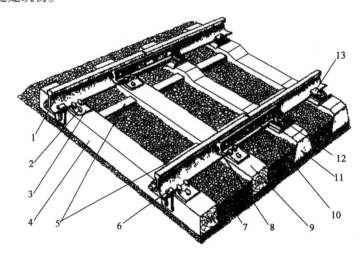

图5-12 轨道的基本组成

1-钢轨;2-普通道钉;3-垫板;4、9-木枕;5-防爬撑;6-防爬器;7-道床;8-鱼尾板;10-螺栓;11-钢筋混凝土轨枕;12-扣板式中间连接零件;13-弹片式中间连接零件

轨道是一个整体性工程结构,经常处于列车运行的动力作用下,所以它的各组成部分均应具有足够的强度和稳定性,以便保证列车按照规定的最高速度,安全、平稳和不间断地运行。轨道的强度和稳定性,取决于钢轨类型、轨枕类型和密度、道床类型和厚度等因素。根据主要运营条件,如近期的运量和最高行车速度,将轨道分为特重、重、次重、中和轻型 5 个等级。

为确保行车安全,轨道除应有合理的组成外,还应保持两股钢轨的规定距离及其轨顶面的相对水平位置。轨距是两股钢轨头部顶面下 16mm 范围内两股钢轨作用边之间的最小距离。轨距可分为标准轨距(轨距为 1 435mm)、宽轨轨距(轨距大于 1 435mm)、窄轨轨距(轨距小于 1 435mm)。

(1)钢轨(Rail)

钢轨是用钢轧制一定长度的工字形断面型钢,是直接支承和引导车轮的构件。钢轨必须具备足够的强度、稳定性和耐磨性。在我国,钢轨的类型和强度以 kg/m 来表示。每米钢轨的质量越大,它所能承受的荷载越大。世界上第一条铁路的钢轨为 18kg/m,质量最大的钢轨在美国达 77kg/m。我国现行的钢轨标准有 50kg/m、60kg/m、75kg/m 三种。为了提高线路的通过能力,我国铁路正逐步淘汰小质量钢轨,主要线路一般铺设 60kg/m 或 75kg/m 的重型钢轨。钢轨的长度长一些,可以减少接头的数量,列车运行平稳并可节省接头零件和线路的维修费用。但是由于加工条件和运输条件的限制,一根钢轨的轧制长度是有限的。目前我国钢轨的标准长度有 25m 和 12.5m 两种。此外,还有专供曲线地段铺设内轨用的标准缩短轨。现在可以把标准长度钢轨焊接成长钢轨和"无缝"钢轨,减少接头,使线路更加平顺。无缝线路至少能节省 15% 的维修费用,延长 25% 的钢轨使用寿命。此外,无缝线路还具有减少行车阻力、降低行车振动及噪声等优点。

(2)道岔(Turnout)

道岔是把一条轨道分支为两条或以上的设备,是铁路轨道的一个重要组成部分。道岔大都设在车站区(图 5-13)。最常用、最简单的线路连接设备是普通单开道岔(图 5-14),起到引导机车车辆转向的作用。普通单开道岔由转辙器、辙叉及护轨、连接部分所组成。除了普通单开道岔以外,按照构造上的特点及所连接的线路数目,还有双开道岔、三开道岔和交分道岔。

图 5-13　道岔

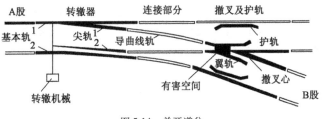

图 5-14　单开道岔

（3）轨枕（Sleeper）

轨枕是支撑钢轨、保持轨距并将荷载传布于道床的轨道部件。轨枕应具有足够的强度、弹性和耐久性。轨枕按材料分为木枕、钢枕和钢筋混凝土枕；按用途分为普通轨枕、岔枕和桥枕。木枕具有弹性好、形状简单、易于加工、便于运输和铺设、更换方便及成本低的优点；其主要缺点是寿命短，并需消耗大量木材。钢枕的金属消耗量过大，造价不菲，体积也笨重，只有德国等少数国家还在使用。钢筋混凝土枕耐久性好寿命长、稳定性高和养护工作量小，主要缺点是质量大。我国大量采用钢筋混凝土轨枕，既可以节省大量木材，又可以提高轨道的强度和稳定性。目前，使用木枕最多的美国正在试用一种塑料轨枕。这种采用回收的聚乙烯制造的塑料轨枕的耐腐蚀性高于木枕三倍以上，安装在路基上不会滑动；安装方便，可以直接使用与木枕相同的设备和紧固件；其缺点是成本要大于木枕。

每千米线路上铺设轨枕的数量，应根据运量及行车速度等运营条件确定，一般在 1 520 ~ 1 840 根之间。轨枕数量越多，表明轨道的强度越高。我国普通轨枕的长度为 2.5m。道岔用的岔枕和钢桥上用的桥枕，其长度有 2.6 ~ 4.85m 多种。

（4）道床（Bed）

道床的主要作用是支承轨枕，把从轨枕上部的压力均匀地分布在路基面上，并固定轨枕的位置，阻止轨枕纵向或横向移动，缓和列车对钢轨的冲击。同时，还具有排水功能以保持路基面和轨枕干燥，以及便于调整线路平面和纵断面的作用。道床的材料应当具有坚硬，不易风

图 5-15　道砟道床

化，富有弹性，并有利于排水的特点。有用道砟铺设的道砟道床（图 5-15）、用混凝土灌注的整体道床及用沥青等加工材料灌注的沥青道床等。道砟道床常用的材料有碎石、卵石、粗砂等，其中以碎石为最优，我国铁路一般都采用碎石道床。路基为非渗水性土时，宜采用双层道床，其他情况采用单层道床。道床的横断面呈梯形，其顶面宽度、边坡坡度及道床厚度等均按轨道的类型而定。

（5）防爬设备（Anti-climb Device）

列车运行时，常因车轮的滚动、纵向滑动、制动等作用，产生作用在钢轨上的纵向力，从而使钢轨甚至连同轨枕一起纵向移动，这种现象叫轨道爬行。爬行一般发生在单线铁路的重车方向、双线铁路的正向运行方向、长大坡道上和进站前的制动距离内。轨道爬行将引起轨缝不均，轨枕歪斜、接头夹板螺栓折断，轨距、方向不良等现象，危及行车安全。为有效地防止轨道爬行，一方面可加强钢轨与轨枕间的扣压力和道床阻力；另一方面需要设置足够的防爬器和防爬撑，如图 5-12 所示。

（6）连接零件（Connected Parts）

连接零件包括接头连接零件和中间连接零件两类。接头连接零件是用来连接钢轨与钢轨的端部，包括鱼尾板（又称夹板）、螺栓、螺母及弹性垫圈等。在钢轨接头处应预留适当的缝隙，称轨缝。这样，当气温变化时，钢轨就可以自由伸缩。由于轨缝的存在，车轮通过时将产生撞击，使行车阻力和线路维修费用增加，给旅客增添不适感，因而钢轨接头处是轨道的薄弱环节。钢轨是用中间连接零件紧扣在轨枕上的。中间连接零件又称钢轨扣件，分为木枕用和钢筋混凝土轨枕用两种，如图 5-12 所示。

二、铁路的分类(Railway Classification)

铁路按轨距不同分标准轨、窄轨和宽轨;按运输能力分一般铁路、高速铁路和地下铁路;按牵引方式分黏着式、齿轨式和缆索式;按运营发式分干线铁路和城市轨道。这里简单介绍一下高速铁路、城市轻轨和地铁及磁悬浮铁路。

1. 高速铁路(High-speed Railway)

一般,铁路运行速度为 100~120km/h,称为常速;速度为 120~160km/h,称为中速;速度为 160~200km/h,称为准高速或快速;速度为 200~400km/h,称为高速;速度为 400km/h 以上,称为特高速。

高速铁路指按其功能分客运专用及客运、货运共用两类。世界上第一条高速铁路为 1964 年 10 月建成的日本东海道新干线,最高速度达 210km/h。后来日本还建成山阳新干线(时速 230km,1975 年)、东北新干线和上越新干线(时速 260km,1982 年)。实践证明,高速铁路具有节省能源、保护环境、安全、舒适、省时等优点。

高速铁路的实现为城市之间的快速交通来往和为旅客出行提供了极大的方便。同时,也对铁路选线与设计等提出了更高的要求,如铁路沿线的信号与通信自动化管理,铁路机车和车辆的减震和隔声要求,对线路平、纵断面的改造,加强轨道结构,改善轨道的平顺性和养护技术等。

2. 城市轻轨(Urban Light Rail)和地铁(Subway)

轻轨交通(图 5-16):轻轨交通是一种中等运量的城市轨道交通客运系统,它的客运量在地铁与公共汽车之间。它是在传统的有轨电车基础上发展起来的新型快速轨道交通系统。由于其造价低、无污染、乘坐舒适、建设周期较短而被许多国家的大、中城市所接受,近年来不断得到发展和推广。

地铁:地铁不仅具有运量大、速度快、安全、准时、节省能源、不污染环境等优点,而且可以在建筑物密集而不便于发展地面交通和高架轻轨的地区大力发展。因此,地铁在城市公共交通中发挥着巨大的作用,给城市居民出行提供了便捷的交通。

地铁的缺点是绝大部分线路和设备处于地下,而城市地下由于各种管线纵横交错,极大增加了施工工作量,而且在建设中还涉及隧道开挖、线路施工、供电、通信信号、水质、通风照明、振动噪声等一系列技术问题以及考虑防灾、救灾系统的设置等,都需要大量的资金投入,因此地铁的建设费用相当高,我国每公里地铁造价达 8 亿元人民币。另外,地铁建设周期长,见效慢,一旦发生火灾或其他自然灾害,乘客疏散比较困难,容易造成人员伤亡和财产损失,对社会造成不良影响。

图 5-16 城市轻轨(上海明珠线)

3. 磁悬浮铁路(Magnetic Levitation Railway)

磁悬浮铁路的行车速度和能耗高于传统铁路,但是低于飞机,是弥补传统铁路与飞机之间速度差距的一种有效运输工具。磁悬浮铁路与传统铁路有着截然不同的特点。在磁悬浮铁路上运行的列车,是利用电磁系统产生的吸引力或排斥力将车辆托起,使整个列车悬浮在线路上,利用电磁力进行导向,并利用直流电机将电能直接转换成推进力来推动列车前进的。与传统铁路相比,磁悬浮铁路由于消除了轮轨之间的接触,因而没有摩擦阻力,能够高速运行,时速可达 500km 以上;无机械振动和噪声,无废气排出和污染,有利于环境保护;能充分利用能源,获得较高的运输效率;列车运行平稳,能提高旅客的舒适度;由于磁悬浮系统采用导轨结构,不会发生脱轨和颠覆事故,提高了列车运行的安全性和可靠性。尽管磁悬浮列车技术有上述的许多优点,但仍然存在以下不足:

(1)由于磁悬浮系统是以电磁力完成悬浮、导向和驱动功能的,断电后磁悬浮的安全保障措施显得尤为重要,列车停电后的制动问题仍然是要解决的问题。其高速稳定性和可靠性还需很长时间的运行考验。

(2)磁悬浮技术对线路的平整度、路基下沉量及道岔结构方面的要求很高,投资很大。

2001 年 3 月 1 日,我国第一条磁浮列车线(图 5-17)在上海动工兴建,并于 2002 年 12 月 31 日建成通车。这是目前世界上首条投入商业运行的磁悬浮列车线,总投资为 89 亿元人民币。磁悬浮快速列车干线,西起上海地铁 2 号线的龙阳站,东至浦东国际机场,全长 31km,设计最高时速 430km,运行时间为 7min。该工程的建设和运营,标志着我国磁悬浮铁路建设逐步进入世界领先行列。

图 5-17　上海磁悬浮列车

思　考　题

1. 道路运输有哪些特点?
2. 道路线形设计的基本要求是什么?
3. 目前我国对公路和城市道路是如何分级的?
4. 道路结构是由哪些部分组成的? 它们各起什么作用?
5. 路基的基本构造有哪些组成? 由什么条件确定?
6. 路面结构由哪些结构构成? 它们起到什么作用?
7. 我国将道路分为哪几个等级,如何划分?
8. 我国将城市道路分为哪几个等级,如何划分?
9. 铁路运输的特点是什么?

10. 试述铁路的基本组成及其作用。

11. 磁悬浮列车有哪些特点?

参 考 文 献

[1] 段固敏.道路路线与路面结构[M].北京:中国铁道出版社,2004.

[2] 李清波,符锌砂.道路规划与设计[M].北京:人民交通出版社,2002.

[3] 罗福午.土木工程(专业)概论[M].武汉:武汉工业大学出版社,2001.

[4] 江见鲸,叶志明.土木工程概论[M].北京:高等教育出版社,2002.

[5] 叶国铮,姚玲森.道路与桥梁工程概论[M].北京:人民交通出版社,1999.

[6] 段树金主编.土木工程概论[M].北京:中国铁道出版社,2005.

[7] 孙章,何宗华.城市轨道交通概论[M].北京:中国铁道出版社,2000.

[8] 吴瑞麟,沈建武.道路规划与勘测设计[M].广州:华南理工大学出版社,2002.

[9] 中华人民共和国行业标准.JTJ B01—2003 公路工程技术标准[S].北京:人民交通出版社,2003.

[10] 申国祥.铁路轨道[M].北京:中国铁道出版社,1996.

第六章 桥梁工程
Chapter 6 Bridge Engineering

道路路线遇到江河湖泊、山谷深沟以及其他线路(铁路或公路)等障碍时,为了保持道路的连续性,就需要建造专门的人工构造物(Artificial Structures)——桥梁,来跨越障碍。

桥梁工程在交通事业中有着重要的地位,建立四通八达的现代化交通网,对于发展国民经济、加强全国各族人民的团结、促进文化交流和巩固国防等方面都具有非常重要的作用。在公路、铁路、城市和农村道路以及水利建设中,为了跨越各种障碍,必须修建各种类型的桥梁与涵洞,因此桥涵是交通线中的重要组成部分,而且往往是保证全线早日通车的关键。在经济上,桥梁和涵洞的造价一般来说平均占公路总造价的 10% ~ 20%。在国防上,桥梁是交通运输的咽喉,在需要高度快速、机动的现代化战争中,具有非常重要的地位。此外,为了保证已有公路的正常运营,桥梁的养护与维修工作也十分重要。

我国文化悠久,是世界上文明发达最早的国家之一。我国山川河流众多,自然条件错综复杂,古代桥梁不但数量惊人,而且类型也丰富多彩,几乎包含了所有近代桥梁中的最主要形式。

第一节 桥梁结构的基本组成
Section 1 Components of a Bridge

下面先熟悉一座桥梁的基本组成。图 6-1 表示的是一座公路桥梁的概貌。从图中可见,桥梁一般由桥跨结构(上部结构)和下部结构组成。

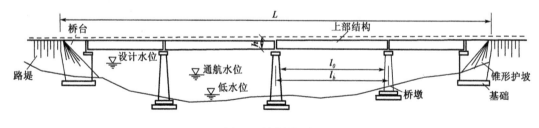

图 6-1 梁式桥概貌

桥跨结构(Superstructure)是在线路中断时跨越障碍的主要承重结构。当跨越幅度比较大时,其本身的恒载增大,同时要求能承受很大车辆荷载,桥跨结构的构造将变得比较复杂,施工也相当困难。

桥墩(Pier)和桥台(Abutment)是支承桥跨结构并将恒载和车辆等活载传至地基的建筑物。设置在桥中部的称为桥墩,设置在桥两端的一般称为桥台。桥台除了上述作用外,还与路堤相衔接,以抵御路堤土压力,防止路堤填土的滑坡和坍落。单孔桥没有中间桥墩。桥墩和桥台中使全部荷载传至地基的底部扩大部分通常称为基础(Foundation),它是确保桥梁能安全使用的关键。由于基础往往深埋于土层之中,并且需在水下施工,故也是桥梁建筑中比较困难的一个部分。

通常人们还习惯地称桥跨结构为桥梁上部结构(Superstructure),称桥墩或桥台(包括基础)为桥梁的下部结构(Substructure)。

一座桥梁中在桥跨结构与桥墩或桥台的支承处所设置的传力装置,称为支座(Bearing),它不仅要传递很大的荷载,并且要保证桥跨结构可以产生一定的变形。

在路堤与桥台衔接处,一般还在桥台两侧设置石砌的锥形护坡(Conical Slope Protection),以保证迎水部分路堤边坡的稳定。

在桥梁建筑工程中,除了上述基本结构外,根据需要还常常修筑护岸、导流结构物等附属工程。

下面介绍一些与桥梁布置和结构有关的主要术语名称和相关尺寸。

河流中的水位是变动的,在枯水季节的最低水位称为低水位[Low Water Level(LWL)];洪峰季节河流中的最高水位称为高水位[High Water Level(HWL)]。桥梁设计中按规定的设计洪水频率计算所得的高水位,称为设计洪水位[High Flood Level(HFL)]。

净跨径(Net-span),对于梁式桥是指设计洪水位上相邻两个桥墩(或桥台)之间的净距,用l_0表示(图 6-1);对于拱式桥是指每孔拱跨两个拱脚截面最低点之间的水平距离(图 6-2)。

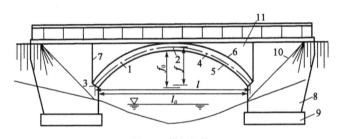

图 6-2　拱桥概貌

1-拱圈;2-拱顶;3-拱脚;4-拱轴线;5-拱腹;6-拱背;7-变形缝;8-桥墩;9-基础;10-锥坡;11-拱上结构

总跨径(Total-span)是多孔桥梁中各孔净跨径的总和,也称桥梁孔径($\sum l_0$),它反映了桥下宣泄洪水的能力。

计算跨径(Calculated Span)对于具有支座的桥梁,是指桥跨结构相邻两个支座中心之间的距离;对于图 6-2 所示的拱式桥,是两相邻拱脚截面形心点之间的水平距离。桥跨结构的力学计算是以 l 为基准的。

桥梁全长(Bridge Length)简称桥长,是桥梁两端两个桥台的侧墙或八字墙后端点之间的距离,以 L 表示。

桥梁高度(Bridge Height)简称桥高,是指桥面与低水位之间的高差或为桥面与桥下线路路面之间的距离。桥高在某种程度上反映了桥梁施工的难易性。

桥下净空高度(Height of the Span Clearance)是设计洪水位或计算通航水位至桥跨结构最下缘之间的距离。它应保证能安全排洪,并不得小于对该河流通航所规定的净空高度。

建筑高度(Building Height)是桥上行车路面(或轨顶)高程至桥跨结构最下缘之间的距离(图 6-1 中的 h),它不仅与桥跨结构的体系和跨径大小有关,而且还随行车部分在桥上布置的高度位置而异。公路(或铁路)定线中所确定的桥面(或轨顶)高程,对通航净空顶部高程之差,又称为容许建筑高度。显然,桥梁的建筑高度不得大于其容许建筑高度,否则就不能保证桥下的通航要求。

净矢高(Net Arrow Height)是从拱顶截面下缘至相邻两拱脚截面下缘最低点之连线的垂

直距离,以 f_0 表示(图 6-2)。

计算矢高(Calculated Arrow Height)是从拱顶截面形心至相邻两拱脚截面形心之连线的垂直距离,以 f 表示(图 6-2)。

矢跨比(Rise-span Ratio)是拱桥中拱圈(或拱肋)的计算矢高 f 与计算跨径 l 之比(f/l),也称拱矢度,它是反映拱桥受力特性的一个重要指标。

此外,我国《公路工程技术标准》(JTG B01—2003)中规定对标准设计或新建桥涵跨径在 60m 以下时,一般均应尽量采用标准跨径(l_b)。对于梁式桥,是指两相邻桥墩中线之间的距离,或墩中线至桥台台背前缘之间的距离;对于拱式桥,则是指净跨径。

第二节 桥 梁 类 型
Section 2 Bridge Types

目前人们所见到的桥梁,种类繁多。它们都是在长期的生产活动中,通过反复实践和不断总结逐步创造发展起来的。为了对各种类型的桥梁结构有个概略的认识,下面加以简要的分析说明。

一、桥梁的基本体系(Basic System of a Bridge)

结构工程上的受力构件,总离不开拉、压和弯三种基本受力方式。由基本构件所组成的各种结构物,在力学上也可归结为梁式、拱式和悬吊式三种基本体系以及它们之间的各种组合。现代的桥梁结构也一样,不过其内容更丰富,形式更多样,材料更坚固,技术更进步。下面从受力特点、使用材料、适用跨度、施工条件等方面来阐明桥梁各种体系的特点。

1. 梁式桥(Girder Bridge)

梁式桥是一种在竖向荷载作用下无水平反力的结构[图 6-3a)、b)]。由于外力(恒载和活载)的作用方向与承重结构的轴线接近垂直,故与同样跨径的其他结构体系相比,梁内产生的弯短最大,通常需用抗弯能力强的材料(钢、木、钢筋混凝土等)来建造。为了节约钢材和木料(木桥使用寿命不长,除临时性桥梁或战备需要外,一般不宜采用),目前在公路上应用最广的是预制装配式的钢筋混凝土简支梁桥。这种梁桥的结构简单,施工方便,对地基承载能力的要求也不高,但其常用跨径在 25m 以下。当跨径较大时,需要采用预应力混凝土简支梁桥,但跨度一般也不超过 50m。为了达到经济、省料的目的,可根据地质条件等修建悬臂式或连续式的梁桥,如图 6-3c)、d)所示。对于很大跨径以及承受很大荷载的特大桥梁,既可建造使用高强度材料的预应力混凝土梁桥外,也可以建造钢桥,如图 6-3e)所示。南京长江大桥(图 6-4)是钢桁架梁式桥的杰出代表。该桥位于江苏省南京市,是跨越长江的公路铁路两用钢桁架桥。上层为公路,行车道宽 15m,两侧人行道各宽 2.25m。下层为双线铁路。正桥有 10 孔,共长 1 576m,包括 1 孔 128m 简支桁架梁和 3 联 3 孔各 160m 连续桁架梁。

图 6-5 表示的是公路梁式桥常用的主梁横截面形式。图 6-5a)~d)的横截面常用于仅承受正弯矩的简支梁桥。实心板梁和矮肋板梁一般用于小跨径($l = 6 \sim 16m$)的现浇结构。T 形梁($l = 20 \sim 50m$)则多半用于预制装配式结构。随着建桥材料和预应力工艺等施工技术的发展,目前已广泛采用具有大挑臂的箱形梁桥[图 6-5e)、f)],以达到既用材经济又轻盈美观的目的。

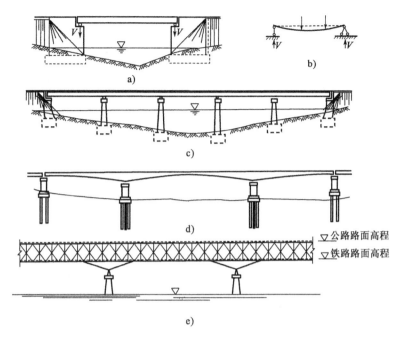

图 6-3　梁式桥

图 6-4　南京长江大桥

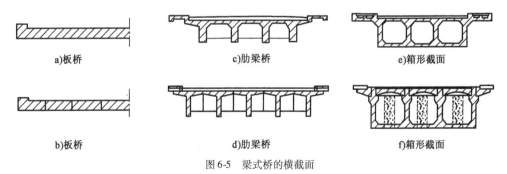

图 6-5　梁式桥的横截面

2. 拱式桥(Arch Bridge)

拱式桥的主要承重结构是拱圈或拱肋(图 6-6)。这种结构在竖向荷载作用下,桥墩或桥

89

台将承受水平推力,如图6-6b)所示。同时,这种水平推力将显著抵消荷载所引起在拱圈(或拱肋)内的弯矩作用。因此,与同跨径的梁相比,拱的弯矩和变形要小得多。鉴于拱桥的承重结构以受压为主,通常就可用抗压能力强的圬工材料(如砖、石、混凝土)和钢筋混凝土等来建造。

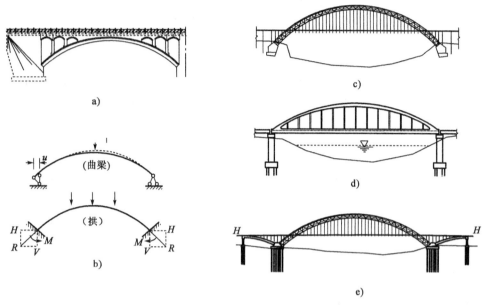

图6-6 拱式桥

拱桥的跨越能力很大,外形也较美观,在条件许可的情况下,修建拱桥往往是经济合理的。同时,应当注意,为了确保拱桥能安全使用,下部结构和地基必须能经受住很大的水平推力的不利作用。此外,拱桥的施工一般要比梁桥困难些。对于很大跨径的桥梁,也可建造钢拱桥。

在地基条件不适于修建具有强大推力的拱桥的情况下,必要时也可建造水平推力由钢或预应力筋作成抗拉系杆来承受的系杆拱桥,如图6-6d)所示。近年来还发展了一种所谓"飞鸟式"三跨无推力拱桥,如图6-6e)所示,即在拱桥边跨的两端施加强大的预加力,传至拱脚,以抵消主跨拱脚巨大的恒载水平推力。

图6-6中还示出三种不同承式的桥梁。通常称车辆在主要承重结构(拱或梁)之上行驶者为上承式桥梁,如图6-6a)所示。车辆在主要承重结构之下行驶者为下承式桥梁,如图6-6d)所示。图6-6中的c)、e)则称为中承式桥梁。

图6-7所示为拱式桥梁常用的拱圈或拱肋横截面形式。实心的板拱圈常用于圬工拱桥。图6-7d)为我国在20世纪60~70年代曾经广泛推广采用的双曲拱桥横截面,由于使拱圈截面"化整为零"采用装配——整体法施工,这样就可简化施工支架或减轻拱圈构件的吊装重力。但实践表明,这种结构的整体性较差,易于产生裂缝,且施工中风险性也较大。随着施工技术的不断发展,这种拱桥已被图6-7e)所示的钢筋混凝土箱形拱桥所替代。图6-7c)是常用钢筋混凝土拱肋截面。图6-7f)是经多年研究并不断实践成功的钢管混凝土结构,具有在强度上和施工性能上的很多优点,因此,已在许多大跨径拱桥上得到应用。图6-7g)是利用钢管混凝土作为拱桥施工过程中的劲性骨架,再外包混凝土构成箱形截面,这样又可显著加大钢筋混凝土拱桥的跨越能力。

3. 刚架桥(Rigid Frame Bridge)

刚架桥的主要承重结构是梁或板和立柱或竖墙整体结合在一起的刚架结构,梁和柱的连接处具有很大的刚性,如图 6-8a)所示。在竖向荷载作用下,梁部主要受弯。而在柱脚处也具有水平反力[图 6-8b)],其受力状态介于梁桥与拱桥之间。刚架桥跨中的建筑高度就可以做得较小。当遇到线路立体交叉或需要跨越通航江河时,采用这种桥型能尽量降低线路高程,改善纵坡,并能减少路堤土方量。但普通钢筋混凝土修建的刚架桥施工比较困难,梁柱刚结处较易出现裂缝。

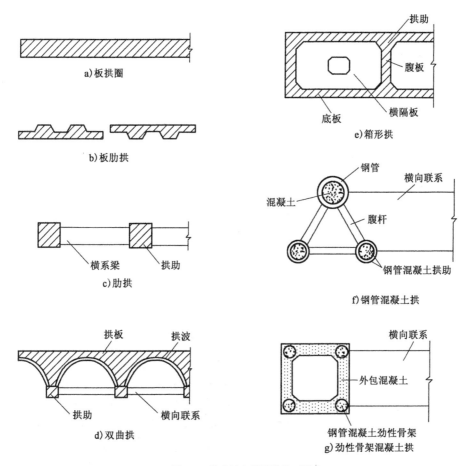

图 6-7　拱式桥主拱圈横截面形式

图 6-8c)所示的 T 形刚构是修建较大跨径钢筋混凝土桥曾采用的桥形,它是结合了刚架桥和多孔静定悬臂梁桥的特点发展起来的一种多跨结构。对于普通钢筋混凝土 T 形刚构桥,由于悬臂根部的负弯矩很大,修建时不仅钢材用量大,而且控制混凝土裂缝的开展成为关键,因此,跨径就不能做得太大(通常达 40~50m),目前已很少修建。

预应力混凝土工艺的发展,使得 T 形刚构桥和连续刚构桥得到了很大的推广。特别是由于采用了悬臂安装或悬臂浇筑的分段施工方法,不但加速了修建大跨径桥梁的施工速度,而且也克服了要在江河或深谷中搭设支架的困难。

4. 悬索桥(Suspension Bridge)

悬索桥采用悬挂在两边塔架上的强大缆索作为主要承重结构,如图 6-9 所示。在竖向荷载作用下,通过吊杆使缆索承受很大的拉力,通常就需要在两岸桥台的后方修筑非常巨大的锚碇结构。悬索桥也是具有水平反力(拉力)的结构。现代的悬索桥上,广泛采用高强度的钢丝成股编制的钢缆,以充分发挥其优异的抗拉性能,因此结构自重较轻,就能以较小的建筑高度跨越其他任何桥形无与伦比的特大跨度。悬索桥的另一特点是:成卷的钢缆易于运输,结构的组成构件较轻,便于无支架悬吊拼装。我国在西南山岭地区和在遭受山洪泥石冲击等威胁的山区河流上,以及对于大跨径桥梁,当修建其他桥梁有困难的情况下,往往采用悬索桥。目前世界第一跨径的悬索桥是日本的明石海峡大桥(图6-10)。该桥位于日本本州四国联络桥神户—鸣门线上,是一座960m + 1991m + 960m 的超跨径纪录的公路桥。

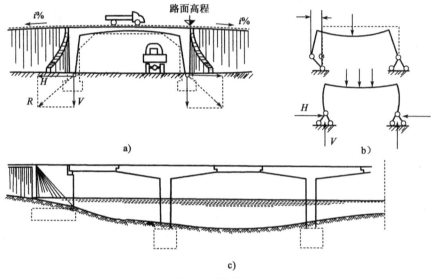

图 6-8　刚架桥

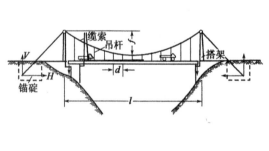

图6-9　悬索桥

图6-10　明石海峡大桥

然而,相对于前面所说的其他体系而言,悬索桥的自重轻,结构的刚度差,在车辆动荷载和风荷载作用下,桥有较大的变形和振动。

5. 斜拉桥(Cable-stayed Bridge)

斜拉桥由斜索、塔柱和主梁所组成,如图6-11 所示。用高强钢材制成的斜索将主梁多点吊起,并将主梁的恒载和车辆荷载传至塔柱,再通过塔柱基础传至地基。这样,跨度较大的主梁就像一很多点弹性支承(吊起)的连续梁一样工作,从而使主梁尺寸大大减小,结构自重显著减轻,既节省了结构材料,又大幅度地增大桥梁的跨越能力。此外,与悬索桥相比,斜拉桥的结构刚度大,即在荷载作用下的结构变形小得多,且其抵抗风振的能力也比悬索桥好。

斜拉桥斜索的组成和布置、塔柱形式以及主梁的截面形状是多种多样的。我国常用平行高强钢丝束、平行钢绞线束等制作斜索,并用热挤法在钢丝束上包一层高密度的黑色聚乙烯(PE)外套进行防护。

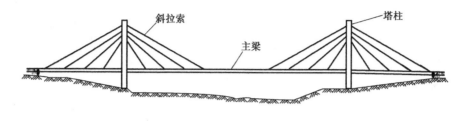

图 6-11 斜拉桥

常用的斜拉桥是三跨双塔式结构,但在实践中也往往根据河流、地形、通航要求等情况而采用对称与不对称的双跨独塔式斜拉桥,如图 6-12 所示。

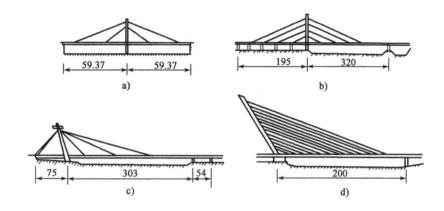

图 6-12 独塔式斜拉桥(尺寸单位:mm)

在横向,除了常用双索面布置的斜拉桥外,还采用中间布置单索面的结构。对于特别宽(8 车道或以上)的桥梁,采用三索面或四索面的结构更趋经济合理。

斜拉桥塔往的形式更是多种多样。从桥的立面来看,塔柱有独柱形、A 形和倒 Y 形三种。从桥梁行车方向看,可做成独柱形、双柱形、门形、H 形、A 形、宝石形和倒 Y 形等,如图 6-13 所示。

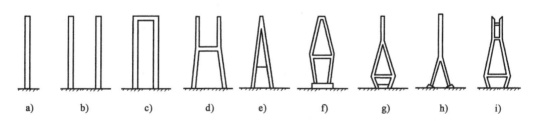

图 6-13 塔柱在行车方向的立面视图

斜拉桥主梁的截面形式,视采用材料、索面布置、施工工艺等的不同而各异。从力学体系上说,主梁在纵向可以做成连续的、带悬臂的和既连续又与桥墩固结的等。

斜拉桥是半个多世纪来最富于想象力和构思内涵最丰富而引人注目的桥型,它具有广泛的适应性。一般说来,对于跨径为 200～700m 的桥梁,斜拉桥在技术上和经济上都具有相当优越的竞争能力。诚然,随着斜拉桥跨度的增大,将会面临桥塔过高和斜索过长等一系列技术难点。这不仅涉及高耸塔柱抗震和抗风等动力稳定方面的问题,而且还有主梁受压力过大以及长斜索因自重垂度增大而引起的种种技术问题。与此同时,还发生过几次因斜索腐蚀严重而导致全部换索的不幸工程实例。因此,如何做好斜索的防腐工作、确保其使用寿命,仍是当今桥梁界十分关切和重视的重要课题。

我国的斜拉桥技术已处于世界先进水平,在 2008 年建成通车的苏通大桥,为主跨 1 088m 的钢箱梁斜拉桥(图 6-14),这一跨径目前在世界斜拉桥中排名第一。另外我国还有多座斜拉桥的跨径排在世界前列,见表 6-1。

图 6-14 苏通大桥

斜 拉 桥

表 6-1

排　序	桥　　名	主跨跨径(m)	桥　　址	年　份(年)
1	苏通大桥	1088	中国	2008
2	昂船洲大桥	1018	中国香港	2009
3	鄂东长江大桥	926	中国湖北	2010
4	多多罗桥(Tatara)	890	日本	1998
5	诺曼底桥(Normandie)	856	法国	1994
6	南京长江三桥	648	中国	2005
7	南京长江二桥	628	中国	2000
8	武汉长江三桥	618	中国	2000
9	青州闽江大桥	605	中国	2000
10	上海杨浦大桥	602	中国	1993

6. 组合体系桥梁(Comnination System Bridge)

除了以上 5 种桥梁的基本体系以外,根据结构的受力特点,由几种不同体系的结构组合而成的桥梁称为组合体系桥。图 6-15a)所示为一种梁和拱的组合体系,其中梁和拱都是主要承重结构,两者相互配合共同受力。由于吊杆将梁向上(与荷载作用的挠度方向相反)吊住,这样就显著减小了梁中的弯矩;同时由于拱与梁连接在一起,拱的水平推力就传给梁来承受,这样梁除了受弯以外尚且受拉。这种组合体系桥的跨度比一般简支梁桥的跨度大,而对墩台没有推力作用,因此对地基的要求就与一般简支梁桥一样。图 6-15b)所示的组合体系桥,拱置于梁的下方,立柱对梁起辅助支承作用。

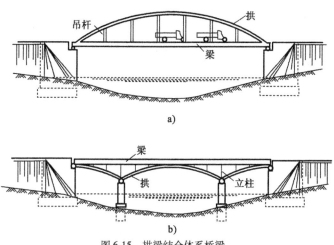

图 6-15 拱梁结合体系桥梁

二、桥梁的其他分类简述(Other Calddifiaction of Bridges)

除了上述按受力特点分成不同的结构体系外,人们还习惯地按桥梁的用途、规模的大小和建桥材料等其他方面来进行分类:

(1)按用途来划分,有公路桥(Highway Bridge)、铁路桥(Railway Bridge)、公路铁路两用桥(Highway and Railway Bridge)、农桥(Countryside Bridge)、人行桥(Footbridge)、运水桥(Water Bridge)(渡槽 Aqueduct)及其他专用桥梁(如通过管路、电缆等)。

(2)按桥梁全长和跨径的不同,分为特大桥(Super Large Bridge)、大桥(Large Bridge)、中桥(Middle Span Bridge)和小桥(Small Bridge)。《公路桥涵设计通用规范》(JTG D60—2004)规定的大、中、小桥划分标准如表 6-2 所示。

桥梁按跨径分类 表6-2

桥 梁 分 类	多孔跨径总长 $L(\mathrm{m})$	单孔跨径 $L_0(\mathrm{m})$
特大桥	$L \geqslant 500$	$L_0 \geqslant 100$
大桥	$100 \leqslant L \leqslant 500$	$40 \leqslant L_0 \leqslant 100$
中桥	$30 \leqslant L \leqslant 100$	$20 \leqslant L_0 \leqslant 40$
小桥	$8 \leqslant L \leqslant 30$	$5 \leqslant L_0 \leqslant 20$

(3)按主要承重结构所用的材料划分,有圬工桥(Masonry Bridge)(包括砖、石、混凝土桥)、钢筋混凝土桥(Reinforced Concrete Bridge)、预应力混凝土桥(Prestressed Concrete Bridge)、钢桥(Steel Bridge)和木桥(Timber Bridge)等。木材易腐,而且资源有限,因此除了少数临时性桥梁外一般不采用。

(4)按跨越障碍的性质,可分为跨河桥(Stream Crossing)、跨线桥(Flyover)(立体交叉)、高架桥(Viaduct)和栈桥(Trestle)。高架桥一般指跨越深沟峡谷以代替高路堤的桥梁。为将车道升高至周围地面以上并使其下面的空间可以通行车辆或作其他用途(如堆栈、店铺等)而修建的桥梁,称为栈桥。

(5)按上部结构的行车道位置,分为上承式桥(Deck Bridge)、下承式桥(Through Bridge)和中承式桥(Half-through Bridge)。桥面布置在主要承重结构之上者称为上承式桥[图 6-6a]。桥面布置在承重结构之下的称为下承式桥[图 6-6d]。桥面布置在桥跨结构高度中间的称为中承式桥[图6-6c)]。

上承式桥的构造较简单,施工方便,而且其主梁或拱肋等的间距可按需要调整,以求得经济合理的布置。一般说来,上承式桥梁的承重结构宽度可做得小些,因而可节约墩台圬工数量。此外,在上承式桥上行车时,视野开阔、感觉舒适也是其重要优点,所以,公路桥梁一般尽可能采用上承式桥。上承式桥的不足之处是桥梁的建筑高度较大,因此,在建筑高度受严格限制的情况下,就应采用下承式桥或中承式桥。

第三节 桥梁下部结构
Section 3 Bridge Substructure

桥梁下部结构是由桥墩(Pier)和桥台(Abutment)组成。桥墩和桥台是支承桥跨结构并将恒载和车辆等活载传到地基的结构物。通常设在桥梁两端的称为桥台,设在中间的称为桥墩,如图6-16所示。桥墩除承受上部结构的荷重外,还要承受流水压力、水面以上的风力以及可能出现的冰荷载、船只、排筏或漂浮物的撞击力。桥台除了是支承桥跨结构的结构物外,又是衔接两岸接线路堤的构筑物,既要能承受上部结构的荷重,又要能挡土护岸、承受台背填土及填土上车辆荷载所产生的附加侧压力。因此,桥梁墩、台不仅本身应具有足够的强度、刚度和稳定性,而且对地基的承载能力、沉降量、地基与基础之间的摩阻力等也都提出一定的要求,以避免在这些荷载作用下有过大的水平位移、转动或者沉降发生。

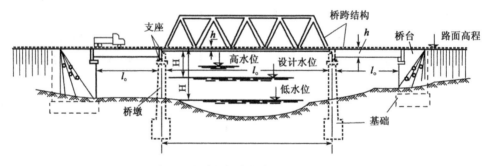

图6-16 梁式桥桥墩、桥台位置示意图

桥梁下部结构的发展趋势为向轻型合理的方向发展。自20世纪50年代以来,国内外出现了不少新型的桥梁墩台,尤其是在桥墩的表现形式上显得更为突出,把结构上的轻型合理与艺术造型上的美观有机地统一起来。目前桥梁墩台种类繁多,本章的目的是从最基本和常见的墩台形式入手,掌握它们的基本构造、设计原则和一般的计算方法。

公路桥梁上常用的墩台按受力特点和构造特点大体可归纳为重力式墩台和轻型墩台两大类。

一、重力式墩、台(Gravity Piers and Abutments)

重力式墩台由墩(台)帽、墩(台)身和基础三个部分组成(图6-17)。这类墩、台的主要特点是靠自身重力来平衡外力而保持其稳定。因此,墩、台身比较厚实,可以不用钢筋,而用天然石材或片石混凝土砌筑,它适用于地基良好的大、中型桥梁或流冰、漂浮物较多的河流中。在砂石料方便的地区,小桥也往往采用重力式墩、台。重力式墩、台的主要缺点是圬工体积较大,因而其自重和阻水面积也较大。

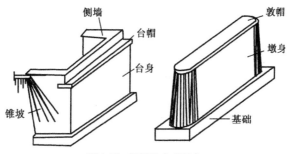

图 6-17 梁桥重力式墩台

二、轻型墩、台(Light Piers and Abutments)

属于这类墩、台的形式很多,而且都有各自的特点和使用条件,选用时必须根据桥位处的地形、地质、水文和施工条件等因素综合考虑确定。一般说来,这类墩台的刚度小、受力后允许在一定的范围内发生弹性变形。所用的建筑材料大都以钢筋混凝土和少量配筋的混凝土为主,但也有一些轻型墩台,通过验算后,可以用石料砌筑。

思 考 题

1. 桥梁工程在交通事业中有着怎样的地位?
2. 简述梁式桥的基本组成部分。
3. 总结梁、拱、索的结构受力特点。
4. 概述桥梁的主要分类。
5. 什么是拱桥的矢跨比?
6. 试述拱桥的特点。
7. 试述桥梁下部结构的组成及分类。

参 考 文 献

[1] 中华人民共和国行业标准.JTG D60—2004 公路桥涵设计通用规范[S].北京:人民交通出版社,2004.

[2] 中华人民共和国行业标准.JTG D62—2004 公路钢筋混凝土及预应力混凝土桥涵设计规范[S].北京:人民交通出版社,2004.

[3] 中华人民共和国行业标准.JTG D61—2005 公路圬工桥涵设计规范[S].北京:人民交通出版社,2005.

[4] 彭大文,李国芬,黄小广.桥梁工程[M].北京:人民交通出版社,2006.

[5] 沈祖炎.Introduction of Civil Engineering[M].北京:中国建筑工业出版社,2005.

[6] M S Palanichamy Basic Civil Engineering[M].北京:机械工业出版社,2005.

[7] 姚玲森.桥梁工程[M].北京:人民交通出版社,1985.

[8] 范立础.桥梁工程(上、下册)(桥梁工程专业用)[M].2版.北京:人民交通出版社,1993.

[9] 叶国铮等.道路与桥梁工程概论[M].北京:人民交通出版社,1999.

第七章 隧道工程及地下工程
Chapter 7   Tunneling and Underground Engineering

第 一 节   隧 道 工 程
Section 1   Tunneling Engineering

一、国内外隧道工程发展现状（The Development of Tunneling Engineering in China And Abroad）

随着我国改革开放的不断的深化,国民经济持续发展,交通运输能力不足的矛盾日显突出,直接影响国民经济的可持续发展,特别是落后地区、边远地区的经济发展更需要运输。有句谚语:要想富,先修路。这句话足以说明,交通运输道路修建的重要性和必要性。图7-1 为公路隧道。

从 1829 年开始兴建铁路隧道以来到 1990 年的 160 年间,在世界各国的铁路上已建成了超过 12 000km 的各种类型的隧道,约占世界铁路总长的 1%。

日本的青函隧道(图 7-2)曾经是世界上最长的铁路隧道。青函隧道从 1964 年 5 月开始挖调查坑道。经过 7 年的各种海底科学考察,专家们才最终选定了安全的隧道位置,并于1971 年 4 月正式动工开挖主坑道经过 12 年的施工,1983 年 1 月 27 日青函隧道全线贯通,成为当时世界上最长的海底隧道。青函隧道由 3 条隧道组成。主隧道全长 53.9km,其中海底部分 23.3km,陆上部分本州一侧为 13.6km,北海道一侧为 17km。主隧道宽 11.9m,高 9m,断面 80m^2。

图7-1　公路隧道

图7-2　日本青函隧道

另一条正在修建的世界著名隧道为位于瑞士中南部格劳宾登州的阿尔卑斯山圣哥达隧

道。这条隧道全长 57km,于 1996 年开工,将于 2017 年完工通车。

2009 年 4 月 15 日 10 点 30 分,全长 85.32km 的大伙房输水一期工程隧道已经全线贯通(图 7-3)。2003 年 6 月大伙房水库输水工程主体工程开工建设,隧道东起辽宁省桓仁县,西至辽宁省新宾县。工程总投资达 103 亿元,是我国东北地区迄今最大的输水工程,也是国家重点工程。大伙房输水工程一期隧道长 85.32km,直径 8m,超过长 53.86km 的日本青函隧道,成为世界最长隧道。贯通后的这条隧道首尾高差 36m,可完全实现自流引水。在地下挖掘过程中共穿越了 50 余座山峰,50 多条河谷,29 条断层。地表到隧道顶端距离最大为 630m,最小为 60m。

地铁建设是解决城市日益尖锐的交通拥挤问题的必由之路。自从 1863 年 1 月 1 日世界上第一条地铁线路在伦敦运营以来,地铁建设在世界各地得到了巨大的发展。

东京有很好的地铁路网,这与多年来按一定的路网规划实现发展是分不开的。早在 1981 年,就在城市规划中制订过建设 5 条总长

图 7-3 大伙房输水一期工程隧道工程示意图

82.4km 的地铁路网规划。1964 年修订的规划为 9 条线路,长 219km,现在正在实施的计划是 1972 年制订的,线路发展为 13 条,总长度将达到 320km。

在美国和加拿大的一些大城市,为了改善地面交通,并结合当地的气候条件,在中心区的地下空间中,与地下轨道交通系统相配合,形成规模相当大的地下步行道系统,很有特色。

美国纽约地铁目前有 27 条线路,有 468 座地铁车站,6 400 多节车厢,线路总长达 2 000km,每天客流量达 400 万人(图 7-4)。在前几十年中已陆续建造了一些车站间的地下连接通道,但因年代已久,环境与安全条件都较差,已不适应现代城市的要求,因此又新建和改建了若干条地下通道,主要集中在市中心的曼哈顿地区,把地铁车站、公共汽车站和地下综合体连接起来。曼哈顿地区面积 8km²,常住人口 10 万人,但白天进入这一地区的人口近 300 万人,其中多数是乘 19 条地铁线到达的,地面上还有 4 个大型公共汽车终始站。在交通量如此集中的曼哈顿区,地下步行道系统在很大程度上解决了人、车分流问题,缩短了地铁与公共汽车的换乘距离,同时把地铁车站与大型公共活动中心从地下连接起来,形成一个四通八达、不受气候影响的步行道系统。1974 年建成的洛克菲勒中心地下步行道系统,在 10 个街区范围内,将主要的大型公共建筑在地下连接起来。

莫斯科地铁是世界上规模最大的地下铁路系统之一(图 7-5),被公认为世界上最漂亮的地铁,享有"地下的艺术宫殿"的美誉。现在莫斯科地铁有 13 条线,150 多个地铁站,有 4 000 多辆地铁列车运行,每天客运量达 900 万人。

随着铁路建设向山区发展,隧道越来越显示出其优越性,如大幅度地缩短线路长度,降低线路高程,改善通过不良地质地段的条件,降低铁路造价,提高抗震性能等。在 2008 年 5 月 12 日在四川汶川发生的特大地震中,与地面道路严重破坏,无法通行相比,公路隧道却受到破坏较小,能够正常通车,这显示了隧道优越的抗震性能。因此,隧道占线路的比重越大。

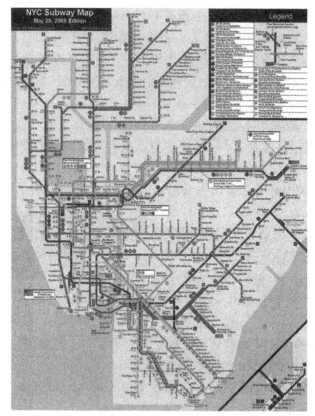

图 7-4 纽约地铁线路图

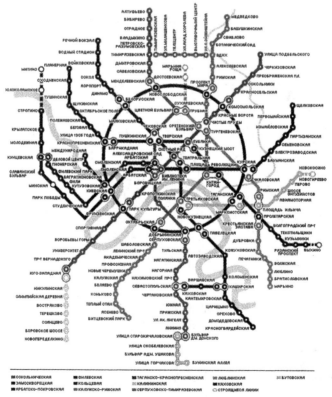

图 7-5 莫斯科地铁线路图

我国自19世纪末开始兴建隧道以来到1999年止,已兴建了6 876余座、总长度超3 670余公里的铁路隧道,居世界第一,成为名副其实的"铁路隧道大国"。新中国隧道修建技术的发展可以分为三个阶段,如表7-1所示。在所修建的隧道中,乌鞘岭特长隧道长20.05km,是我国最长的铁路隧道,长度居亚洲第一、世界第二。乌鞘岭隧道位于兰新线兰武段(兰州西—武威南)打柴沟车站和龙沟车站之间,设计为两座单线隧道,隧道长20 050m,隧道出口段线路位于半径为1 200m的曲线上,右、左缓和曲线伸入隧道分别为68.84m及127.29m,隧道其余地段均位于直线上。该隧道于2006年8月23日上午实现双线开通,兰新铁路兰武段新增二线铁路全面建成,欧亚大陆桥通道上的"瓶颈"制约被消除,连云港至乌鲁木齐3 651km间全部实现双线通车。

我国铁路隧道修建技术发展的 **3** 个阶段　　　　　　　　　　　　表7-1

阶段	年　代	典　型　隧　道				技　术　特　点	水　平　评　价	
		名　称	长度 (km)	建成 年限 (年)	平均单洞 成洞速度 (m/月)		修建长度 (km)	修建速度 (m/月)
1	20世纪 50年代	秦岭	2 346	1956	45	使用动凿岩机,从人力 开挖过渡到机械开挖	2 中等长度隧道	50
2	20世纪 60~70年代	凉风娅 关村坝 沙木拉达	4 270 6 187 6 383	1960 1966 1966	78 152 109	以轻型机械为主的小型 机械化施工,有轨运输,分 部开挖	5 长隧道	100
3	20世纪 80年代	大瑶山	14 295	1987	双线　99.2 最高　203	大型机械化施工,全断 面开挖.无轨运输	15 特长隧道	双线100

进入21世纪以来,长大公路隧道顺应社会经济发展需要,在国家加大公路基础设施建设的政策的激励下建设迅速,隧道的数量和总长度居世界第一,见表7-2。

2001~2004年全国公路隧道一览表　　　　　　　　　　　表7-2

年份(年)	全国公路隧道		特长隧道		长隧道		中隧道		短隧道	
	处	万延长米	处	万延长米	处	万延长米	处	万延长米	处	万延长米
2001	1 782	70.5	18	6.6	155	24.2	566	28.1	1 043	11.6
2002	1 972	83.5	21	7.59	194	30.52	657	33.02	1 100	12.38
2003	2 175	100.1	27	9.97	242	38.56	746	38.07	1 160	13.47
2004	2 495	124.56	33	12.63	299	49.33	428	29.78	1 735	32.81

1997年,我国引进全断面掘进机,修建长达18.46km的秦岭特长隧道,开始了采用机械开挖施工的新纪元。可以说,我国铁路隧道的兴建迈出了新的一步。

此外,还有海湾线工程,如英吉利海峡隧道。

二、隧道工程施工(Construction of Tunneling Engineering)

隧道工程施工包括隧道施工方法、隧道施工技术和隧道施工管理。

隧道工程是属于地下结构物,地下结构是多种多样的,构筑地下结构的施工方法和技术也是多种多样的。施工方法和技术的形成与发展和地下结构物的特点有关。其特点是纵向长度从几米到十几公里,断面相对比较小,一般高 5~6m、宽 5~10m 的纵长地下结构物。

隧道工程施工特点:

(1)隐蔽性大,未知因素多。

(2)作业空间有限,工作面狭窄,施工工序干扰大。

(3)施工过程作业的循环性强,因隧道工程是纵长的,施工严格地按照一定顺序循环作业,如开挖就必须按照"钻孔—装药—爆破—通风—出渣"的顺序循环。

(4)施工作业的综合性强,在同一工作环境下进行多工序作业(掘进、支护、衬砌等)。

(5)施工过程的地质力学状态是变化的,围岩的物理力学性质也是变化的,因此施工是动态的。

(6)作业环境恶劣,作业空间狭窄,施工噪声大,粉尘、烟雾多,潮湿,光线暗,地质条件复杂及安全问题等给施工人员带来了不利的工作环境。

(7)作业风险性大。风险性是和隐蔽性和动态性相关联的,在施工过程中,施工人员必须随时关注隧道施工的风险性。

三、隧道施工技术(Construction Technology of Tunneling)

隧道工程施工中最重要的是合理选择施工技术方法,施工技术方法选择的是否合理,直接影响到隧道工程施工的速度、安全、质量和环境。

隧道施工技术,主要是研究解决隧道工程各种施工方法所需的技术方案和技术措施,特殊地质、不良地质地段的施工手段,隧道工程施工过程中的爆破、衬砌、支护、通风、防尘、防瓦斯、防有害气体技术,以及照明、水、风和电的供给及操作技术标准和要求的制定,围岩变化的测量监控方法等。施工技术是确保所选择的施工方法的实施,随机性强。

隧道工程施工中最重要的是合理选择施工技术方法。施工技术方法选择的是否合理,直接影响到隧道工程施工的速度、安全、质量和环境。

隧道工程施工的方法是多种多样的。目前,我们在公路、铁路、水底隧道中常采用的方法有:矿山法(爆破法)、台阶法、全断面法、分部开挖、新奥法、掘进机法(无爆法);浅埋及软土隧道施工方法有:明挖法与浅埋暗挖法,地下连续墙法、盖挖法、盾构法和半盾构法(海峡、江河);预制管段沉埋法(沉管法)。目前,在公路、铁路隧道施工方法中最多的是界用台阶法,其次是全断面法。在大断面隧道施工中,为保证施工安全采用单侧壁导坑(中隔壁法)和双侧壁导坑(眼镜法)。施工机械的发展和开发,辅助工法的应用,使得施工方法向全断面法施工过渡,特别是全断面法与超短台阶法相结合的方法是目前隧道施工方法发展的趋势。

1. 矿山法(Mining Methods)

作为隧道施工方法,习惯上将采用钻爆开挖加钢木构件支撑的施工方法,称为"矿山法"。

矿山法是人们在长期的施工实践中发展起来的。它是以木或钢构件作为临时支撑,待隧道开挖成型后,逐步将临时支撑撤换下来,而代之以整体式厚衬砌作为永久性支护的施工方法。

2. 新奥法(New Austria Tunneling Method)

新奥法是奥地利新的隧道修筑法的简称,简写为 NATM(全名是 New Austria Tunneling Method)。该工法的基本原则是尽量利用地下工程周围围岩的自承载能力。具体做法是先用柔性支护(通常为喷锚,称为初次支护)控制围岩的变形及应力重分布,使之达到新的平衡,然后再进行永久性支护(通常为整体模筑钢筋混凝土衬砌)。

3. 盾构法（Shield Method）

盾构法是在地面以下暗挖隧道的一种施工方法。盾构(图7-6~图7-9)每推进一环距离,就在盾尾支护下拼装一环衬砌,并及时向紧靠盾尾后面的开挖坑道内周与衬砌环外周之间的空隙中压注足够的浆体,以防止隧道与地面下沉。盾构是这种施工方法中最主要的施工机具,它是一个既能支承地层压力又能在地层中推进的钢筒结构体——隧道掘进机。

图7-6 盾构

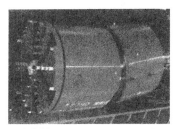

1段中折

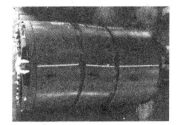

2段中折

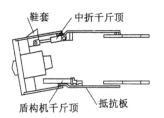

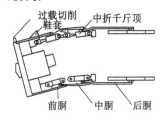

图7-7 曲线盾构

盾构法施工是在盾构保护下建造隧道的一种施工法。其特点是掘进地层、出土运输、衬砌拼装、接风防水和盾尾间隙注浆充填等主要作业都在盾构保护下进行。同时,需要随时排除地下水和控制地面沉降。因此盾构法施工是一项施工工艺技术要求高、综合性强的施工方法。

盾构掘进法施工的世界三大海底隧道工程:

采用盾构掘进施工隧道已有170余年历史,城市地铁、越江和越海交通隧道、引水和排水隧道、市政公用地下管道等工程广泛采用盾构施工技术。近30年来举世瞩目的英法海峡隧道、日本东京湾公路隧道、丹麦斯多贝尔特大海峡隧道相继建成,成为盾构隧道工程史上的奇迹。

（1）英法海峡隧道工程:1993年建成的英法海峡隧道,全长48.5km,海底段37.5km,隧道最大埋深100m。海峡隧道由两条外径为8.6m的铁路隧道和一条外径为5.6m的服务隧道组成。隧道掘进施工共采用11台盾构掘进机,其中包括混合型双护盾全断面掘进机。混合型双护盾盾构掘

图7-8 构法施工隧道

进施工创造了单向掘进21.1km的最长纪录,同时又创造了月掘进1 487m的记录。英、法两侧的6台盾构在海底实现对接。盾构在深层高水压下的密封防水技术、钢筋混凝土管片衬砌的解决够和防水、长距离掘进的运输等技术难题的解决,体现了盾构隧道施工技术的最新水平。英法海峡隧道的建成,亦是融英、美、法、日、德等先进国家盾构施工技术于一体的作高成就。

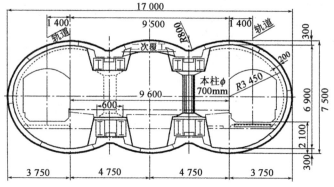

图7-9 组合盾构(尺寸单位:mm)

(2)丹麦斯多贝尔特大海峡隧道工程:丹麦斯多贝尔特大海峡隧道是跨海工程的一部分,长7.9km,由两条外径为8.5m的铁路隧道组成,隧道最大埋深75m,采用4台直径8.5m的混合型土压平衡盾构掘进机施工。由于隧道穿越的地层为冰碛和泥灰岩,均为含水层,渗透水量大,因而比英法海峡隧道的掘进施工更为困难。工程中曾发生涌水险情,采用了海底井管降水、冻结、气压等辅助施工法解决了困难。隧道施工历经艰险,为隧道建设史提供了宝贵的经验。

(3)日本东京湾横断公路隧道工程:日本东京湾横断公路隧道是目前世界上最长的海底公路隧道,长9.4km,由两条外径为13.9m的单向公路隧道组成,最大埋深50m,采用8台直径14.14m的泥水平衡盾构掘进机施工。盾构设计采用最先进的自动掘进管理系统、自动测量管理系统和管片自动拼装系统,8台盾构在海底实现了对接,体现了高新技术在隧道工程中的应用。东京湾横断公路隧道已在1998年建成通车,标志着盾构隧道施工最先进的技术水平。日本在新颖盾构掘进机的研究方面,取得了一系列成果,各种异形断面的盾构掘进机层出不穷,矩形、椭圆形、马蹄形盾构已应用于工程,双圆形、多圆形已在铁路和公路、地铁等的隧道工程中应用。

21世纪是我国地下空间开发利用的发展时期,《世界三大海底隧道工程》科技新书的出版,为我国从事隧道工程的广大技术人员提供世界盾构隧道工程的新技术、新设备、新工艺、新材料发展的宝贵资料。

4. 顶管法（Pipe Jacking Method）

顶管施工分类方法很多，下面介绍常见的分类方法：

第一种分类方法根据所顶管子的口径来分，分为大口径、中口径、小口径和微型顶管四种。大口径指 $\phi2\,000\text{mm}$ 以上的顶管，中口径是在 $\phi200\text{mm} \sim \phi800\text{mm}$ 范围内的顶管，小口径是在 $\phi500\text{mm} \sim \phi1\,000\text{mm}$ 范围内，微型顶管一般小于 $\phi400\text{mm}$。

第二种分类方法以推进管前的工具管或掘进机的作业形式来分。推进管前带有一个钢制的带刃口的管子，具有挖土保护和纠偏功能，称其为工具管。人在工具管内挖土，这种顶管被称为手掘式。如果工具管内的土是被挤进来再作处理，则是挤压式。如果在推进管前的钢制壳体内有开挖及运输机械的则成为半机械或机械顶管。在机械顶管中，推进管前有一台掘进机，按照掘进机的种类又可把机械顶管分为泥水式、泥浆式、土压式和岩石掘进机式顶管。其中，以泥水式和土压式使用最为普遍。

第三种分类方法是以管材来分类的，分为钢筋混凝土顶管、钢管顶管以及其他管材顶管。

第四种分类方法按照顶进管子的轨迹来分，分为直线顶管和曲线顶管。

第五种分类方法按照工作井和接受井之间的距离来划分，分为普通顶管和长距离顶管（每一段连续顶进距离大于 300m ）。

手掘式顶管为正面敞胸，采用人工挖土，适用于有一定自立性的硬质黏土。

挤压式顶管工具管正面有网格切土装置或将切口刃脚放大，由此减小开挖面，采用挤土顶进。它只适用于软黏土，而且覆土深度也要求较深。

气压平衡式顶管用压缩空气平衡开挖面土体。全气压平衡在所顶进的管道中及挖掘面上充满一定压力的空气，以空气的压力平衡地下水的压力。一般采用液压顶进、人工挖掘。首先要考虑其安全性，其次对空压机要求较高。局部气压平衡则指压缩空气仅作用于挖掘面上，在顶管掘进机中设有一个隔板，分前后两舱，前舱为气压舱，后舱为工作舱，以管路送气，挖掘出来的土通过螺旋输送机在气压舱内送出，再用人工将土运出，如图 7-10 ~ 图 7-12 所示。

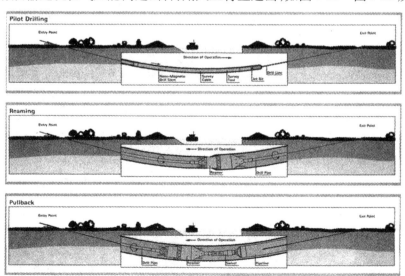

图 7-10　顶管法施工

注：Pilot drilling-导洞开挖；Entry point-起挖点；Direction of operation-作业方向；Nonmagnetic drill stem-非磁钻杆；Survey cable-测量电缆；Survey tool-测量工具；Jet bit-推进钻头；Drill line-挖掘线；Reaming-扩孔；Reamer-扩孔钻；Drill pipe-开挖管；Pullback-撤回；Swivel-转轴

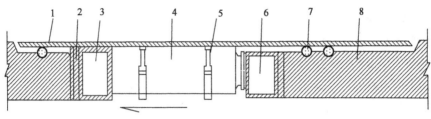

图 7-11　顶管法施工关键设备

1-中继管壳体;2-垫杯;3-均压角环;4-油缸;5-油缸固定装置;6-均压钢环;7-止水阀;8-特殊管

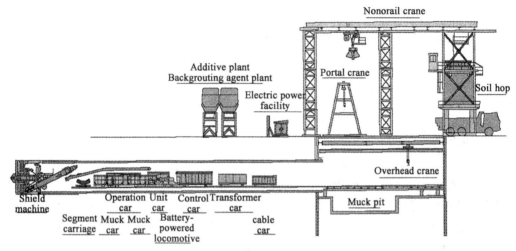

图 7-12　盾构施工全貌图

注:Additive plant-供给站;Backgrouting agent plant-回灌浆站;Eletric power facility-电动力设备;Monorail crane-单轨吊车;Portal crane-龙门吊车;Soil hop-装土机构;Shield machine-盾构机;Operation car-作业车;Unit car-组合车;Control car-控制车;Transformer car-传送车;Segment carriage-管片输送;Muck car-泥浆车;Battery-powered locomotive-电池拖车;Cable car-缆车;Muck pit-泥浆槽;Overhead crane-高架吊车

四、隧道工程规划设计(Planning and Design of Tunneling Engineering)

1.铁路隧道工程 (Railway Tunneling Engineering)

铁路隧道是铁路线上的一种建筑物,其位置选择与线路走向有着密切关系。一般而言,隧道的位置服从于线路走向的大体位置,可作小幅度的调整。对于长大隧道,如遇到复杂地质情况,修建技术上有一定困难时,隧道成为线路修建的控制工程,其位置往往影响线路走向的位置,这时线路就得服从隧道所选择的最优位置。所以,隧道位置的选择与线路的选线是相互关联的,应该综合考虑两者的利弊来决定。

影响隧道位置选择的主要因素一般有:工程和水文地质条件、地形地貌条件、工程难易程度、投资和工期、施工技术和运营条件等。

2.公路隧道工程(Highway Tunnel Engineering)

公路隧道是作为通道的一种地下建筑物,是交通道路的一个组成部分。选址问题,首先应考虑满足道路规划的技术条件要求,在研究可能穿越的几个地点的地形地貌、工程地质和水文地质、洞口设置条件和施工条件、隧道的线形和道路的连接、工期和投资情况等来综合分析比较,确定最优的方案。其中最重要的因素是地质条件,决定着隧道施工难易、投资和工期,因此应尽量避开不良地质地段,如图 7-11 所示。

五、隧道施工组织设计(Tunnel Construction Organization Design)

编制隧道施工组织设计的主要工作有:施工方案的选择,施工进度的制订,制订物质材料、机械设备供应计划,施工现场的平面布置。

编制隧道工程施工组织设计的编制程序,先审查设计文件及调查研究,主要调查以下几个方面:隧道工程所在地区的自然条件,隧道工程所在地区的技术经济条件,隧道工程设计有关资料,其他有关资料等。

隧道工程组织设计文件组成有:说明书、附图及附表。

第二节 地 下 工 程
Section 2 Underground Engineering

一、地下空间及地下建筑的含义(The Meaning of Underground Space and Underground Constructions)

在岩层或土层中天然形成或经人工开发形成的空间称为地下空间(Subsurface Space)。天然形成的地下空间,如在石灰岩山体中由于水的冲蚀作用而形成的空间,称为天然溶洞。在土层中存在地下水的空间称为含水层。人工开发的地下空间包括利用开采后废弃的矿坑和使用各种技术挖掘出来的空间。

地下空间的开发利用可为人类开拓新的生存空间,并能满足某些在地面上无法实现的对空间的要求,因而被认为是一种宝贵的自然资源。在有需要并具备开发条件时,应当进行合理开发与综合利用;暂不需要或条件不具备时,也应妥善加以保护,避免滥用和浪费。

建造在岩层或土层中的各种建筑物和构筑物(图7-13、图7-14),在地下形成的建筑空间,称为地下建筑。地面建筑的地下室部分也归为地下建筑。一小部分露出地面,大部分处于岩石或土壤中的建筑物和构筑物常称为半地下建筑。地下建筑包括交通运输方面的地下铁道、公路隧道、地下停车场、过街或穿越障碍的各种地下通道等;工业与民用方面的各种地下车间、电站、矿井、储藏库、商店、人防与市政地下工程;文化、体育、娱乐与生活等方面的地下联合建筑体,以及军事方面的地下设施。

图7-13 与地铁相连的多伦多 Eaton Centre 地下城

图7-14 某广场地下空间的开发利用效果图

二、地下工程发展前景(Prospects for Development of Underground Engineering)

1.城市可持续发展的要求(The Requirements of City Sustainable Development)

城市是现代文明和社会进步的标志,是经济和社会发展的主要载体。伴随着我国城市化的加快,城市建设快速发展,城市规模不断扩大,城市人口急剧膨胀,许多城市不同程度地出现了建筑用地紧张、生存空间拥挤、交通堵塞、基础设施落后、生态失衡、环境恶化的问题,被称之为"城市病",给人类居住条件带来很大影响,也制约了经济和社会的进一步发展,成为现代城市可持续发展的障碍。所以,城市人口、生态失衡、地域规模、城市的生存环境和21世纪城市可持续发展的战略是当今世界的最热门话题。

2.地下空间开发规划(The Planning of Exploitation of Underground Space)

城市地下空间是不可多得的宝贵资源,必须进行系统科学的规划,不仅要适应当前的发展,还要适应未来长远的发展。城市地下空间开发利用是城市建设的有机组成部分,与地面建筑紧密相连成为不可分割的整体,地下空间规划要做到与地面规划的协调性与系统性,形成一个完整的体系,地上地下协同发展。城市地下空间开发利用,是城市经济高速发展和空间容量上迫切需要的客观需要。其标志是人均国民生产总值和城市地价的急剧升值。

三、地下工程建筑设计(Underground Engineering Design)

地下工程设计包括人防工程设计、地铁车站建筑设计、地下街设计、地下车库设计等。常见的有:人防工程设计、地铁车站建筑设计和地下街设计。

1.人防工程设计(Civil Air Defence Engineering Design)

"人防"是人民防空掩蔽设施的简称。我国各城市的人防工程建设是始于20世纪五六十年代为应对可能发生的战争、空袭而实行的一项全民防御措施。在战争的根源没有消除以前,发生战争的可能性依然存在,同时由于城市在整个国民经济结构中作用与地位越来越重要,加之地下空间具有高防护性,所以利用地下空间建设平战结合的防空体系,就为世界各国地下空间利用的主要功能类型之一。

2.地铁车站建筑设计(Metro Station Architectural Design)

地铁车站(图7-15)由两大部分组成,即公共区和非公共区。前者主要服务于乘客,包括站厅层、站台层、出入口以及站台与站厅间的垂直连接设施等;后者包括技术设备用房、管理用房以及车站管理人员使用的生活设施等,一般分布在站厅和站台的两端。

a)共青团站　　　　　　　　　　　　b)马雅可夫斯基站

图7-15　莫斯科地铁的共青团站及马雅可夫斯基站

地铁车站建筑设计包括：设计流程、站台长度、站台宽度、站厅公共区设计、站厅非公共区设计、地铁车站剖面设计、出入口设计等。

3. 地下街设计（Underground Street Design）

地下街（图7-16）在城市中发挥着巨大作用，地下街不同于地下商场。地下商场是一种单一功能的地下商业设施，没有"街"的交通功能，而地下街则是一种以交通功能为主、包含商业功能等的综合体，两者的规划设计有一定的差别。地下商场按地下的商业建筑进行设计，而地下街则必须按地下步行系统与地下商业建筑的要求进行综合设计。

地下街是以城市中的人流聚集点（如交通枢纽、商业中心等）为核心，通过地下步行道将人流疏散，同时在地下步行道中设置必要的商店、各种便利的事务所、防灾设施等，必要时还

图7-16 王府井商业区地下空间规划

建有地下车库，从而形成的地下综合体。所以，地下街由三个基本部分组成，即地下步行道、商店（事务所）及防灾设施（包括设备用房）。

四、地下工程分类及特点（The Classification and Characteristics of Underground Engineering）

1. 地下工程的分类（The Classification of Underground Engineering）

所有地层表面以下建筑物和构筑物统称为地下工程，也称岩土工程。地下工程有许多分类方法，可以按其使用性质分类，按周围围岩介质分类，按设计施工方法分类，按建筑材料和断面构造形式分类；也有按其重要程度、防护等级、抗震等级分类等。最常用是按使用性质分类。

1）按使用功能分类

地下工程按使用功能依次可分为交通工程、市政管道工程、地下工业建筑、地下民用建筑、地下军事工程、地下仓储工程、地下娱乐体育设施等。可以按其用途及功能再分组如下：

（1）地下交通工程：地下铁道、公路（隧道）、过街人行道、海（河、湖）底隧道等。

（2）地下市政管道工程：地下给（排）水管道、通信、电缆、供热、供气管道、将上述管道汇聚一起的共同沟。

（3）地下工业建筑：地下核电站、水电站厂房、地下车间、地下厂房、地下垃圾焚烧厂等。

（4）地下民用建筑：地下商业街、地下商场、地下医院、地下旅馆、地下学校等。

（5）地下军事工程：人防掩蔽部、地下军用品仓库、地下战斗工事、地下导弹发射井、地下飞机（舰艇）库、防空指挥中心等。

（6）地下仓储工程：地下粮、油、水、药品等物资仓库、地下车库、地下垃圾堆场、地下核废料仓库、危险品仓库、金库等。

（7）地下文娱文化设施：图书馆、博物馆、展览馆、影剧院、歌舞厅等。

（8）地下体育设施：篮球场、乒乓球场、网球场、羽毛球场、田径场、游泳池、滑冰场等。

2）按四周围岩介质分类

可以把地下工程分为软土地下工程、硬土(岩石)地下工程、海(河、湖)底或悬浮工程,按照地下工程所处围岩介质的覆盖层厚度,又分为深埋、浅埋、中埋等不同埋深工程。

3)按施工方法分类

地下工程可分为:浅埋明挖法地下工程、盖挖逆作法地下工程、矿山法隧道、盾构法隧道、顶管法隧道、沉管法隧道、沉井(箱)基础工程等。

4)结构形式分类

与地面建筑结合在一起的地下建筑常称为附建式地下建筑,独立修建的地下工程称为单建式地下建筑。地下工程结构形式可以为隧道形式,横断面尺寸远远小于纵向长度尺寸,即廊道式。平面布局上也可以构成棋盘式或者如地面房间布置,可以为单跨、多跨,也可以单层或多层,通常浅埋地下结构为多跨多层框架结构。地下工程横断面可根据所处部位地质条件和使用要求,选用不同的形状,最常见的有圆形、口形(人张开嘴)、马蹄形、直墙拱形、曲墙拱形、落地拱、联拱(塔拱)、弯顶直墙等。

5)按衬砌材料和构造分类

衬砌结构材料主要有砖、石、砌块混凝土、钢筋混凝土、钢轨(型钢、格栅拱)、锚杆、喷射混凝土、铸铁、钢纤维混凝土、聚合物钢纤维混凝土等。根据现场浇筑施工方法不同,衬砌构造形式又分为以下几种。

(1)模筑式衬砌

采用现场立模浇筑整体混凝土或砌筑砌块、条石,壁后孔隙进行填实和灌浆,使它与围岩紧贴。

(2)离壁式衬砌

衬砌与围岩岩壁相隔离,其间隙不充填。为了保证结构的稳定性,一般均在拱脚处设置水平支撑,使该处衬砌与岩壁相互顶紧。此种衬砌可做成装配式,便于施工。它多在稳定或较稳定的围岩中采用,对防潮有较高要求的各类地下仓储工程尤为适合。

(3)装配式衬砌

最典型的是盾构法隧道,其圆形隧道由若干预制好的高精度钢筋混凝土管片(图7-17)在盾壳保护下由拼装机装配而成。管片之间和相邻环面之间接头用螺栓连接。根据隧道防水、地基稳定性、抗震方面要求,有的为单层钢筋混凝土管片衬砌,也有的在内部施加防水层和模筑混凝土,构成复合衬砌。在地下水位低、抗震设防要求不高的地区,也有用在工厂预制的顶板、边墙,在现场现浇钢筋混凝土底板上,借助焊接、榫槽、插筋现场装配,可以快速地建造地铁区间隧道和车站。再有,在大型船坞内,分节制作隧道的管节,然后靠驳船浮运到水域现场沉放到预先开挖好的基槽内,从而形成大型的沉管隧道。

图7-17 装配式衬砌

(4)喷锚支护衬砌

喷锚支护衬砌是用锚杆喷射混凝土或者锚杆钢丝网喷射混凝土来支护围岩的一种衬砌形式。锚杆间距、直径、长度、喷层厚度及强度、钢丝网间距直径等支护衬砌的参数按围岩分类等级确定。用"新奥法"施工时,锚喷结构通常作为初次支护,根据断面收敛的量测信息,在其内圈再整体模筑二次衬砌,两次衬砌之间敷贴防水层,这种衬砌形式也称为复合衬砌。

2.地下工程特点（The Characteristics of Underground Engineering）

1）地下建筑的优点

地下建筑与地面建筑相比较,优点是多种多样的。这些优点直接或间接地与地下建筑都在某种程度上与地面隔绝有关。

(1)有效地利用土地；

(2)提高交通通行率；

(3)节约能源；

(4)对自然灾害的防护能力强；

(5)环境效益好；

(6)隔声与隔振；

(7)维护管理简单。

2）地下工程的缺点

(1)观景和自然光线受限制；

(2)出入和通行受限制；

(3)可视性受限制；

(4)不良的心理反应；

(5)受场地限制；

(6)防水问题；

(7)节能有一定限制；

(8)施工较困难。

地下建筑的缺点不可忽视,然而这些缺点并不构成绝对的障碍。通过精心设计和技术,可以最大限度地克服这些缺点。因此,随着生产力的提高和科学技术的进步,否定修建地下建筑物的必要性观点,将随着精心设计的地下建筑物的建成和有效的利用而逐渐减少或消失。

五、地下工程结构及设计施工（The Design and Construction of Underground Engineering Structures）

1.地下结构的分类（The Classification of Underground Structures）

地下工程通常包括在地下开挖的各类隧道、建筑物及构筑物,与之相关的结构称之为地下结构。按照构造形式的不同,地下结构可分为五大类。

1）拱形结构

按其构造形式又可分为喷锚衬砌、半衬砌、厚拱薄墙衬砌、直墙拱形衬砌、曲墙拱形衬砌、落地拱衬砌和双连拱衬砌等拱形结构。它是地下工程中采用的最多的一种结构形式,在铁路隧道、公路隧道、地下厂房、地下仓库等工程中得到了广泛的应用。

2）圆形和矩形管状结构

软土中的地下铁道或穿越江、河底的越江隧道常采用圆形或矩形管状结构,一般做成装配式的管片或管节,在施工时利用盾构、顶管或沉管法,掘进拼装成管或管节沉放。

3）框架结构

软土中浅埋明挖法施工的地下铁道车站常采用箱形结构,计算这种结构常采用框架的计算理论,故称之为框架结构。软土中的地下厂房、地下医院或地下指挥所常采用框架结构。

4)薄壳结构

岩土和土层中地下油库(或油罐)的顶盖多采用穹顶;软土中的地下厂房有的采用圆形沉井结构,其顶盖也可用穹顶。穹顶可按薄壳计算。

5)异形结构

异形结构指非圆形和矩形管状结构,在软土地层中采用盾构法施工时有双圆形衬砌结构、三圆形衬砌结构、椭圆形衬砌结构等。

2.地下工程结构体系的组成(The Composition of System of Underground Structures)

地下结构和地面结构物,如房屋、桥梁、水坝等一样,都是一种结构体系,但两者之间在赋存环境、力学作用机理等方面都存在着明显的差异。地基只在上部结构底部起约束或支承作用,地面结构体系一般都是由上部结构向下传递荷载。除了结构自重以外,荷载都是来自结构外部,如人群、设备、列车、水力等。而地下结构是埋入地层中的,四周都与地层紧密接触。结构承受的荷载来自于洞室开挖后引起周围地层的变形和坍塌而产生的力,同时结构在荷载作用下发生的变形又受到地层给予的约束。在地层稳固的情况下,开挖出的洞室中甚至可以不设支护结构而只留下地层,如我国陕北的黄土窑洞,证实了在无支护结构的洞室中,围岩本身就是承载结构。

3.地下工程支护结构形式(Underground Engineering Supporting Structures)

因为地下结构周围的介质是千差万别的,它直接影响到地下结构上的荷载。按其使用目的有以下基本类型。

1)防护型支护

如顶部防护,这是开挖支护中最轻型者,它既不能阻止围岩变形,又不能承受岩体压力,而是仅用以封闭岩面,防止坑道周围岩体质量的进一步恶化。它通常是采用喷浆、喷混凝土或局部锚杆来完成的。

2)构造型支护

在基本稳定的岩体中,如大块状岩体,坑道开挖后的围岩可能出现局部掉块或崩塌,但在较长时间内不会造成整个坑道的失稳或破坏。支护结构的构造参数应满足施工及构造要求。构造型支护通常采用喷混凝土、锚杆和金属网、模筑混凝土等支护类型。

3)承载型支护

承载型支护是坑道支护的主要类型。视坑道围岩的力学动态,它可分为轻型、中型及重型等。对于承载型结构,其断面形式主要由使用、地质和施工三个因素综合决定。要注意到施工方法对地下结构的形式会起重要影响,并且会影响到支护结构的计算方法。当地质条件较好、跨度较小或埋深较浅时,常采用矩形结构。当地质条件较差、围岩压力较大,特别是承受较大的静水压力时,应优先采用圆形结构,可充分发挥混凝土结构的抗压强度。当地质条件介于两者之间时,按具体荷载的大小和结构尺寸决定。如以竖直压力为主时,则用直墙拱形结构为宜;跨度较大时,可用落地拱结构,且底板常做成倒拱形。

地层性质的这种差别不仅影响地下结构的选型,而且影响施工方法的选择。因地下结构在施工阶段同样必须安全可靠,故采用不同的施工方法是决定地下结构形式的重要因素之一。在使用及地质条件相同的情况下,施工方法不同也会采用不同的结构形式。此外,地下结构的选型还与工程的使用要求有关。地下铁道车站或地下医院等应采用多跨结构,中间不能设柱,因而常用大跨度落地拱。人行通道,可做成单跨矩形或拱形既减少内力,又利于使用。飞机库则中矩形隧道接近使用限界。当欲利用拱形空间放置通风等管道时,亦可做成直墙拱形或圆形隧道。

4. 地下工程结构设计方法 (The Design Methods of Underground Engineering Structures)

地下结构的工程特性、设计原则及计算方法与地面结构有所不同。在选择地的计算模型时,一方面要考虑结构和围岩相互作用的机理,另一方面也要考虑影响结构安全性的各种因素,包括施工过程的影响,才能得到比较符合实际的结果。

因此,地下工程虽然从外表观之很简单,但在物理模式上却是一个高度复杂的体系。影响结构与围岩相互作用的因素很多,且变化很大,有些因素很难甚至无法完全搞清楚,没有粗略的简化就不可能用分析的方法反映它。加之地下结构的受力特性在很大程度上还与地下工程的施工方法、施工步骤直接相关,这些问题的存在使得一些地下结构的计算结果,无论在精度上还是可靠程度上都有可能与地下结构的实际工作状态存在较大的出入,很难作为确切的设计依据。

无论是采用理论分析的方法(即根据修建隧道所经历的力学过程建立数学和力学模型,然后对模型进行分析计算,并按计算结果预测将来可能发生的现象,做相应的设计和施工决策),还是采用以围岩分级为基础的经验方法,从目前发展的水平来看,都不可能得到非常可靠的结论。其原因有:围岩的性质太复杂,而且变化很大,现在尚无法将如此复杂的围岩性质考虑得十分周全,并且在施工前,甚至在施工中都很难彻底地将围岩的性质搞清楚;人为的因素,如开挖和支护方法,对围岩性质影响很大,事先又无法估计。所有这些都将严重影响我们所做的设计和施工决策的可靠性。

这些问题的存在使得地下结构的设计不仅要进行结构计算分析,严格地说还应该包括施工方法和施工参数的选择。同时,在施工过程中,还要根据围岩的稳定情况对这些参数进行修正。所以,目前在进行地下结构设计时,广泛采用结构计算、经验判断和实地量测相结合的所谓"信息化设计"方法。同时,还要研究更完善的用于地下结构计算的力学模型,以便能更好地考虑结构与围岩的共同作用,逐步减少信息化设计中的反馈修改工作量。

信息化设计方法的流程如图 7-18 所示。

图 7-18 中可以看出,设计工作是从工程地质与水文地质勘探和室内试验开始,然后根据勘探和试验资料采用理论或经验方法进行预设计。所谓经验设计就是根据围岩的稳定程度(按完整性和强度进行)的分级指标,参考同类工程经验以确定所设计结构的有关设计参数和施工方法,如结构厚度、配筋、开挖方式等。继之,即可根据预设计进行施工,并在施工中对所建结构进行监控量测,如量测其变形、应力等,并加以综合处理,或进行必要的理论分析。然后根据规范中所规定的安全条件进行对比,以判断预设计的安全性,对预设计进行修改或改变施工方法。这种以施工监测、理论分析和经验判断相结合,调查、设计与施工相交叉的设计、施工方法非常符合地下工程特点的。

5. 地下工程结构计算的力学模型 (The Mechanical Models for Calculation of Underground Engineering Structures)

地下结构的力学模型必须符合下述条件:

(1)与实际工作状态一致,能反映围岩的实际状态以及围岩与支护结构的接触状态。

（2）荷载假定应与在修建洞室过程（各作业阶段）中荷载发生的情况一致。

（3）计算出的应力状态要与经过长时间使用的结构所发生的应力变化和破坏现象一致。

（4）材料性质和数学表达要等价。

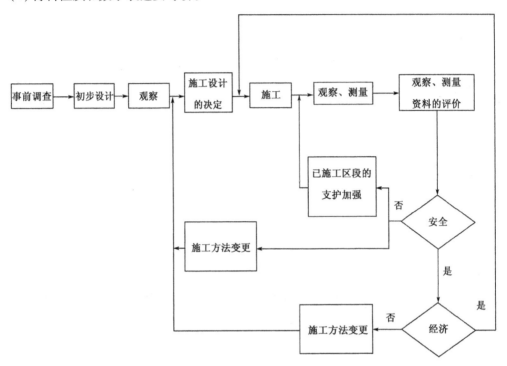

图7-18　信息化设计方法的流程图

结构力学的计算模型有：主动荷载模型［图 7-19 a）］；主动荷载加被动荷载模型［图 7-19 b）］；实地量测荷载模型［图 7-19 c）］，也称围岩—结构模型（图 7-20）。按连续介质力学原理及变形协调条件分别计算衬砌与围的内力，并据以验算地层的稳定性和进行结构截面设计。

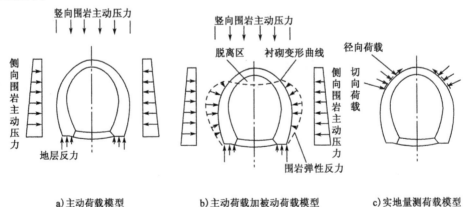

图7-19　连续介质力学的计算模型

围岩—结构模型又称为现代的岩体力学模型。它是将支护结构与围岩视为一个整体，作为共同承载的地下结构体系，故也称复合整体模型。在这个模型中，围岩是直接的承载单元。

114

6. 地下工程设计流程（The Design Process of Underground Engineering）

通常需要经过以下过程：

（1）初步拟定截面尺寸。根据施工方法选定结构形式和布置，根据荷载和使用要求估算结构跨度、高度、顶底板及边墙厚度等主要尺寸。

（2）确定结构上作用的荷载要根据荷载作用组合的要求进行，需要时要考虑工程的防护等级、三防要求与动载标准的确定。

（3）结构的稳定性检算。地下结构埋深较浅又位于地下水位线以下时，要进行抗浮检算；对于敞开式结构（墙式支挡结构），要进行抗倾覆、抗滑动检算。

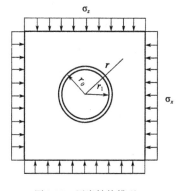

图 7-20　围岩结构模型

（4）结构内力计算要选择与工作条件相适宜的计算模式和计算方法，得出结构各控制截面的内力。

（5）内力组合。在各种荷载作用下分别计算结构内力的基础上，对最不利的可能情况进行内力组合，求出各控制截面的最大设计内力值，并进行截面强度检算。

（6）配筋设计。通过截面强度和裂缝宽度的核算得出受力钢筋，并确定必要的构造钢筋。

（7）安全性评价。若结构的稳定性或截面强度不符合安全度的要求时，需要重新拟定截面尺寸，并重复以上各个步骤，直至各截面均符合稳定性和强度要求为止。

（8）绘制施工设计图。

当然并不是所有的地下结构设计计算都包括上述的全部，要根据具体情况加以取舍。

7. 地下工程结构计算内容（The Calculations of Underground Engineering Structures）

1）横断面的设计

在地下结构物中，一般结构的纵向较长，横断面沿纵向通常都是相同的。沿纵向在一定区段上作用的荷载也可认为是均匀不变的。同时，相对于纵长的结构来说，结构的横向尺寸，即高度和宽度也不大，变形总是沿短方向传递。可认为荷载主要由横断面承受，即通常沿纵向截取 1m 的长度作为计算单元，如图 7-21 所示，从而将一个空间结构简化成单位延米长的平面结构按平面应变进行分析。

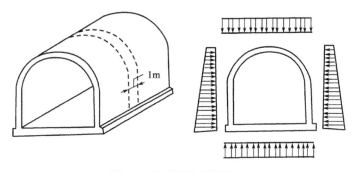

图 7-21　结构横断面计算简化

2）隧道纵向的设计

横断面设计后，得到隧道横断面的尺寸或配筋，但是沿隧道纵向的构造如何，是否需配钢筋，沿纵向是否需要分段，每段长度多少等，特别是在软地基的情况下，如水下隧道，就需要进行纵向的结构计算,以检算结构的纵向内力和沉降,这就是纵向设计问题。工程实践表明,由于隧道纵向很长,为避免由于温度变化、混凝土固结的不均匀收缩、地基的不均匀沉降等原因引起的隧道开裂,须设置伸缩缝或沉降缝,统称变形缝。变形缝间的隧道区段 1 ,可视作长度为 1 、截面为横断面形状的弹性地基梁,按弹性地基梁的有关理论进行计算。从已发现的地下工程事故看,较多的是纵向设计考虑不周而产生裂缝,故应加强这方面的研究,并在设计和施工中予以重视。

3）出入口或交叉隧洞的设计

一般地下工程的出入口或隧道的交叉地段(图7-22) 结构规模虽小但较复杂,如出入口、竖井、斜井、楼梯、三防房间、防护门等与主隧道的连接部为空间结构。若考虑不周,在使用时会出现各种裂缝,设计时要予以重视。

8. 地下工程施工 (The Construction of Underground Engineering)

地下工程的施工方法是土木工程的基础技术结合地下工程的特点而形成的。从目前的认识水平出发,地下工程的施工方法大致可作表 7-3 的分类,详细分类见表 7-4。

地下工程施工方法的分类　　　　表 7-3

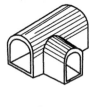

图 7-22　交叉段衬砌

大　分　类	小　分　类		细　分　类
明挖法	基坑开挖法		
	盖挖法		逆筑法
			顺筑法
	沉管法		
暗挖法	钻爆法	矿山法	一般矿山法
			浅埋矿山法
	非钻爆法	盾构法	盾构掘进机法
		掘进机法	
		顶进法	

地下工种的主要施工方法　　　　表 7-4

分　类			基　本　特　征	适　用　条　件
大分类	小分类	细分类		
明挖法	基坑开挖法		用基坑法从地表而向下开挖,到设计位置后,开始修筑主体结构;而后回填,恢复路面。基坑开挖时,可采用各种类型和方法的支护结构,以确保施工安全	
	逆筑法		在地表面沿设计轮廓线打入支护结构,开挖地面后,立即修筑顶板;而后,在顶板的维护下,边向下开挖,变修筑主体结构,直到板底	需要迅速恢复路面、恢复交通的情况
	顺筑法		基本特征与"逆筑法"相同。但主体结构是在整个基坑开挖完成后,由下向上依次修筑的	需要迅速恢复路面、恢复交通的情况
	沉管法		是在海(江、河)底采用明挖法修筑。开挖基坑后,将预制管段,依次沉放在基坑上,而后回填土石的方法	

116

分 类			基 本 特 征	适 用 条 件
大分类	小分类	细分类		
暗挖法	矿山法	一般矿山法	一般矿山法通常是由钻爆开挖。初期支护(锚杆、喷混凝土、钢支撑等)、二次衬砌(混凝土衬砌)、测量等工序构成的施工方法。有全断面法、台阶法、分部开挖法之分,根据地质条件、施工条件选用。施工中采用钻孔台车、装渣机、喷混凝土机等施工机械进行施工。遇有不良地质条件时,要配合采用不同的辅助方法	
		浅埋暗挖法	指在深埋较小情况下的施工方法。在这种条件下,因受环境条件的限制,如地表不能产生较大的下沉等,而不得不采用与一般矿山法不同的施工工艺和设备,如初期支护的刚度必须加强等。由于埋深小,地质条件多数是不良地质,因此,施工中必须采用不同的辅助方法配合	埋深浅的情况,及环境条件要求严格的情况
	盾构法		一般在土质隧道中采用盾构机械修筑隧道的方法。通常,盾构为一圆形的、筒状的钢制机械。由切口环、支撑环和盾尾构成。衬砌为装配式管片衬砌,在盾尾处组装而成。盾构可利用装配的千斤顶向前推进。此方法属于机械施工方法之一	土质隧道
	掘进机法		一般在岩石隧道中采用全断面掘进机修筑隧道的方法,也是机械施工方法之一。全断面掘进机是一个装配有刀盘和刀头的,能够一边挤压、一边切削的机械。二次衬砌可采用模筑混凝土衬砌,也可采用装配式衬砌	岩石隧道

明挖法是从地表面向下开挖,在预定位置修筑结构物方法的总称。在城市地下工程中,特别是在浅埋的地下铁道工程中,获得广泛的应用。一般来说,明挖法多用在平坦地形以及埋深小于 30m 的场合,而且可以适用不同类型的结构形式,结构空间得到充分而有效的利用。

明挖法隧道采用的结构形式是多种多样的。但一般都是箱形的、纵向连接的结构。中间构件多采用柱结构或壁结构。箱形结构的侧壁多采用连续墙作为主体结构的一部分。箱形结构的断面形状,视隧道的使用目的,有各种各样的形式,如图 7-23 所示。

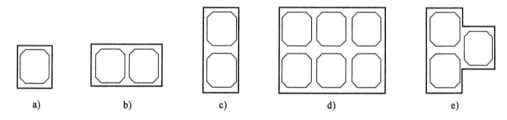

图 7-23　明挖隧道的断面形状

1)顺筑法

地下结构物的施工顺序是在开挖到预定深度后,按底板→侧壁(中柱或中壁)→顶板的顺序修筑,为明挖法的标准施工方法。

2)逆筑法

该方法多用在深层开挖、软弱地层开挖、靠近建筑物施工等情况下。在开挖过程中,结构物的顶板(或中层板),利用刚性的支挡结构先行修筑,而后进行开挖。

3)分部开挖法

在修建地下车库、地下变电站、停车场等大跨隧道时,可采用按每一次开挖较小的范围、分部修筑的方法,以防止底鼓、支撑松弛。开挖宽度更大时,也可分三部开挖,可以先开挖两侧,再修筑中间,也可先开挖中间再修筑两侧。

4)沟槽法

在既有隧道和桥台等建筑物的下面修筑结构物时,由于开挖宽度小,地层能够在无支护下,维持短时间的稳定,松弛范围也小,因而可减小对既有结构物的影响。结构物的侧壁和中壁多数是在沟槽中修筑的,沟槽的宽度视地质条件、结构物的形状、作业性及既有结构物的重要度等决定。

(1)明挖式沟槽法

修筑大规模地下结构物时,特别是地层软弱、周围地层可能产生较大变形的情况,采用横梁式挡土支撑,会使横梁长度过长,且难以确保稳定性。所以,为了防止开挖造成的围岩松弛和移动,把对周围地层和相邻结构物的影响限制在最小限度,可采用此法(图7-18)。

(2)暗挖式沟槽法

该法适用于与既有隧道主体交叉、横断桥墩、桥台、结构物等既有结构物之下修筑隧道等的情况,为了把对既有结构的影响限制在最小限度而采用。

5)矿山法

它是山岭隧道最常用的施工方法。我国的铁路、公路、水工等地下工程的绝大多数是采用此法修筑的。

(1)全断面开挖法(全断面法)。

(2)台阶法,其中包括长台阶法、短台阶法、超短台阶法。

(3)断面分部开挖法,其中包括上半断面分部开挖法、中隔壁法(单侧壁导坑法、CD 法)、双侧壁导坑法(眼镜法)。

6)浅埋暗挖法

浅埋暗挖法与明挖法、盾构法一样,已成为城市地下工程施工的主要方法之一。浅埋暗挖法是在新奥法的基础上,针对城市地下工程的特点发展起来的。从基本施工方法看,为了有效控制围岩松弛及由此引起的地表下沉,采用的基本施工方法有以下几种。

(1)正台阶或上半断面法。

(2)导坑法,包括双导坑法(眼镜法)和单导坑法。

(3)中隔壁法,包括带仰拱的中隔壁法。

7)盾构法

(1)盾构法是使用所谓的“盾构”机械,在围岩中推进,一边防止土砂的崩坍,一边在其内开挖、衬砌作业修建隧道的方法。用盾构法修建的隧道称为盾构隧道。

盾构法施工是在闹市区的软弱地层中修建地下工程的最好的施工方法之一。具体施工方法与前面隧道工程中的盾构施工方法类似。

(2)盾构。盾构法隧道的施工机具是盾构,盾构必须能够承受围岩压力,且能安全经济地进行隧道的掘进。盾构是由承受外部荷载的钢壳和在其保护钢壳下进行研究、组装衬砌及具有掘进功能的设备所组成。钢壳部分由外壳板和加劲材料所组成,分为切口环、支撑环及盾尾三部分。

(3)盾构隧道衬砌的基本类型。盾构隧道的衬砌,通常分为一次衬砌和二次衬砌。在一般情况下,一次衬砌是由管片组装成的环形结构;二次衬砌是在一次衬砌内侧灌注的混凝土结构。

(4)盾构法施工。盾构法施工的内容包括盾构的出发和到达、盾构的掘进、衬砌、压浆和防水等(图7-24)。

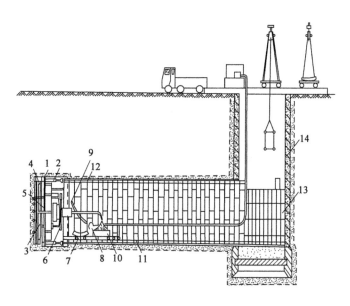

图 7-24　盾构施工

1-盾构;2-盾构千斤顶;3-盾构正面网格;4-出土转盘;5-刀盘;6-管片拼装机;7-管片;8-压浆泵;9-压浆孔;10-出土机;11-由管片组成的隧道衬砌结构;12-在盾尾孔隙中的压浆;13-后盾管片;14-竖井

8) 掘进机法

隧道掘进机(简称 TBM)是一种利用回转刀具开挖(同时破碎和掘进)隧道的机械装置。用此法修筑隧道的方法,称为掘进机法。

9) TBM 的基本构成

简言之,TBM 的构成要素大体上可分为开挖部(刀盘及其主轴和驱动装置)、支撑部(支撑靴)、推进部(推进千斤顶)等几部分:

(1) 扩张支撑靴,即固定掘进的机体在隧道壁上。

(2) 回转刀盘,缩回支撑靴,开动千斤顶前进。

(3) 推进一行程后,缩回支撑靴,把支撑靴移置到前方,返回(1)的状态 TBM 有敞开式和护盾式。

10) 托换法

托换法一般用于新设地下铁道、遣路、河川等线状结构物时,被防护的既有结构物(桥梁、高架桥、建筑物、地下结构物等)可能产生下沉、变异的场合,以及在平面上既有结构物和新设结构物重叠、新设结构物在既有结构物的正下方通过等场合。

11) 量测技术

量测技术的发展与试验测试技术的发展信息相关。历史上一些科学技术的重大突破都得益于试验测试技术。因此,试验测试技术是认识客观事物最直接、最有效的方法,也是解决科学技术疑难问题的必要手段,试验测试对保证工程质量、促进科学的发展具有越来越重要的地位和作用。量测技术在土建工程中同样占有重要地位,它在各类工程建筑,尤其是在地下工程中已成为一个不可缺少的组成部分。特别是随着技术的发展,量测的地位更显关键和重要。于是在重大或长大隧道中,及时掌握现场的第一手资料,进行动态分析,就成为施工控制的重要项目之一。

12) 量测方法及设备

根据测试原件的作用原理的作用原理,可分为机械原理、液压原理、电阻原理 、振弦原

119

理、差动变压器原理、电感原理、物探原理(包括声波和视电阻率原理)、光测弹性力学原理。

表7-4为地下工种的主要施工方法。

第三节　地下建筑防灾
Section 3　The Disaster Prevention of Underground Constructions

一、地下建筑灾害防护 (Underground Construction Disaster Prevention)

人类面临的灾害威胁主要有两大类,即自然灾害和人为灾害。自然灾害包括气象灾害(又称大气灾害,如洪水、干旱、风暴、雪暴等)、地质灾害(又称大地灾害,如地震、海啸、滑坡、泥石流、地陷、火山喷发等)和生物灾害(瘟疫、虫害等)。人为灾害有主动灾害(如发动战争、故意破坏等)和意外事故(如火灾、爆炸、交通事故、化学品泄漏、核泄漏等)两种。在人类还没有完全摆脱各种灾害的威胁之前,地下建筑遭到灾害破坏的可能性是时刻存在的,只是随着灾害类型和严重程度上的差异,在受灾规模、损失程度、影响范围、恢复难易等方面有所不同。很明显,地下建筑的规模越大,灾害的损失就越大。因此,在地下建筑规划和建设的同时,不能忽视提高地下建筑的抗灾抗毁能力,保证即使在大灾情况下,也能使灾害损失降到最低程度。地下建筑对于外部发生的各种灾害都具有较强的防护能力。但是,对于发生在地下建筑内部的灾害,特别像火灾、爆炸等,要比在地面上危险得多,防护的难度也大得多,这是由地下空间比较封闭的特点所决定的。

在地下建筑中,宜采用三级消防体制:第一级是建筑物本身装备的各种自动灭火系统;其次是内部的专职消防人员;最后是外部来的城市消防队。但是结合地下环境的特点,应强调以前两级为主。因为处于封闭状态的地下建筑,如内部发生火灾,只能通过少量出入口进入灭火。当出入口向外排出浓烟和炽热气流时,人员根本无法进入。

二、不同类型地下建筑火灾的防护 (Fire Protection of Different Types of Underground Constructions)

1. 城市公路隧道 (Urban Highway Tunnels)

(1)城市公路隧道火灾的危害

公路隧道虽然内部空间比较简单,但发生火灾的危险性较大,扑灭火灾要比在地面道路上困难得多,而且火灾的危害程度随着隧道长度的增加而愈趋严重;效能高峰时间内要比车辆稀少时的灾情严重得多,装载易燃易爆物品的车辆的火灾危险性比一般车辆更大。隧道火灾多数是由车辆事故所引起,如车辆本身起火或两车相撞而起火,因为燃物主要为油料,不但灭火相当困难,而且随时有发生爆炸的可能。当肇事车辆起火后,其他车辆无处躲避,在隧道口处的火灾信号开始起作用(约需1min)之前,后续车辆仍在向前行驶,即使发现前方有火情,也难以后退,以致火势很容易延续到后面的车辆。起火点距隧道入口越远,后续车辆越多,损失也就越严重。

(2)城市公路隧道防火措施

城市公路隧道内发生火灾的可能性较大,防火和灭火都有一定困难,后果相当严重。因此,必须针对隧道火灾的特点采取有效措施进行防护,大致有以下几个方面:

①车行道应有足够的宽度,减少撞车的可能性,在适当位置应设避车线。隧道建筑材料不但要求不燃,而且要有较高的耐火极限值,必要时应在结构表面喷涂防火隔热材料。

②为了及时控制灾情,把火灾损失降到最小限度,当隧道长度超过一定范围时安装报警和自动灭火系统。隧道越长,消防设施越应完善。除控制火源的扩展外,应在最短时间内停止车辆进入,并组织已进入的车辆迅速撤离。在沿线设置报警电话、在隧道入口处设专人监控火情和指挥车辆疏散。

③针对隧道内大量油料燃烧的特点,采取有效的灭火措施。

2. 地下铁道（Subways）

（1）地下铁道火灾的特点及危害

地下铁道中人员集中,一旦发生火灾,后果将十分严重。除人流集中的特点外,地铁的总体布置与一般地下建筑也有较大区别。首先,地铁分为车站和区间隧道两大部分,在两部分中,火灾的起因和燃烧情况都不完全一样;其次,车站中各种厅的布置,站台的布置,以及站台与隧道的空间关系相当复杂,而且互相连通,使控制火源,阻断其蔓延和排烟等都相当困难。此外,深埋的地铁,距地面几十米,使人员的疏散和撤离比一般浅埋地下建筑更为不易。从地铁发生火灾的原因和位置看,主要有运行中的车辆起火、车站内起火和隧道中起火等几种情况。

（2）地下铁道的防火措施

地下铁道的防火,在规划设计和运营管理两个方面都十分重要。根据火情的不同,大体上应采取以下几种防火措施:

①如果火源出现在运行中的车辆,应及时报警,在用便携式灭火器控制火源的同时,打开通往相邻车厢的门,待乘客撤离到两端无火车厢后将门关闭。

②由于地铁各种站厅内人员流动性大,空间关系又较复杂,按一般防火规范的要求划分防火单元是不现实的。

③由于站台与隧道互相连通,当车站内出现火源,可以从隧道中得到助燃空气,通向地面的厅、室和通道就自然成为排气口,因此燃烧比一般封闭的地下建筑中要猛烈。但是另一方面,车辆内的可燃物较少,车站内的可燃物也不多,除售票厅外,可燃物多分散在各处火灾的规模和蔓延的可能性比较小。

3. 地下商业空间（Underground Commercial Space）

（1）地下商业空间火灾的危害

地下商场、地下商业街、地下购物中心等各种类型的地下商业空间,人员的集中程度仅次于地下铁道,但其中的可燃物要比地铁多。特别是当商业空间与交通等设施组织在一起形成地下综合体,同时又与相邻建筑物地下室相连通时,内部空间关系和人流的往来更为复杂,迷路的可能性增加,火灾的危害程度也就更大。

（2）地下商业空间防火措施

地下商业空间的防火,主要应从以下几个方面进行:

①应限制易燃和发烟量大的商品数量,禁止使用易燃的材料,限制明火的使用,在商业空间内禁止吸烟。

②在建筑布置上应力求简捷,以减少灾情发生后顾客在慌乱中迷路的可能性。

③在灾害发生后的人员疏散过程中,除在建筑布置上为疏散创造宽敞和通畅的条件外,还需要一些引导设施,使疏散的人流能够自己辨别方向,顺利到达安全出口。此外,事故照明系统除保障电源外,还应使用穿透烟气能力强的光源。

4. 地下停车库（Underground Parking）

在地下停车库中,由于行驶和停放的车辆都带有一定数量的燃油,因而发生火灾或爆炸的可能性较大,一旦发生后也很难扑救。从保护车辆不受损失和保证人员安全的角度出发,各国对这个问题无不极为慎重,特别是对于自走式的地下公共停车库,不惜付出较高代价,采用先进的防火和灭火设备,以确保安全。在地下停车库中(图7-25),引起火灾或爆炸的原因主要是:车辆本身由于电路短路,汽化器逆火,排气管冒火,或与其他物体碰撞引起油料燃烧;其次是室内空气中油气含量达到临界点（1%~6%）,遇明火后发生爆炸或燃烧;还有一种是由外界因素引起的燃烧,如电线起火、雷击、金属碰撞发生火花、电器开关发生打火以及吸烟不慎等。针对停车库发生火灾的原因和地下环境的特点,应从建筑布置上和设备上为防火、灭火创造有利条件。同时,安全出口处的楼梯应设防烟楼梯间。地下停车库的灭火,主要应靠内部的自动灭火系统,使用自动喷雾设施控制火源,用泡沫、二氧化碳等灭火剂灭火;靠消防人员从外部进入灭火是相当困难的。

图 7-25　某地下停车场

5. 地下居住空间（Underground Living Space）

人在完全封闭的地下环境中长期居住,除可能产生生理和心理上的不良影响外,从防灾的角度看,在地下空间中居住也是不适宜的。我国的传统窑洞民居和美国的覆土住宅,至少都有一面朝向室外空间,实际上是半地下建筑,则另当别论。目前,我国的许多城市正大量利用过去的人防工程开设旅馆或招待所,有的大城市中数以百计,床位从几十到几百不等。由于改建时一般都没有增设现代化的消防设施,建筑布置上有的也不合理(如在地下三层中仍住人),旅客对环境不熟悉,又缺乏防火知识,再加上吸烟和客房内可燃物多等因素,火灾隐患十分严重。虽然迄今尚未发生严重灾害,但这种现象必须引起足够的重视。城市住宿问题不应依靠开办地下旅馆解决。在一时不能禁止以前,必须加强管理,增加消防设施,训练人员,保障旅客的安全,同时努力创造条件,缩短这个过渡阶段的时间。

三、其他灾害的防护（Protection of Other Disasters）

1. 水害的防治（Flood Control）

城市中地下建筑所遭受的水害,多由外部因素引起,主要有地面积水灌入、附近水管破裂、地下水位回升、建筑防水被破坏而失效等。地下建筑的出入口不可能抬高到若干年一遇的洪水位以上,但仍可采取一些措施防止城市被淹后洪水灌入。影响山洪发生的因素比较复杂,与当地的自然条件关系很大。排洪沟一般采用明沟,排洪沟的布置应尽量利用原有的冲沟,适当加以平顺调直,因为自然形成的冲沟比较符合洪水排泄的规律。如果地下厂房的洞口布置在比较狭窄的山沟中,而沟内又有可能发生洪水时,则排洪沟应与堆渣位置同时考虑,因为当出渣量较大时,可能将沟底逐渐垫高,使排洪沟不能容纳最大流量的洪水或根本无法布置排洪沟。因此,必须把洞口位置、高程、出渣量、渣堆的高度和宽度(包括放坡宽度),与排洪沟的位置、断面面积、构造等因素综合起来考虑,并要求在施工时边堆渣边做排洪沟,以免石渣占去排洪的位置。

2.震害的防治（Earthquake Disaster Prevention）

地下建筑的埋深越大,受地震波的作用越轻,加上周围的土或岩石所起的阻尼作用使振幅减小,因此从总体上看比在同一位置上的地面建筑所受到的破坏要轻得多。1976 年,我国的唐山大地震,地面建筑绝大部分倒塌,伤亡惨重,而当时工作在煤矿井下的工人和 3000 名左右在地下室中的居民则幸免于难。据事后调查表明,即使一些质量很差的早期地下人防工程,也没有遭到严重破坏。因此,地下建筑在抗震性能上优于地面建筑已经得到公认。在城市土层中的地下建筑,抗震措施比较简单,重点应放在防止次生灾害上。例如,由于结构出现裂缝而漏水,吊顶震落而伤人,管道破裂引起火灾、水害等。岩石中的地下建筑一般距地表较深,结构直接被破坏的可能性较小,因此防震重点是防止各种出入口被破坏或堵塞,特别是要使洞口上部的山体边坡在地震作用下保持稳定。针对引起局部边坡不稳定的因素,需及时采取保护或加固措施。首先,在布置建筑物或道路时,要根据所在边坡情况确定布置方式,避免把荷载大或内部有振动的建筑物放在不稳定的边坡上。同时,设计要考虑施工要求,使施工按照一定的程序进行,先清理山坡上的孤石和危岩,排除地面积水,铲除开挖地段的不稳边坡,按岩石的性质保证放坡角度,做好出露岩石的表面和裂隙的罩护工作,做好护坡、挡水墙、排水沟等。对于不稳定的边坡,应适当加固,增加其稳定性。

第四节　计算机技术在地下工程中的应用
Section 4　The Application of Computer Technology in Underground Engineering

计算机的应用早已超出最初单纯的计算功能,现在已经渗透到人类活动的各个领域。在地下工程领域,计算机应用的功能已从科学和工程计算发展到辅助决策、辅助设计、仿真、控制、辅助管理等。计算机应用的技术已从单纯计算机发展到数据库、可视化、三维动画、虚拟现实、人工智能、多媒体、网络等。在地下工程的地质勘探、决策、设计、施工、运营等各个阶段,计算机都得到了广泛的应用。

计算机的发展及应用使得地下工程的地质勘探、决策、设计、施工发生了深刻的变化。地质勘探方面的辅助软件、数据库系统、地理信息系统等软件和计算机系统提高了地质勘探的准确度和效率。在地下工程决策方面,计算机辅助软件、风险分析评估软件、专家系统以及仿真软件改善了决策手段、提高了决策正确性。各种力学分析软件、辅助计算软件大大提高了地下工程设计的合理性和效率。在施工阶段,各种管理信息系统在工程管理、监理等方面起到重要的作用;施工监测辅助软件、工程信息数据库系统、施工机械自动控制系统、多媒体监控系统等软件和计算机系统发展了信息化施工技术,提高了施工安全性和施工效率。网络技术也大大提高了工程施工管理水平和现代化程度。在地下工程的科研领域,计算机的各种应用软件和计算机系统更是发挥了巨大作用。可见,在地下工程领域,计算机已占据着不可取代的重要地位,地下工程活动对计算机的依赖会越来越显著。

一、计算机技术的发展（The Development of Computer Technology）

计算机应用的发展随着计算机的发展而发展。计算技术包括计算机硬件、操作系统、软件等方面。硬件的发展使计算机技术发展的基础,操作系统在很大程度上依赖于硬件。操作系统的进化提高了人机交互能力并改善了软件编程环境。软件依赖于硬件和操作系统,因此软件技术的发展使计算机技术发展的综合表现。

二、地下工程计算软件（Underground Engineering Calculation Softwares）

地下工程以岩土体为主要研究对象,是一门理论和实践性都很强的综合性的应用技术科学。它包括勘察、设计、施工、监理、监测和工程管理的全过程。所有地下工程问题的范围和领域都离不开计算机。当今,计算分析领域还在不断扩大,并引起根本性变革。除应用在本构模型和不同介质相互作用分析外,还包括各种数据值计算方法,极限数值方法和概率数值方法,专家系统,AutoCAD 技术和计算机仿真技术在地下工程中应用,以及地下工程反演分析、动力分析特别是抗震分析等方面。虽然地下工程计算机分析在大多数情况下只能给出定性分析结果,但地下工程计算机分析对工程是决策仍非常有意义。与此同时,各种地下工程地下软件也随之开发出来,得到了广泛的应用。

地下工程软件从应用范围可分为岩土及地下工程勘察类软件、地下工程设计软件、地下工程施工技术及管理软件、地下工程监测软件和地下工程监理及运营管理软件。

三、地下工程软件发展趋势（The Development Trend of Underground Engineering Softwares）

随着计算机在土木工程领域的广泛应用,地下工程软件有了突飞猛进的发展,这些年更是逐步趋向成熟,主要表示在以下几个方面:

(1)关于地下工程科学计算与相关应用软件开发的研究正在成为有关院校和科研单位的重要研究内容。

(2)涌现出诸如同济曙光岩土及地下工程设计与施工分析软件等专业级软件开发商,它们的出现迅速推动了整个软件市场的成熟。

(3)地下工程软件不论是在应用范围还是在使用水平上都有了飞跃,已经成为许多工程设计人员必不可少的工具。

四、CAD 在地下工程中的应用（Application of CAD in Underground Engineering）

CAD 在地下工程中的应用非常广泛,主要有以下几个方面。

1. 建筑与规划设计（Architectural and Planning Design）

国内的建筑与规划设计 CAD 软件大多是以 AutoCAD 为图形支撑平台作二次开发的系统。目前国内流行的建筑设计软件有:天正 TARCH、House,德克塞诺 ARCH－T,中国建研院的 APM、ABD,匈牙利 GRAHPISOFT 公司的 ARCHICAD 等。

2. 结构设计（Structural Design）

在结构设计方面,若干在微机上研制开发的较成熟的 CAD 软件,目前正在各设计单位发挥着积极的作用。

目前国内流行的结构 CAD 软件主要有:

(1)中国建筑研究院的 BOS、EF、JCCAD、ZJ 等;

(2)大型通用分析软件:ANSYS、MSC. MARC、SAP、ABAQUS 等;

(3)同济曙光岩土及地下系列软件中的有限元正、反分析软件。

总之,CAD 是一门应用非常广泛的技术,在地下工程的各个领域都占有很重要的地位。

因此,它是一门很重要的技术课,应该认真学习,努力掌握 CAD 的基本原理和应用技巧,为今后的工作和学习打下扎实的基础。

思 考 题

1. 简述我国隧道修建技术发展的三个阶段。
2. 简述隧道工程施工特点。
3. 简述新奥法施工的特点。
4. 简述盾构法施工的过程。
5. 简述 TBM 的基本构成。
6. 简要说明地下建筑防灾的内容。
7. 介绍几种常见的地下工程设计软件。

参 考 文 献

[1] 冯涛.岩石地下建筑工程[M].长沙:中南工业大学出版社,2000.
[2] 李志业,曾艳华.地下结构设计原理与方法[M].成都:西南交通大学出版社,2003.
[3] 吴焕通,崔永军.隧道施工及组织管理指南[M].北京:人民交通出版社,2005.
[4] 曾进伦,王聿,赖允瑾.地下工程施工技术[M].北京:高等教育出版社,2001.
[5] 关宝树,杨其新.地下工程概论[M].成都:西南交通大学出版社,2001.
[6] 张庆贺,朱合华,黄宏伟.地下工程[M].上海:同济大学出版社,2005.
[7] 童林旭.地下工程[M].山东:山东科学技术出版社,1994.
[8] 钱七虎,陈志龙,王玉北,等.地下空间科学开发与利用[M].南京:江苏科学技术出版社,2007.

第八章　其他土木工程
Chapter 8　Other Civil Engineerings

随着社会的进步和科学技术的发展,社会的分工越来越专业,土木工程的分工也是如此,许多工程都从原来的土木工程中分离出来,形成一个相对独立和专一的工程。这类形式的工程比较多,不能全部介绍,这里只介绍给水排水工程、水利水电工程和港口工程。

第一节　给水排水工程
Section 1　Water Supply and Drainage Engineering

给水排水工程是土木工程的一个分支,指用于水供给、废水排放和水质改善的工程,分给水工程和排水工程两部分。给水排水工程的学科特征是:用水文学和水文地质学的原理解决从水体内取水和排水的有关问题;用水力学原理解决水的输送问题;用物理、化学和微生物学的原理进行水质处理和检验。

一、给水工程(Water Supply)

给水工程的任务是从水源取水,按照用户对水质的要求进行处理,再将净化后的水输送到用水区,并向用户配水,供应各类建筑所需的生活、生产和消防等用水。必须满足充足水量、良好水质和足够水压三个目的。

1.给水系统的组成 (Composition of Water Supply System)

给水系统一般由取水、净水和输配水工程设施构成。

(1)取水工程设施

取水工程设施的作用是从天然或人工水源取水,并送至水厂或用户,它包括取水构筑物和一级泵站。

(2)净水工程设施

净水工程设施包括水处理构筑物和清水池,常集中布置在自来水厂。水处理构筑物的作用是根据原水水质和用户对水质的要求,将原水适当加以处理。水处理的方法有沉淀、过滤、消毒等。清水池的作用是储存和调节一、二级泵站抽水量之间的差额水量。

(3)输配水工程设施

输配水工程设施包括二级泵站、输水管、配水管网、水塔和高地水池等。二级泵站将管网所需水量提升到要求的高度,以便进行输送。输水管包括将原水送至水厂的原水输水管和净化后的水送到配水管网的清水输水管,其特点是沿线无出流。配水管网则是将清水输水管送来的水送到各个用水区的全部管道。水塔和高地水池等调节构筑物设在输配水管网中,用以储存和调节二级泵站送水量与用户用水量之间的差值。管网中的调节构筑物并非一定要设置。二级泵站一般设在自来水厂内。

以地表水和地下水为水源的城镇给水系统如图 8-1、图 8-2 所示。在图 8-2 中，取水工程设施为管井群、集水池。由于未受污染的地下水水质良好，一般可省去水处理构筑物而只进行消毒。

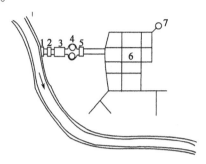

图 8-1 地表水源的给水系统示意图
1-取水构筑物；2-一级泵站；3-水处理构筑物；
4-清水池；5-二级泵站；6-管网；7-调节构筑物

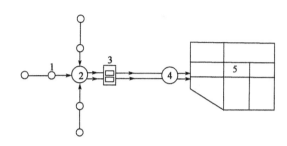

图 8-2 地下水源的给水系统示意图
1-管井群；2-集水井；3-泵站；4-水塔；5-管网

2. 给水系统分类 (Classification of Water Supply System)

根据给水系统的性质，可分类如下：

(1)按使用目的，分为生活饮用给水、生产给水和消防给水系统。

(2)按服务对象，分为城市给水和工业给水系统。

(3)按水源种类，分为地表水源(江河、湖泊、蓄水库、海等)和地下水源(浅层地下水、深层地下水、泉水等)给水系统。

(4)按供水方式，分为自流系统(重力供水)、水泵供水系统(压力供水)和混合供水系统。

下面着重介绍一下城市给水系统和工业给水系统。

3. 城市给水系统 (Urban Water Supply System)

城市给水主要是供应城市所需的生活、生产、市政(如绿化、街道洒水)和消防用水。

城市给水设计的主要准则是：保证供水的水量、水压和水质，保证不间断地供水和满足城市的消防或紧急事故时的用水要求。

由于城市的历史、现状和发展规划、地形、水源状况和用水要求等因素各不相同，可采用不同的给水系统，概括起来有下列几种。

(1)统一给水系统

当城市给水系统的水质，均按生活用水标准统一供应各类建筑作生活、生产、消防用水，则称为统一给水系统。目前多数城镇采用这种系统。

(2)分质给水系统

当一座城市或大型厂矿企业的用水，因生产性质对水质要求不同，特别是对用水大户，一般对水质的要求低于生活用水标准，则适宜采用分质给水系统。

分质给水系统，既可以是同一水源，也可以是不同的水源，经过不同的处理，以不同的水质和压力供应工业和生活用水。图 8-3 所示为一简单的分质给水系统，图中生活用水采用水质较好的地下水，而工业用水采用地表水。分质给水系统的优点是：节省净水运行费用；缺点是需要两套管网甚至两套净水设施，管理复杂。而对水质要求较高的工业用水，可在生活给水的基础上，再采取一些处理措施。

(3)分压给水系统

当城市地形高差较大或用户对水压要求有很大差异时,可采用分压给水系统,由同一泵站内的不同水泵分别供水到低压管网和高压管网,如图8-4所示。

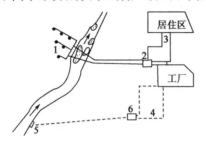

图8-3 分质给水系统

1-管井;2-泵站;3-生活用水管网;4-生产用水管网;5-取水构筑物;6-工业用水处理构筑物

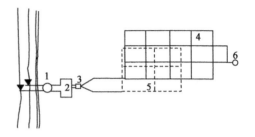

图8-4 分压给水系统

1-取水构筑物;2-水处理构筑物;3-泵站;4-高压管网;5-低压管网;6-水塔

（4）分区给水系统

当城市面积比较大,将整个系统分成几个区,分期分批建成通水,每个区都有单独的泵站与管网,在城市规划上,各分区之间设有管道连通。

无论采用何种给水系统,在有条件的地方应尽量采用多水源供水,以确保供水安全。在技术上,为了使管网上的水压不超过水管能承受的压力而采用分压给水系统;在经济上,为了降低供水能量费用而采用分区给水系统;在地形地貌上,如地形高差显著,供水面积大及远距离输水,采用分区给水系统。

4. 工业给水系统（Industrial Water Supply System）

前面讨论的城市给水系统的组成与形式同样适用于工业企业。一般情况下工业用水与生活用水水质相近,工业用水可由城镇管网供给。但有些工业企业的用水又有特殊性,如用水量大,但对水质要求较低,使用生活用水不经济,而有些企业虽共用水量小,但对水质的要求高于生活用水;有些企业则不在城镇供水管网的供水范围内。这些企业均需自行解决供水问题。根据工业企业内水的使用情况可分成直流,循序和循环三种给水系统。

（1）直流给水系统

直流给水系统是指工业企业用水由就近水源（包括城镇管网、河流和地下水源）取得,根据所需水质情况,直接或经适当处理后供工业生产用,水经使用后,全部排入水体而不再利用。这种系统虽然管理较简单,但对水的浪费严重,一般不宜采用,尤其是在水资源短缺的地区。

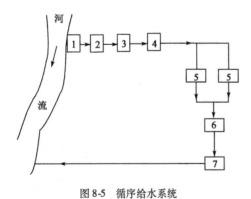

图8-5 循序给水系统

1-取水构筑物;2-一级泵站;3-净水构筑物;4-二级泵站;5-车间;6-车间;7-废水处理构筑物

（2）循序给水系统

循序给水系统是根据企业内各车间对水质要求的不同,将水按一定顺序重复利用。图8-5为循序给水系统,水由取水构筑物1和一级泵站2送入净水构筑物3,水经净化后由二级泵站4送入水质要求高的车间5,使用后的水送入水质要求低的车间6,再次被利用,之后废水经处理构筑物7处理后排入水体。采用这种系统,水资源即被充分利用,特别是车间排出的水可不经过处理或略加处理就可供其他车间使用时,更为经济、适用。

为节约用水,在条件合适的工业企业之间也可采用循序给水系统。

(3)循环给水系统

循环给水系统是指使用过的水经适当处理后再行回用,在循环使用过程中,在发电、冶金、化工、造纸等行业中,要用大量的冷却用水。一般,冷却用水约占工业总用水量的70%。冷却用水在使用过程中,一般很少受到污染,只是温度有所上升,可在被冷却塔等设施降温后,再次作为冷却水重复使用,并应适当补充一定量的新鲜水。国内外有许多需水量较大的企业利用循环给水系统进行生产,每天或定期补充一些新鲜水即可。

循环和循序给水系统可以使水得到最大限度的利用,不但节省了大量用水,而且减轻了排水管道的负担和污水对环境的污染。因此,在用水量大的企业中,应当采用这两种给水系统。

5.给水处理（Water Treatment）

一般生活饮用和工业使用水源均含有一些杂质,给水处理的任务是通过适当的处理方法去除水中的杂质,使之符合使用的要求。具体的给水处理方法应根据水源水质和用水对象对水质的要求确定。在给水处理中,往往某一处理方法效果并不理想,需要多种方法联合使用。以地表水为水源的常规处理工艺为混凝、沉淀、过滤、消毒等。混凝土就是在原水中投加药剂,使水中的悬浮物等杂质形成大颗粒体,而后在沉淀池中进行重力分离,上清液通过粒状滤料截留水中杂质进行过滤,最后在水中投加消毒剂以杀灭致病微生物。这种常规处理工艺也可以根据水源水质的不同,增加或减少某些处理构筑物。

二、排水工程（Drainage Engineering）

在人类的生活和生产中,使用大量的水。水在使用过程中受到不同程度的污染,改变了原有的化学成分和物理性质,这些水称做污水或废水。污水也包括雨水及冰雪融化水。

这些污水如不加控制,直接排入水体或土壤,使水体或土壤受到污染,将破坏原有的生态环境,引起各种环境问题。为保护环境,现代城镇需要建设一整套工程设施来收集、输送、处理污水,这种工程设施称为排水工程。其基本任务是保护环境免受污染和洪水之灾,以促进工农业生产的发展和保障人民的健康与正常生活。其主要内容包括:收集各种污水并及时输送至适当地点;将污水妥善处理后排放或再利用。

1.污水的分类（Classification of Sewage）

按照来源的不同,污水可分为生活污水（Domastic Sewage）、工业废水（Industrial Wastewater）和降水（Rainfall）三类。污水的最终出路为排入水体、灌溉农田、重复使用。

（1）生活污水是指人们日常生活中用过的水,包括从厕所、浴室、盥洗室、厨房、食堂和洗衣房等处排出的水。它来自住宅、公共场所、机关、学校、医院、商店以及工厂中的生活间部分。

生活污水的特征是水质比较稳定、浑浊、深色、具有恶臭,呈微碱性。一般不含有毒物质,但含有较多的有机物,如蛋白质、动植物脂肪、碳水化合物、尿素和氨氮等,还含有肥皂和合成洗涤剂等,以及常在粪便中出现的病原微生物,如寄生虫卵和肠系传染病菌等。这类污水需要经过处理后才能排入水体、灌溉农田或再利用。

（2）工业废水是指在工业生产中所排出的废水,来自车间或矿场。由于各种工厂的生产类别、工艺过程、使用的原材料以及用水成分的不同,工业废水的水质变化很大。

工业废水按照污染程度的不同,可分为生产废水和生产污水两类。

生产废水是指在使用过程中受到轻度污染或水温稍有增高的水。如机器冷却水便属于这一类,通常经某些处理后即可在生产中重复使用,或直接排入水体。

生产污水是指在使用过程中受到较严重污染的水。这类水多半具有危害性。例如,有的含大量有机物,有的含氰化物、铬、汞、铅、镉等有害和有毒物质,有的含多氯联苯、合成洗涤剂等合成有机化学物质,有的含放射性物质等。这类污水一般都需要适当处理后才能排放,或在生产中再使用。

不同的工业企业可以排出不同性质的工业废水,即使是同一种企业或工业,也可以排出几种不同性质的废水。

(3)降水,即大气降水,包括液态降水(如雨露)和固态降水(如雪、冰雹、霜等),冲洗街道和消防用水等。由于其性质和雨水相似,也并入雨水。降落雨水一般比较清洁,但其形成的径流量大。若不及时排泄,则能使居住区、工厂、仓库等遭受淹没,交通受阻,积水为害,尤其山区的山洪水为害更甚,通常暴雨水为害最严重,是排水的主要对象之一。一般雨水不需处理,可直接就近排入水体。

雨水虽然一般比较清洁,但初降雨时所形成的雨水径流会挟带着大量地面和屋面上的各种污染物质,使其受到污染,所以形成初雨径流的雨水,是雨水污染最严重的部分,应予以控制。

2. 排水系统的体制(Drainage System)

排水系统的体制就是采用不同的方式来排除城市污水所形成的排水系统。其体制一般分合流制与分流制两大类。

1)合流制排水系统

(1)简单合流系统

一个排水区只有一组排水管渠,接纳各种废水(混合起来的废水叫城市污水)。这是古老的自然形成的排水方式。它们起简单的排水作用,目的是避免积水为害。实际上这是地面废水排除系统,主要为雨水而设,顺便排除少量的生活污水和工业废水。

(2)截流式合流系统

原始的简单合流系统常使水体受到严重的污染。因而,设置截流管渠,把各小系统排放口处的污水汇集到污水处理厂进行处理,形成截流式合流系统,如图8-6所示。在主干管与截流管渠相交处的窨井称溢流井,上游来水量大于截流管的排水量时,在井中溢入排放管,流向水体。

这样,晴天时污水(常称旱流污水)全部得到处理。

2)分流制排水系统

分流制排水系统是将生活污水、工业废水和雨水分别在两个或两个以上各自独立的管渠内排除的排水系统,如图8-7所示。排除污水的系统称为污水排水系统;排除雨水的系统为雨水排水系统。

由于排除雨水方式的不同,分流制排水系统又分为完全分流制和不完全分流制两种排水系

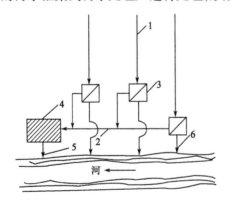

图8-6 截流式合流制排水系统

1-合流干管;2-截流主干管;3-溢流井;4-污水处理厂;
5-出水口;6-溢流出水口

130

统。在城市中,完全分流制排水系统包含污水排水系统和雨水排水系统。而不完全排水系统只有污水排水系统,未建雨水排水系统,雨水沿天然地面、街道边沟、水渠等原有渠道系统排泄,或者为了补充原有渠道系统输水能力的不足而修建部分雨水渠道,待城市进一步发展再修建雨水排水系统,使其转变成完全分流制排水系统。

3. 排水系统的主要组成部分(Composition of Drainage System)

排水系统是指排水的收集、输送、处理和利用以及排放等设施以一定方式组成的总称。下面就城市污水排水系统、工业废水排水系统和雨水排水系统的组成加以介绍。

(1)城市污水排水系统

①室内污水管道系统及设备。其作用是收集生活污水,并将其排送至室外居住小区污水管道中去。在住宅及公共建筑内,各种卫生设备既是人们用水的容器,也是承受污水的容器,它们又是生活污水排水系统的起端设备。生活污水从这里经水封管、支管、竖管和出户管等室内管道系统流入室外居住小区管道系统,在每一出户管与室外居住小区管道相接的连接点设检查井,供检查和清通管道之用。

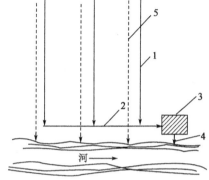

图 8-7 分流制排水系统
1-污水干管;2-污水主干管;3-污水处理厂;
4-出水口;5-雨水干管

②室外污水管道系统。分布在地面下依靠重力输送污水至泵站、污水处理厂或水体的管道系统称室外污水管道系统。

③居住小区污水管道系统。为敷设在居住小区内,连接建筑物出户管的污水管道系统。

④街道污水管道系统。一般敷设街道下用以排除居住小区管道流来的污水。

⑤管道系统上的附属构筑物。如检查井、跌水井、倒虹管等。

⑥污水泵站及压力管道。污水一般以重力流排除,当无法满足时,就需要设置泵站。输送从泵站出来的污水至高地自流管道或至污水处理厂的承压管段,称为压力管道。

⑦污水处理厂。供处理和利用污水、污泥的一系列构筑物及附属构筑物的综合体,称为污水处理厂。

⑧出水口及事故排出口。污水排入水体的渠道和出口称为出水口,它是整个城市污水排水系统的终点设备。事故排出口是辅助性出口渠,设置在某些易于发生故障的组成部分前面,如在总泵站的前面,一旦发生故障,污水就通过事故排出口直接排入水体。

(2)工业废水排水系统

①车间内部管道系统和设备。用于收集各生产设备排出的工业废水,并将其送至车间外部的厂区管道系统中。

②厂区管道系统,用来收集并输送各车间排出的工业废水的管道系统。

③污水泵站及压力管道。

④废水处理站,是厂区内回收和处理废水与污泥的场所。

(3)雨水排水系统

①建筑物的雨水管道系统和设备。主要是收集工业、公共或大型建筑的屋面雨水,并将其排入室外的雨水管渠系统中。

②街坊或厂区雨水管渠系统。

③街道雨水管渠系统。

④排洪沟。

⑤出水口。

4. 排水系统布置形式（Collocation of Drainage System）

（1）正交式（Orthogonal Model）

在地势适当向水体倾斜的地区，排水流域的干管与水体垂直相交布置称正交式，如图8-8a）所示。优点：干管长度短，管径小，排水迅速。缺点：污水未经处理直接排放，使水体遭受严重污染，故一般只用于雨水排除。

（2）截流式（Interception Model）

这种方式是在临河岸边修建一条截流干管，同时在截流干管处设置溢流井，并设置污水处理厂，主要避免污水直接进入水体，如图8-8b）所示。

（3）平行式（Parallel Model）

这种方式是使干管与等高线及河道基本上平行、主干管与等高线及河道成一定角度敷设，如图8-8c）所示。主要用于在地势向河流方向有较大倾斜的地区，目的是避免因干管坡度及管内流速过大，使管道受到严重冲刷。

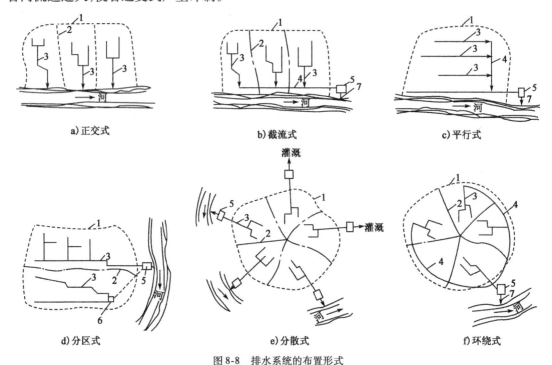

图8-8 排水系统的布置形式

1-城市边界；2-排水流域分界线；3-干管；4-主干管；5-污水处理厂；6-污水泵；7-出水口

（4）分区式（Different Area Model）

在地势高差相差很大的地区，当依靠重力污水不能自动流至污水处理厂时，根据位置的高低采用分区布置形式，如图8-8d）所示，即在高区和低区敷设独立的管道系统。高区的污水靠重力直接流入污水处理厂，而低区的污水用水泵抽送至高区干管或污水处理厂。其优点是可充分利用地形排水，节省电力，但不要将高区的污水排至低区，然后再用水泵一起抽送至污水处理厂，从而造成能源上的浪费。

（5）环绕式及分散式（Surround Model and Decentralized Model）

当城市周围有河流，或城市中心部分地势高并向周围倾斜的地区，各排水流域的干管常采用辐射状分散布置[图8-8e）、f)]，各排水流域具有独立的排水系统。这种布置具有干管长度短、管径小、管道埋深可能浅、便于污水灌溉等优点，但污水处理厂和泵站（如需要设置时）的数量将增多。在地形平坦的大城市，采用辐射状分散布置可能是比较有利的。但考虑到规模效益，不宜建造数量多、规模小的污水处理厂，而宜建造规模大的污水处理厂，所以由分散式发展成环绕式布置[图8-8f)]。这种形式是沿四周布置主干管，将各干管的污水截流送往污水处理厂。

5.污水处理（Sewage Treatment）

水被使用以后会产生污染，在排入水体前需对其进行处理，达到排放标准后才能排入江河或湖海。污水处理的基本方法，就是采用适当的技术与手段，将污水中所含的污染物质分离去除，使水得到净化。现代污水处理技术，按原理可分为物理处理法、化学处理法和生物化学处理法三类。

物理处理法：利用物理作用分离污水中呈悬浮状态的固体污染物质，如沉淀法、过滤法等。

化学处理法：利用化学反应的作用，分离回收污水中处于各种形态的污染物质，如中和、氧化还原等。

生物化学处理法：利用微生物的代谢分解作用，使污水中呈溶解状态的有机污染物转化为稳定的无害物质，如好氧法（好氧微生物）、厌氧法（厌氧微生物）等。

第二节　水　利　工　程
Section 2　Hydraulic Engineering

人类社会为了生存和发展的需要，采取各种措施，对自然界的水利水域进行控制和调配，以防治水涝和旱灾。在这些措施中，为开发利用和保护水资源，并达到除害兴利的目的而兴建的各项工程称为水利工程。

这些工程主要包括用于防洪、农田水利和水力发电的工程。它们的特点是：水工建筑物受水的作用，且所处的水文、气象、地形和地质等条件具有偶然性和随机性。所以，水利工程，特别是大型的水利工程，工作条件相当复杂。另外，水利工程投资大，工期长，对人类社会和经济具有较大影响，有时还对动植物产生非常大的影响。因此，必须对水利工程引起高度的重视。

一、防洪工程（Flood Protection Works）

洪水是河流中因大雨或融雪而引起的暴涨的水流，它是一种自然的现象，常造成江河沿岸、冲积平原和河口三角洲与海岸地带的淹没，造成灾害。洪水的大小或淹没的范围与时间既有一定的规律性，同时又具有不固定性和偶然性。洪水既可以给人类带来灾害，同时也可被人类开发利用。例如，在山区木材水路运输中，在洪水季节，将已经干燥的木材推入河中，让其顺水漂流而下，在下游上百或数百公里处设置木材收漂设施将木材收集起来，解决了林区无路而需要木材运输的问题。防洪是专门预防洪水的措施，包括防御洪水危害人类的对策、措施和方法，是人类与洪水灾害斗争的控制手段，其目的在于设法防止或减轻洪灾损失，保障人民生命财产的安全，促进工农业生产的发展。取得生态环境和社会经济的良性循环。洪水灾害是世界范围内的常见灾害之一。因此,为防止、消除或减少洪水灾害。了解和掌握洪水的形成、洪水预报、防洪规划及措施等有关知识是非常必要的。实际中经常建造一些工程设施来避免洪水的灾害。在这里主要介绍一下这些工程。

防洪工程是控制、防御洪水以减免洪水灾害而修建的工程。就其性质来说分为拦(阻)、分(流)、泄(排)和蓄(滞)洪水四个方面。其形式为堤、河道整治工程、分洪工程和水库等。

1. 拦(Intercept)

拦又称土地处理措施,主要是堤。适用较小流域,通过在流域内的水土保持工作,使土地在中、小暴雨期间能多吸收一部分降水或拦截部分径流,延缓集流时间,削减河道洪峰。其内容包括坡面治理,如农田轮作制、整修梯田、植树造林等;沟壑治理,如修筑河、湖堤来防御河、湖的洪水灾害;用海堤和挡潮闸来防御海潮;用围堤保护低洼地区不受洪水侵袭。上述措施单独使用有时对减少大洪水引起的洪灾损失效果不大,但若与其他防洪措施相配合或互相补充,则有助于减轻洪灾。

2. 蓄(Store)

主要是拦蓄调节洪水,以便削减洪峰,使得下游的防洪负担减轻,是当前流域防洪系统中的重要组成部分。水库有专门用于防洪的,也有将防洪列为目标之一的综合利用水库。水库的防洪作用包括蓄洪和滞洪两种。水库拦洪蓄水,一方面可削减下游洪峰流量,免除洪水威胁;另一方面可蓄洪补枯,增加水资源综合利用水平,发挥除害兴利的双重作用。水库的防洪作用可以通过其设施进行人为的调度,因此是可控的,水库调节洪水的效益也随着下游防护区与水库距离的增大而减少。一般来讲,梯级水库要比单独大型水库的调洪效果好。当然,修建水库解决防洪问题也存在着一些缺点,如工程一次性投资较大,淹没上游土地,迁移人口等。水库对洪水的调蓄,还将造成下游正常流量的减少,有可能导致河道的恶化,影响原来的生态环境。尤其在多沙河流上,水库泥沙淤积是造成有效防洪库容减少、库区淹没灾害扩大的主要原因。所有这些在水库规划中都应予以足够的重视。

3. 泄(Discharge)

即充分利用河道本身的排泄能力,使洪水安全下泄。根据其工程类别可分为河道整治和修筑堤防两种。

河道整治的目的是为了增加过水能力,以减少洪水泛滥的程度和频率。河道整治包括拓宽和疏浚河道、人工截弯取直、除去妨碍过水的卡口和障碍物,以增加有效比降和流速,使一定流量的水流得以在较低水位下通过。整治所采取的工程不能将洪水问题转移,或造成新的冲刷崩岸。一般来说,河道整治后,过流断面增大,泄洪变得顺畅,对于提高局部河段的泄量或平衡上下游河段的泄流能力作用较大。

堤防是在河道一侧或两侧连续堆筑的土堤,通常以不等距离与天然河道相平行,大水时在河道内形成一人为约束的行洪道,防止洪水漫溢。堤防是世界各国迄今最常用的一种防洪技术措施,堤防尽管是保证河道宣泄洪水的有力措施,但筑堤后也会带来一些新的问题,如河道槽蓄能力下降,同频率洪水位可能有所抬高;有的河段筑堤后,河床淤积加快,致使洪水位抬高。为此,需隔一段时间加高培厚堤防。

河道整治与修筑堤防,其功能旨在增加河道排泄洪水能力,而无法控制洪量,所以它属于非控性的防洪措施。

134

4. 分（Flood Diversion）

分洪工程是建造一些设施，当河道洪水位将超过保证水位或流量将超过安全泄量时，为保障保护区安全，而采取的分泄超额洪水的措施。将这些超额洪水分泄入湖泊、洼地，或分泄于其他河流，或直泄入海，或绕过保护区，在下游仍返回原河道。它是牺牲局部保存全局的措施。通常用于高度发达的城市或工业区上游，因为这些地方既不能拓宽河槽，也无大量土地修筑堤防，或者已建的堤防、防洪墙不宜再行加高。

分洪工程一般由进洪设施与分洪道、蓄滞洪区、避洪措施、泄洪排水设施等部分组成。以分洪道为主的亦称分洪道工程，在我国又称减河；以蓄滞洪区为主的亦称分洪区或蓄洪区。

进洪设施设于河道的一侧，一般是在被保护区上游附近，河势较为稳定的弯道凹岸，用于分泄超过河道安全泄量的超额流量。

分洪道是引导超额洪水进入承泄区的工程，只有过洪能力，没有明显的调蓄作用。

蓄洪区是利用平原湖泊、洼地滞蓄调节洪水的区域，其范围一般由围堤划定。蓄洪区在世界上大江大河的防洪中广为应用，工程较简单，施工期短，投资相对较省。我国有些蓄洪区在大水年蓄洪，小水年垦殖，以提高综合利用的价值。这样的蓄洪区称为蓄洪垦殖区。

避洪工程是在分洪区应用时，为保障区内人身安全、减少财产损失而兴建的工程。它是分洪蓄洪工程的重要组成部分，主要包括安全区、安全台（村台）、避水楼房、转移道路、桥梁和交通工具、救生设备、通讯设备和预报警报系统。

排水泄洪工程是为及时有效地排出分洪区内的分洪水量而设置的工程措施。排水方式有自流排（如排水涵闸）和提排（如机电排水站）两种。

除了上述的工程措施以外，还有防洪非工程措施。它是指通过法令、政策、经济手段和工程以外的其他技术手段，以减少洪灾损失的措施。从世界范围内看，防洪工程由于受到费用等条件的制约，其控制洪水的程度也是有限的，它不能解决全部防洪问题。而防洪非工程措施作为防灾和减灾的综合措施，也能起到一定的作用，越来越受到重视。防洪非工程措施主要包括：洪泛区管理、行洪道清障、洪水保险、洪水预报警报系统、超标准洪水紧急措施、救灾等。

二、农田水利（Irrigation and Water Conservancy）

农田水利是农田基本建设的重要组成部分。它的基本任务是通过各种工程措施，改善对农业生产不利的条件，调节农田水分状况和地区水情条件，并与其他农业增产措施相结合不断提高土壤肥力，为农业高产稳产提供良好基础。农田水利工程主要是灌溉工程和排涝工程，当农田水分不能满足作物需要时，则应增加水分，这就是灌溉；当水分过多时，则需要减水，这就是排水。

1. 农田灌溉（Irrigation）

灌水方法是指将渠道（管道）的水分散到田间的措施。其措施有多种，但不论何种灌水技术都要求达到节水、省工、增产等取得最大经济效益的总目标。其共同要求是：

（1）适时适量按作物需水要求供水，防止过量灌水而引起土壤盐碱化与沼泽化。

（2）渗入田间各点的灌溉水量均匀或基本相等。

（3）水量损失小。

（4）以最少的人力、物力消耗，灌溉一定的土地面积，实现高效低耗。

要同时达到上述四项要求并非易事，各类灌水方法各有特点，应因地制宜选用。常见的灌水方法有:地面灌溉、喷灌、滴灌和地下灌溉等。

(1)地面灌溉

这是我国目前采用最广泛的方法,将地面水直接引入农田内,称为自流灌溉。由于地势关系有时需提高水位才能引水入田。采用水泵引水,称为提水灌溉或扬水灌溉。地面灌溉又分畦灌、沟灌、淹灌。

畦灌:它是用土埂将灌溉田块分成许多小畦(俗称畦田),灌水时,将水引入畦田,在畦田表面形成很薄的水层,沿畦田坡度方向流动,水在流动过程中以重力作用渗入土壤的灌溉方法。畦灌方法要求是畦田的首尾、左右土壤湿润均匀,不冲刷田面土壤。故畦灌时要合理选定灌水时间、入畦流量和畦田规格。

沟灌:它是在作物行间开挖灌水沟,水在作物行间的灌水沟中流动,靠重力和毛管作用湿润土壤的一种灌水方法,如图8-9、图8-10所示。它的优点是不破坏作物根部的土壤结构,不导致田面板结,土壤蒸发损失减少,适用于宽行距作物。

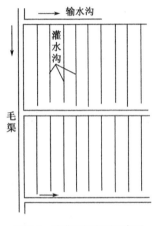

图8-9　沟灌田间布置示意图

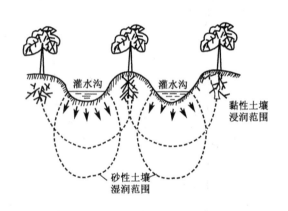

图8-10　灌水沟湿润土壤示意图

淹灌:它是用田埂将灌溉土地划分成许多格田,灌溉水在格田中形成比较均匀的水层,以重力作用渗入土壤的一种灌溉方法。这种灌溉方法,需水量大,只适用于水田灌溉、冲洗改良盐碱地和其他适于淹灌的经济作物。淹灌要求格田有比较均匀的水层,为此要求格田地面坡度小于0.002,且田面要平整;格田的形状一种为长方形或方形,另一种呈不规则形状,田埂沿等高线修建。

(2)喷灌

喷灌是将具有一定压力的水,喷射到空中,形成细小水滴,洒落到土地上的一种灌水方法。压力水通过水泵形成的称为机压喷灌,如喷灌水源位置具有足够的压力差时,可利用自然水头进行喷灌,这种喷灌称为自压喷灌。喷灌是一种先进的灌水方法,具有很多优点:节省用水量,与地面灌溉比较,一般可省水20%～30%,除少量蒸发外,大部分水都有效地用于农作物生长,同时不会使地下水位上升;不致使土地盐碱化;灌溉期间无须排水。主要缺点是:基本建设投资大,需要修建专门的管道网;管理上也较复杂。

喷灌系统分类方法很多,如按喷洒方式可分为定喷式和行喷式;按喷灌设备的形式则可分为管道式喷灌系统和机组式喷灌系统,但是其原理是一致的。

(3)滴灌

它是将具有一定压力的灌溉水,通过管道和管道滴头,有时连同溶于水的化肥一起逐滴滴

136

入植物根部附近土壤的一种灌水方法,如图8-11所示。滴灌具有下列优点:

①省水。滴管用管道输水,水流滴入土壤后,主要借助毛细管作用自上而下湿润土壤,不破坏土壤结构。仅仅湿润作物根部附近的部分上体,避免了输水损失和深层渗漏,也减少了棵间蒸发损失,其用水量仅为地面灌溉用水的1/5~1/4。

②省工。滴灌能适应各种地形,不需要平整土地,操作简便节省劳力。

③省肥、省地。滴灌不占耕地,且可以利用滴灌系统直接向根部施入可活性肥料,减少了肥料流失,提高肥效。

④与地面灌溉相比,水果增产20%~40%,蔬菜增产100%~200%,粮食作物增产30%左右。它是一种先进的灌溉技术,一些农业发达国家应用得较多,我国目前有的地区正在试用和推广。

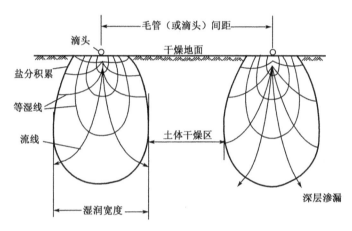

图8-11 滴灌湿润土壤示意图

(4)地下灌溉

地下灌溉是指灌溉水从地面以下一定深度处,借助毛管力的作用,自下而上浸润土壤的灌水方法,主要有地下水浸润灌溉和地下暗管灌溉(又称渗灌)两种。

地下水浸润灌溉,是利用沟渠河网及其节制建筑物控制,根据需要调节地下水位,达到灌溉的目的,适用于土壤进水性较强,地下水位较高,地下水及土壤含盐量均较低的不易发生盐碱化的地区。

地下暗管灌溉,是通过埋设于根系吸水层下面的地下透水管供水,借助毛管力由下而上和向左右两侧扩散而湿润土壤,主要适用于地下水较深,水质较好且计划湿润土层透水性适中的地区。

地下灌溉具有灌水质量高,不破坏土壤结构,能较好地协调土壤中水、肥、气、热状况,因土壤湿度较低,可减少表土蒸发,节约用水,还可节省土地便于田间作业,但表层土壤湿润较差,有时会影响到种子发芽及幼苗和浅根作物生长;地下暗管灌溉投资大,施工技术复杂,管理难度大,暗管易堵塞又难于检修等的缺点。

2. 农田排水(Agricultural Drain)

农田排水是排除农田中过多的地面水和地下水,控制地下水位,为作物生长创造良好环境。具体内容有防涝、防渍、防止土壤盐碱化、盐碱土冲洗改良、截渗排水、改良沼泽地及排泄灌溉渠道退水。因此,要求排水沟都必须挖到一定的深度并有适当的纵坡,以便将水排入河流、湖泊或海洋。如果排水系统的出口高于河、湖、海的水位,则可自流排水,否则须借助水泵扬水排出。我国一些平原地区,特别是低洼地带,一般农田内涝多发生在汛期,这时正是河水上涨时期,依靠自流排水几乎不可能,必须使用水泵扬水入河。

由排水需要所修建的各级排水沟(管)道及建筑物称为排水系统。排水系统可分为明沟排水系统、暗沟排水系统以及竖井与明沟结合系统三种。

明沟排水系统由田间排水网、输水沟系、沟道上的建筑物和容泄区等组成。沟道上的建筑物有节制闸、跌水、陡坡、桥涵等,在排水干沟出口,还可能修建排水闸或排水泵站。一般大面积农田排水都采用这种形式。

暗管排水系统由排(吸)水管、集水支管、集水干管及附属设施组成。暗管的附属设施有节制闸门、出水口控制设施、集水井、沉砂井、通气井、地面进水口等。暗沟不仅能排地表水亦能排地下水,但造价过高,只有在特殊情况下才采用。在湿润地区为了加速排除地面积水及地下水,田间排水网多采取暗管与田间明沟联合运用的形式。

竖井与明沟相结合的排水系统是在排水区内布置成不同形式网状的群井系统,从井中抽取地下水再通过浅明沟(或地下管道)输送到容泄区。

农田的灌溉与排水的目的都是要确保农业的高产和丰收,两者之间有着密切的联系,在设计与规划时,要根据具体情况,统筹兼顾,有时是单独设置的,而有时是同时设置的,避免灌排干扰,互相影响。

3. 取水工程(Water Diversion Projects)

取水工程的作用是将河水引入渠道,以满足农田灌溉、水力发电、工业和生活供水等需要。

因为取水工程在水源引水段及渠道首部,所以修建的水工建筑物常称为渠首工程。当有若干建筑物时,叫做取水枢纽或引水枢纽。广义的灌溉渠首工程可包括泵站及从水库引水的取水建筑物。灌溉水源是指天然水资源中可用于灌溉的水体,有地表水和地下水两种形式。我国利用地表水灌溉的面积达80%以上,而利用地下水灌溉的面积不到20%,因此我国的灌溉水源主要来自地表水资源。按不同的取水方式,分无坝引水、有坝引水、水库取水、抽水取水等。

(1)无坝取水

无坝取水是一种不设拦河闸或壅水坝而从天然河道中取水的方式,适用于河道水量比较丰富,引水比不大,在河道枯水位时,水位与水量满足或基本满足引水的场合。它的主要建筑物就是进水闸,为了便于引水和防止泥沙进入渠道,进水闸一般应设在河道的凹岸。设计取水流量不超过河流流量的30%,否则难以保证各用水时期都能引取足够的流量。

无坝取水工程虽然简单,但由于没有调节河流水位和流量的能力,完全依靠河流水位高于渠道的进口高程而自流引水,因此引水流量受河流水位变化的影响很大。必要时,可在渠首前修顺坝,以增加引水流量,有时也需要修建渠首护岸工程。

(2)有坝取水

如果河道中的流量能满足取水要求,但水位低于灌溉要求水位时,常修建壅水坝或拦河节制闸来调节河道水位,从而达到取水的目的,这种方式称为有坝取水。与无坝取水相比,其主要优点在于:可避免河流水位变化的影响,能稳定引水流量。其不足之处是:修建闸的费用大,改变了原来的河流情况,有时会引起上、下游河床的变化甚至变迁。

(3)水库取水

在河流的适当地点修建水库进行径流调节,水库既可以调节流量,又可以抬高水位,以解决来水和用水之间的矛盾,综合利用河流水源,这是河流水源常见的一种取水方式。根据灌区的位置采用不同的取水方式,渠首工程一般设置在拦河坝附近,通过引水隧洞或涵管引水。水库取水的优点:充分利用河流水资源。水库取水的缺点:工程一般较大,库区存在淹没损失。

(4)抽水引水(水泵引水)

当灌区的高程较高,附近河流水量比较丰富,但水位较低,而修建自流引水工程有困难或不经济时,则可修建泵站来进行抽水灌溉。其引水流量取决于水泵的抽水能力,水泵或水泵站的抽水能力应根据灌区的要求和实现的可能性而定。抽水引水的优点:干渠工程量小。抽水引水的缺点:增加了机电设备及使用和管理费。

4.灌溉泵站与排水泵站(Irrigation Station and Drainage Station)

1)灌溉泵站

按泵站级数和灌溉区数可分以下几种:

(1)一站抽水,一区灌溉

就是由一个泵站向一个灌区提供灌溉水,主要应用于面积不大、扬程较低和渠道的长度也不大的灌区。它的特点是工程规模小,所采用的机电设备较少,工程较集中。

(2)多站分级抽水,分区灌溉

对于地形由缓变陡的灌区,采用分级扬水,各站分别控制不同高程的灌区。

(3)多站单级抽水,分区灌溉

在具有河网或沟渠多的地区,可以按河网或沟渠围绕的天然地区分别设置单级水泵站,分区进行灌溉。

(4)一站分级抽水,分区灌溉

当水源在较高的位置时,可以用一个泵站控制几个有明显高程差的灌区,高地用较高位置的水池进行灌溉,低地用较低位置水池进行灌溉。

2)排水泵站

农田的水分过多或地下水位过高,会影响到农作物的生长。如果依靠田间的明沟排水又无法解决的时候,则需要设置泵站给以人工排水,以降低田间的水分。在规划排水泵站时应当遵循这样一些原则:高低水分开,做到高水高排,低水低排;上下游均有各自的排水系统,做到主客水分开,避免上游的水集中到下游,使下游农田遭受到上游水的影响;洪涝水分开,防洪与治涝综合起来考虑,只有防洪做好了,才能有效地进行治涝;以自排为主,机排为辅,只有在无法自排或自排速度实在达不到要求的时候,才考虑机排;根据农作物的淹没时间、耐淹程度和深度,确定排水时间与排水次序。

在具体规划泵站时,应先规划排水区域内的涝水的汇集渠道,使涝水通过排水渠道汇集于蓄涝区内,从而可以修建相应排水能力的泵站,以节省投资和便于管理;否则,投资大,且不便于管理,效果也不一定好。水泵的流量和扬程根据具体排水区域的大小和所排水位的高低而确定。

排水方式:对于一级排水,主要是在地形高差不大的地区,在区内低洼处建站,控制全区涝水,集中排水。分级排水,主要用于面积大、地形高差大、区内有湖泊和地形教复杂地区的排水。可将全区分若干分区,然后根据个分区的具体条件建闸或站进行自排或抽排。

5.渠道工程和渠系建筑物(Canal Engineering and Structure)

在农田水利中,各级灌溉渠道、各级排水沟道、各种渠系建筑物和田间工程等统称为灌溉排水系统。

1)渠道工程

它主要考虑渠道断面的形式、水流的速度、流量和渠道的渗透损失与防渗措施。

（1）渠道断面

它的形式取决于水流、地形、地质以及施工等条件，如图 8-12 所示。尽管在力学上，圆形断面是单位面积上过流最大的截面，但在工程上，考虑施工工艺和经济上的合理性后，一般常采用的断面是梯形断面。在坚固岩石中，为减少挖方，也常采用矩形断面。在形式确定后，根据水力最佳断面的原理，即最经济的断面，在同等过水断面的情况下，通过的流量最大，确定渠道底宽、水深和边坡的适当比例。

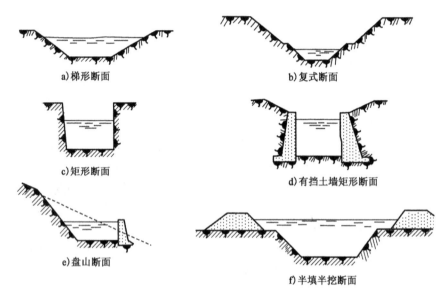

图 8-12　渠道断面示意图

（2）渠道的流速和流量

根据要求确定流量，同时确定一个合适的流速，使其满足水力学中既不冲刷又不淤积的要求，因为流速过大会冲刷渠道，过小又会容易引起淤积。流速大小主要取决于坡降（渠道两端底部高差与底部长度之比）的大小，所以坡降的选择一定要合适。

（3）渠道的渗透损失及防渗措施

渠道在输水过程中，不可避免地发生水量损失，主要损失是渗透，其次是蒸发。在灌溉渠道中，有时渗透损失可达渠道流量的 50% ~ 60%。这不仅造成水量的消耗，还会导致地下水位的升高，促使附近农田盐碱化。

防止渗透的措施有两种：一种是提高渠床土壤的不透水性，另一种是衬砌渠床。

2)渠系建筑物

在渠道经过的地方上修建的建筑物，统称渠系建筑物。这些建筑物的数量和规模，在渠道规划时，就要加以仔细的考虑与规划。渠系建筑物的种类很多，根据其功能与作用，一般归纳为：交叉建筑物、连接建筑物、水闸等。

（1）交叉建筑物

在整个渠道的线路上，如果遇到山冈、河流、山谷、道路、低洼地带或与其他渠道时，必须修建交叉建筑物。常用的交叉建筑物有隧洞、渡槽、倒虹吸管、涵洞等形式。图 8-13、图 8-14 为钢筋混凝土拱形框架渡槽与倒虹吸管。

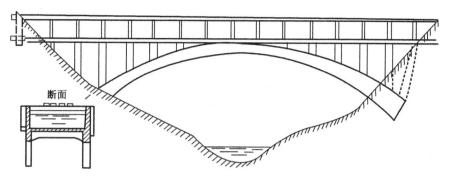

图 8-13　钢筋混凝土拱形框架渡槽

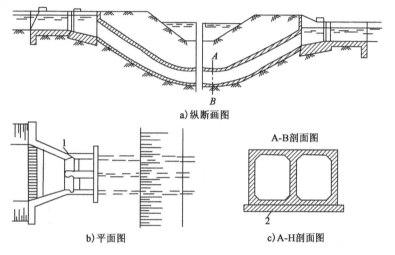

a)纵断画图

b)平面图　　　　c)A-H剖面图

图 8-14　斜管式倒虹吸管

1-闸门槽；2-素混凝土

（2）连接建筑物

渠道上的连接建筑物主要有跌水和陡坡两种。在渠道垂直于地面等高线布置时,有时会遇到地面坡度大于渠道纵坡的情况。若保持渠道纵坡不变,渠道便会高出地面;若加大渠道纵坡,又会造成对渠道的冲刷。在这种情况下,将渠道分段,使相邻段之间形成集中落差,而把上下两段渠道连接起来的建筑物叫做连接建筑物。使渠水铅直下落的建筑物,叫跌水。当渠道经过地形急剧变化的地段时,也可利用地形变陡处修建连接建筑物,称为陡坡（图 8-15）。

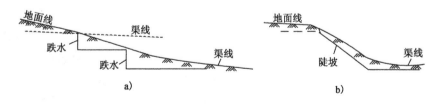

a)　　　　　　　　　　b)

图 8-15　连接建筑物

（3）水闸

水闸是渠系上应用最广泛一种建筑物（图 8-16）。它主要有进水闸（位于渠首,调节进水流量）、分水闸（位于干渠以下各级渠道的渠首,分配渠道的流量）、节制闸（位于分水口下游渠道低水位时,用于抬高水位)、泄水闸(位于主要渠道上,排泄多余的水量)和排砂闸(位于进水闸附近,冲走闸前和渠道中的淤砂)。

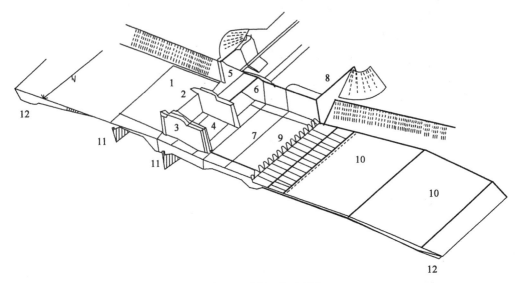

图 8-16 水闸立体示意图

1-铺盖;2-闸门;3-闸墩;4-闸底板;5-边墩;6-桥;7-护坦;8-翼墙;9-尾坎;10-海漫;11-板桩;12-防冲槽

6. 南水北调工程与国外调水工程(Transmitting Water Engineering)

(1)南水北调工程

自 1952 年 10 月 30 日毛泽东主席提出"南方水多,北方水少,如有可能,借点水来也是可以的"宏伟设想以来,通过大量的野外勘查和测量,在分析比较 50 多种方案的基础上,形成了南水北调东线、中线和西线调水的基本方案。

南水北调总体规划推荐东线、中线和西线三条调水线路。通过三条调水线路与长江、黄河、淮河和海河四大江河的联系,构成以"四横三纵"、南北调配、东西互济的总体布局,到 2050 年三条线路总规模 448 亿 m³,其中东线 148 亿 m³,中线 130 亿 m³,西线 170 亿 m³。

东线工程:利用江苏省已有的江水北调工程,逐步扩大调水规模并延长输水线路。东线工程从长江下游扬州抽引长江水,利用京杭大运河及与其平行的河道逐级提水北送,并连接起调蓄作用的洪泽湖、骆马湖、南四湖、东平湖。出东平湖后分两路输水:一路向北,在位山附近经隧洞穿过黄河;另一路向东,通过胶东地区输水干线经济南输水到烟台、威海。全长 701km,规划分三期实施。

中线工程:从加坝扩容后的丹江口水库陶岔渠首闸引水,沿唐白河流域西侧过长江流域与淮河流域的分水岭方城垭口后,经黄淮海平原西部边缘,在郑州以西孤柏嘴处穿过黄河,继续沿京广铁路西侧北上,可基本自流到北京、天津。全长 1 427km,规划分两期实施。

西线工程:在长江上游通天河、支流雅砻江和大渡河上游筑坝建库,开凿穿过长江与黄河的分水岭巴颜喀拉山的输水隧洞,调长江水入黄河上游。西线工程的供水目标主要是解决涉及青、甘、宁、内蒙古、陕、晋 6 省(自治区)黄河上中游地区和渭河关中平原的缺水问题。结合兴建黄河干流上的骨干水利枢纽工程,还可以向邻近黄河流域的甘肃河西走廊地区供水,必要时也可向黄河下游补水。规划分三期实施。

南水北调工程于 2002 年 12 月 27 日上午正式开工建设。这标志着南水北调工程进入实施阶段。南水北调正式立项的单项工程有三项,即东线一期工程的江苏段三阳河、潼河、宝应站工程及山东段济平干渠工程,中线一期工程的丹江口水库大坝加高工程,其中江苏段三阳河、潼河、宝应站工程和山东段济平干渠工程 12 月 27 日正式开工。南水北调东线第一期工程和中线第一期工程建成后,将使北方受水地区增加 134 亿 m³ 供水能力。东线一期新增供水量39 亿 m³,中线一期供水量为 95 亿 m³。东、中线一期工程总投资 2 546 亿元,其中东线一期工程为 533 亿元,中线一期工程为 2 013 亿元,东线一期工程 2013 年通水,中线一期工程 2013 年完成主体工程,2014 年汛后通水。

截至 2009 年 12 月底,已累计下达南水北调东、中线一期工程投资 621.2 亿元。工程建设项目累计完成投资 389.4 亿元,占在建设计单元工程总投资 697.8 亿元的 56%,其中东、中线一期工程分别累计完成投资 66.3 亿元和 323.2 亿元,分别占东、中线在建设计单元工程总投资的 68% 和 54%。

(2)国外调水工程

在国外,最早的跨流域调水工程可以追溯到公元前 2400 年前的古埃及,从尼罗河引水灌溉至埃塞俄比亚高原南部,在一定程度上促进了埃及文明的发展与繁荣。

20 世纪 50 年代以后,国外提出了许多调水规划。据不完全统计,全球已建、再建或拟建的大型跨流域调水工程有 160 多项,主要分布在 24 个国家。地球上的大江大河,如印度的恒河、埃及的尼罗河、南美的亚马逊、北美的密西西比……都可找到调水工程的踪影。

美国西部素有干旱"荒漠"之称。由于修建了中央河谷、加州调水、科罗拉多水道和洛杉矶水道等长距离调水工程,在加州干旱河谷地区发展灌溉面积 2 000 多万亩,使加州发展成为美国人口最多、灌溉面积最大、粮食产量最高的一个州,洛杉矶市跃升为美国第三大城市。

前苏联已建的大型调水工程达 15 项之多,年调水量达 480 多亿立方米,主要用于农田灌溉,其国内进行调水工程研究的研究所就有 100 多个。

澳大利亚为解决内陆腹地的干旱缺水,在 1949—1975 年期间修建了第一个调水工程——雪山工程。该工程位于澳大利亚东南部,通过大坝水库和山涧隧道网,从雪山山脉的东坡建库蓄水,将东坡斯诺伊河的一部分多余水量引向西坡的需水地区。沿途利用落差(总落差760m)发电供应首都堪培拉及墨尔本、悉尼等城市。

巴基斯坦的西水东调工程,从西三河向东三河调水,灌溉农田 2 300 万亩,使巴基斯坦由原来的粮食进口国变成每年出口小麦 150 万 t、大米 120 万 t 的国家。

前苏联援建的埃及尼罗河阿斯旺高坝,1970 年建成,坝高 111m,总库容 1 690 亿 m³,是世界上最大的水坝之一,耗资 10 亿美元。大坝截流后,尼罗河水在其南部依山傍势形成一个群山环抱的人工湖,取名为"纳赛尔湖"。阿斯旺大坝在灌溉、防洪、航运、发电等方面获得了显著效益,但其对环境的影响,却引起了多方面的非议。

利比亚向沙漠要水。非洲大陆,河流纵横,湖泊众多,降水丰富,但水资源分布严重不均。在全球无安全饮用水人口比例最高的 25 个国家中,有 19 个在非洲。特别是地处撒哈拉沙漠区域国家,绝大部分地区属于高温少雨的热带沙漠气候,年均降水量徘徊在 100 ~ 400mm,居民饮用和生产用水严重短缺。撒哈拉沙漠面积 945 万 km²,覆盖埃及、利比亚、苏丹等 10 多个国家,是世界上最大的沙漠。但几十万年以前,撒哈拉沙漠地区曾经是气候温和、河流密布、草原辽阔的地方,后来由于地质、气候变化而出现风沙侵蚀、水土流失、土地龟裂、植被干枯等现象,广袤草原逐渐演变成茫茫沙漠。勘探发现,撒哈拉沙漠下面不仅蕴藏着石油,还有丰富的地下水资源。当初丰富的地表水渗过砂岩层,在数千米的地球深处形成巨大的含水层。这个被命名为"努比亚"的含水层默默地流淌在利比亚的地下,向东延伸至埃及、苏丹,南部渗透到乍得,西北一直到突尼斯,面积约 40 万 km^2,水层厚达数百米,是世界上最著名的大含水层之一,而且水质纯净,可谓名副其实的矿泉水。1984 年 8 月,利比亚开始实施"南水北调"工程,在沙漠腹地兴建一条地下人工河,向北方引水,工程总投资 300 亿美元,工期 30 年,计划从南方的库夫拉、塔济尔布、塞卜哈等绿洲每天抽取 650 万 m^3 地下水,通过全长 5 000km、直径 4m 的地下水泥管道以及沿途多级泵站,输送到北方艾季达比亚等水库,以满足北方沿海工业、居民用水以及 40 万 hm^2 的农田灌溉。目前,第一、二、三期工程已经竣工,第四期工程业已启动,80% 以上的输水管道已经修通,具备每天向北方输送 400 万 m^3 水的能力,除满足城市用水外,25 万 hm^2 农田得以灌溉,整个工程按计划完成后,将成为利比亚历史上最重要、最宏伟的水利工程。

三、水力发电(Waterpower)

水力发电系利用江川、湖泊等位于高处具有位能的水下泄做功,推动水轮发电机转动发电产出电能。煤炭、石油、天然气和核能发电,需要消耗不可再生的燃料资源。而水力发电,并不消耗水量资源,只是利用了江河水流动所具有的动能而已。有时如不利用,水流还会下泄冲刷淤积河床。我国具有巨大的江河径流和落差,形成了我国水电能资源的丰富蕴藏量。例如,我国长江河黄河的落差分别为 5 400m 和 4 800m,雅鲁藏布江、澜沧江和怒江落差均在 4 000m 以上。还有大量的河流落差在 2 000m 以上。

全世界江河的水能资源蕴藏量总计为 50.5 亿 kW,相当于年发电 44.28×10^4 亿 kW·h。技术可开发的水能资源装机容量 22.6 亿 kW,相当于年发电 9.8×10^4 亿 kW·h。我国江河水能理论蕴藏为 6.76 亿 kW,年发电 5.92×10^4 亿 kW·h,水能理论蕴藏量居世界第一;技术可开发的水能资源装机容量 3.78kW,年发电 1.92×10^4 亿 kW·h,名列世界第一。表 8-1 为我国水电能资源历次普查成果汇总表。

中国水电能资源量历次普查成果汇总表　　　　　　　　　　表 8-1

序号	成果颁布时间(年)	普查内容	水电能资源量 装机容量(亿 kW)	水电能资源量 年发电量($\times 10^4$ 亿 kW·h)	颁布成果文件名称与普查统计时间(年)	普查方法
1	1947	理论蕴藏量估算	0.746		原国民政府资源委员会文件(1943~1947)	公式估算
2	1950	理论蕴藏量统计	1.4919	1.3	全国水力发电工程会议文件(1949~1950)	公式估算
3	1955	理论蕴藏量统计	5.45	4.76	全国水力资源简要说明(1954~1955)	分河段统计
4	1958	理论蕴藏量普查	5.83	5.11	水力资源普查暂行规程(1957~1958)	分河段统计
5	1980	理论蕴藏量普查	6.76	5.92	中华人民共和国水力资源普查成果综述(1977~1980)	分河段统计,其中不包括台湾省
5	1980	技术可开发量	3.785	1.923	中华人民共和国水力资源普查成果综述(1977~1980)	分河段统计,其中不包括台湾省
5	1993	经济可开发量	2.926	1.269	水利电力信息研究所文件(1992~1993)	
6	2005	理论蕴藏量复查	6.94	6.08	全国水力资源复查成果(2001~2005)	
6	2005	技术可开发量	5.42	2.47	全国水力资源复查成果(2001~2005)	
6	2005	经济可开发量	4.02	1.75	全国水力资源复查成果(2001~2005)	

1. 水电开发的基本方式(Basic Model of Waterpower)

由于河流落差沿河分布,采用人工方法集中落差开发水电能资源,是必要的途径,一般有筑坝式开发、引水式开发、混合式开发、梯级开发等基本方式。

（1）筑坝式开发

拦河筑坝，形成水库，坝上游水位壅高，坝上下游形成一定的水位差，使原河道的水头损失，集中于坝址。用这种方式集中水头，在坝后建设水电站厂房，称为坝后式水电站。这是常见的一种开发方式，如图8-17所示。引用河水流量越大，大坝修筑越高，集中的水头越大，水电站发电量也越大，但水库淹没损失也越大。

筑坝式开发的优点是：水库能调节径流，发电水量利用率稳定，并能结合防洪、供水、航运，综合开发利用程度高。其缺点是：需统筹兼顾综合考虑发电、防洪、航运、施工导流、供水、灌溉、漂木、水产养殖、旅游和地区经济发展等各方面的需要，工期长、造价高，水库的淹没损失和造成的环境生态影响大。

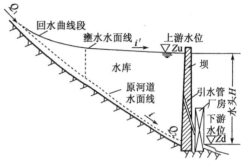

图8-17　筑坝式水电开发示意图

（2）引水式开发

引水式开发是在河道上布置一个低坝，进行取水，并修筑引水隧洞或坡降小于原河道的引水渠道，在引水末端形成水头差，布置水电站厂房开发电能。其引水道为无压明渠时，称为无压引水式水电站，如图8-18所示。引水道为有压隧洞时，称为有压引水式水电站，如图8-19所示。

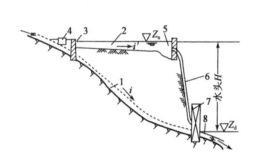

图8-18　无压引水式开发示意图

1-原河道；2-明渠；3-取水坝；4-进水口；5-前池；

6-压力水管；7-水电站厂房；8-尾水渠

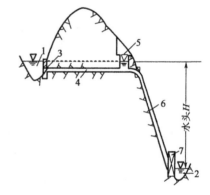

图8-19　有压引水式开发示意图

1-高河（或河湾上游）；2-低河（或河湾下游）；3-进水口；

4-有压隧洞；5-调压室（井）；6-压力钢管；7-水电站厂房

引水式电站的特点是：开发的位置、坡降、断面选择，需根据地形、地质和动能经济情况比较确定。引水道坡降越小，可获得的水头越大。但坡降小，流速慢，需要的引水断面大，可能使工程量增大而不经济。

引水式水电开发的优点：淹没与移民问题较小，工程简单，投资与造价较低。其缺点是当上游没有水库调节径流时，引水发电用水的利用率较低。

（3）混合式开发

混合式开发兼有前两种方法的特点，在河道上修筑水坝，形成水库集中落差和调节库容，并修筑引水渠或隧洞，形成高水头差，建设水电站厂房，如图8-20所示。

这种混合式水电开发方式，既可用水库调节径流，获得稳定的发电水量，又可利用引水获得较高的发电水头。在适合的地质地形条件下，它是水电站较有利的开发方式。

在有瀑布、河道大弯曲段、相邻河流距离近高差大的地段,采用引水式开发,更为有利。

(4)梯级开发

水电开发受地形、地质、淹没损失、施工导流、施工技术、工程投资等因素限制,常不宜集中水头修建一级水库。一般将河流分成几级,分段利用水头,建设梯级水电站,如图8-21所示。

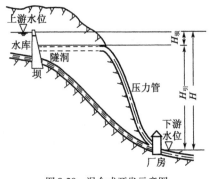

图8-20 混合式开发示意图

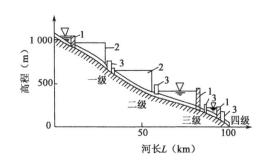

图8-21 河流梯级开发示意图
1-坝;2-引水道;3-水电站厂房

水电梯级开发,可以获得取之不尽的水电能源和经济效益,但需要统筹规划,确定开发次序、建设所需资金,同时还要考虑因为局部改变了河流两岸的生态环境,形成水库淤积、库岸滑塌、诱发地震、影响鱼类种群等负面影响,进行综合评价,制订出梯级开发的整体方案。

在上述水电开发中,筑坝式开发与引水式开发是最基本的形式,根据开发形式、发电厂房所处的位置以及与其他建筑物之间的关系可以划分出多种形式的水电站。还有一些特殊形式的水电站,如抽水蓄能水电站和潮汐电站。

抽水蓄能水电站,它并不利用河流水能来发电,而仅仅是在时间上把能量重新分配,一般在后半夜当电力系统负荷处于低谷时,特别是原子能电站发出富裕(多余)的电能,通过抽水提高势能的方式把能量蓄存在水库中,即机组以水泵方式运行,将水自下游抽入水库。在电力系统高峰负荷时将蓄存的水量进行发电,即机组以水轮机方式运行,蓄存的水能转化为电能。由于能量转换有损耗,大体上用4度电抽水可发出3度电。

潮汐电站:在海湾或感潮河口,可见到海水或江水每天有两次的涨落现象,早上的称为潮,晚上的称为汐。这种现象主要是由月球、太阳的引潮力以及地球自转效应所造成的。潮汐是一种蕴藏量极大、取之不尽、用之不竭、不需开采和运输、洁净无污染的可再生能源。在具有合适地质地形的海湾入口处建堤坝、厂房和水闸,形成水库,与海隔开,利用涨落潮时,水库水位和海水之间的水位差,引水进入水轮发电机组发电。建设潮汐电站,其优越之处在于:不需要移民;不淹没土地;相对稳定可靠,很少受气候、水文等自然因素的影响,不存在丰、枯水年和丰、枯水期影响;不需筑高水坝,即使发生战争或地震等自然灾害,水坝受到破坏,也不至于对下游城市、农田、人民生命财产等造成严重灾害;还可以结合潮汐发电发展围垦、水生养殖和海洋化工等综合利用项目。不足之处为:潮差和水头在一日内经常变化,在无特殊调节措施时,出力有间歇性,给用户带来不便;潮汐存在半月变化,潮差可相差二倍,故保证出力、装机的年利用小时数也低;潮汐电站建在港湾海口,通常水深坝长,施工、地基处理及防淤等问题较困难,故土建和机电投资大,造价较高;潮汐电站是低水头、大流量的发电形式,涨落潮水流方向相反,故水轮机体积大,耗钢量多,还需作特殊的处理以防海水的腐蚀。

世界第一座潮汐电站于1913年建于德国北海之滨。第一座具有商业实用价值同时世界上最大的潮汐电站是1967年法国建成的圣玛珞湾的朗斯潮汐电站,装机24万kW。全世界潮汐电站的总装机容量为265MW,我国为5.64MW。目前世界上计划或拟议中建立的大型潮汐电站有20多座,其中装机容量百万千瓦级的就有9座。预计到2030年,世界潮汐电站的年发电总量将达600亿kW·h。中国海岸线曲折漫长,潮汐能资源蕴藏量约为1.1亿kW,可开发总装机容量为2 179万kW,年发电量可达624亿kW·h,主要集中在福建、浙江、江苏等省的沿海地区。我国潮汐能的开发始于20世纪50年代,经过多年来对潮汐电站建设的研究和试点,潮汐发电行业不仅在技术上日趋成熟,而且在降低成本,提高经济效益方面也取得了较大进展,已经建成一批性能良好、效益显著的潮汐电站。于1980年8月建成的浙江江厦潮汐试验电站是我国目前已建成的最大潮汐电站,总装机容量3 900kW,规模位居世界第三。截至2009年底,江厦潮汐试验电站累计发电量已逾15 651万kW·h。近年来,我国潮汐能开发进程加速。2008年,福建八尺门潮汐能发电项目正式启动。2009年5月,浙江三门2万kW潮汐电站工程启动。根据国家规划,到2020年,我国潮汐发电装机容量有望达到30万kW。

2. 水工建筑物(Hydraulic Structure)

水工建筑物按作用可分为以下几类:

(1)挡水建筑物。用以拦截河流,形成水库或壅高水位的建筑物,如各种坝、水闸及堤防等。

(2)泄水建筑物。用以渲泄水库(或渠道)在洪水期间或其他情况下水库(或渠道)的多余水量的建筑物,以保证坝(或渠道)的安全,如各种溢流坝、河岸溢洪道、泄洪隧洞和泄水涵管等。

(3)引水建筑物。用以从水库(或河道)向库外(或下游)引水,以满足灌溉、发电和供水要求的建筑物,如引水隧洞、引水涵管、渠道和渡槽等。

(4)整治建筑物。用以改善河流的水流条件,调整水流对河床及河岸的作用,以及防止水库、湖泊中的波浪和水流对岸坡的冲刷的建筑物,如厂坝、顺坝、导流堤、护岸和护坡等。

(5)专门性的水工建筑物。这类建筑物是专门为实现某一种水利水电利用目的而修建的,如电站厂房、通航的船闸、鱼道和木材过坝设备等。

应当指出,有些水工建筑物在枢纽中所起的作用并不是单一的,如各种溢流坝,既是挡水建筑物,又是泄水建筑物;水闸既可挡水,又能泄水,还能作为灌溉、发电及供水用的取水建筑物等。

作为水电工程,不论其任务和性质如何,一般均包括挡水、泄水和引水三类建筑物。

水工建筑物按使用的时间长短分为永久性建筑物(运营期间长期使用)和临时性建筑物(仅在工程施工期间使用)两类。

3. 三峡工程(Three Gorges Project)

三峡工程是我国,也是世界上最大的水利枢纽工程,是治理和开发长江的关键性骨干工程,如图8-22所示。它位于中国重庆市市区到湖北省宜昌市之间的长江干流上。大坝位于宜昌市上游不远处的三斗坪,并和下游的葛洲坝水电站构成梯级电站。1992年获得中国全国人民代表大会批准建设,1994年正式动工兴建,2003年开始蓄水发电,2009年全部完工。

三峡工程水电站大坝高程185m,水库正常蓄水位175m,总库容393亿m³;水库全长600余千米,平均宽度1.1km;水库面积1 084km²。它具有防洪、发电、航运等综合效益。

发电是三峡工程的主要目的之一。它的总装机容量1 820万kW,年平均发电量846.8亿kW·h。它将为经济发达、能源不足的华东、华中和华南地区提供可靠、廉价、清洁的可再生能源,对经济发展和减少环境污染起到重大的作用。水电站采用坝后式布置方案,共设有左 、右两组厂房。共安装 26 台水轮发电机组,其中左岸厂房 14 台,右岸厂房 12 台。水轮机为混流式(法兰西斯式),机组单机额定容量 70 万 kW。右岸山体内留有为后期扩机(6 台,总容量 420 万 kW)的地下电站位置。其进水口将与工程同步建成。26 台机组于 2009 年 6 月 30 日实现同时并网发电,最大出力达 1 700 万 kW。截至 2009 年 6 月 30 日 17 时底,累计发电 3 199.9 亿 kW·h。

图 8-22　三峡水电站

第三节　港　口　工　程
Section 3　Port Engineering

交通运输是人类社会生产、经济、生活中一个不可缺少的重要环节,现代交通运输业包括铁路、水运、公路、航空和管道五种基本的运输方式。水上运输既是一种古老的运输方式,又是一种现代化的运输方式,由于它具有运输能力大、成本低等特点,特别是海运,几乎不能被其他运输方式替代。所以,水路运输是一个非常重要的运输方式,而港口则是连接水路运输和陆路运输的重要枢纽。港口具有一定面积的水域和陆域,是船舶出入和停泊、旅客及货物集散并转换运输方式的场所,它为船舶提供安全停靠和进行相关作业的设施,为船舶提供补给、修理等技术服务和生活服务。与此相关的工程称为港口工程。

港口工程原是土木工程的一个分支,随着港口工程科学技术的发展,已逐渐成为相对独立的学科。港口工程的内容主要包括:客货运量的调查和预测;港址选择;船型及其运输组织形式的确定;岸线使用的分配;装卸工艺的确定;泊位数和库场面积等的确定;高程设计;港口总平面布置;港口水工建筑物和陆域建筑物的设计;推荐科学的管理机构和合理的人员编制;施工方案的确定;投资及其效益的估计。

港口工程的施工在许多地方与土木工程相同,但有自己的特点。港口工程往往在水深浪大的海上或水位变大的江河上施工,水上工程量大,质量要求高,施工周期短,我国和其他国家的一些海港还受台风或其他风暴的袭击。因此,要求尽可能采取装配化程度高,施工速度快的工程施工方案,尽量缩短水上作业时间,并采取切实可行的措施保证建筑物在施工期间的稳定性,防止滑坡或其他形式的破坏。港口工程常遇到软土地基,使在软土上建造的港口建筑物出现各种工程事故,造成巨大损失。应从软土地基加固、改善地基应力状态、建筑物的结构和基础类型等方面着手,保证工程建成后的正常使用。

下面对港口工程作简单介绍。

一、港口的组成与分类(Composition and Classification of Port)

1.港口的组成(Composition of Port)

港口由水域和陆域两大部分组成。水域包括进港航道、港池和锚地,供船舶航行、运转、锚泊和停泊装卸之用,要求有适当的深度和面积、水流平缓与水面稳定。对天然掩护条件较差的海港还须建造防波堤。陆域由岸边码头、岸上港口仓库、堆场、港区铁路和道路、装卸和运输机械和其他各种辅助设施与生活设施等组成,供旅客集散、货物装卸、货物堆存和转载之用,要求有适当的高程、岸线长度和纵深。

港口水域分为港外水域和港内水域。港外水域包括进港航道和港外锚地。如果有防波堤的海港,则在门口以外的航道称为港外航道。港外锚地供船舶抛锚停泊、等待检查和引水。港内水域包括港内航道、转头水域、港内锚地和码头前水域或港池。码头前水域或港池是供船舶停靠和装卸货物用的毗邻码头水域,应当有足够的深度和宽度,能够方便船舶靠岸和离岸,并进行必要的水上装卸作业。海港的港内锚地主要供船舶避风停泊,等候靠岸及离港,进行水上船转船货物装卸。河港锚地主要供船舶解队和编队,等候靠岸及离港,进行水上装卸。

2.港口的分类(Classification of Port)

按所在位置分:海岸港、河口港和河港。海岸港和河口港统称为海港。

按用途分:商港、军港、工业港和避风港。

按成因分:天然港和人工港。

按水域是否冻结分:冻港和不冻港。

按进口货物是否办理手续分:报关港和自由港。

按潮汐关系、潮差大小、是否建船闸分:闭口港和开口港。

按装卸货物的种类分:综合性港口和专业性港口(煤港、油港、渔港等)。

二、码头建筑物(Pier Structure)

码头建筑物是供船舶系靠、停泊进行货物装卸作业和旅客上下等使用的建筑物总称,是港口的主要组成部分。

码头的分类方法如下。

1.按用途分类 (Classification by Function)

码头可分为:一般件的杂货码头、客运码头、军用码头、轮渡码头、工作船码头、修船码头、舾装码头和专用码头(渔码头、油码头、煤码头、矿石码头、集装箱码头、钢铁码头等)等。其中,集装箱码头在近年得到了迅速的发展。

2.按平面布置分类 (Classification by Collocation)

码头可分为顺岸式、突堤式、墩式等,如图8-23所示。

顺岸式码头的前沿线与自然岸线基本上平行,在河港、河口港及部分中小型的海港中应用比较普遍。其特点是陆域开阔、疏运交通布置方便、工程量较小。根据码头与岸的连接方式又可分为满堂式和引桥式两种,如图8-23所示。满堂式码头与岸上场地沿码头全长连成一片,其前沿与后方的联系方便,装卸能力大。引桥式码头用引桥将透空的顺岸码头与岸连接起来。

2009 年 6 月 29 日投入使用的青岛新前湾集装箱码头是当今世界上一次性规划建设最大最先进的顺岸集装箱码头,总投资 14 亿美元。

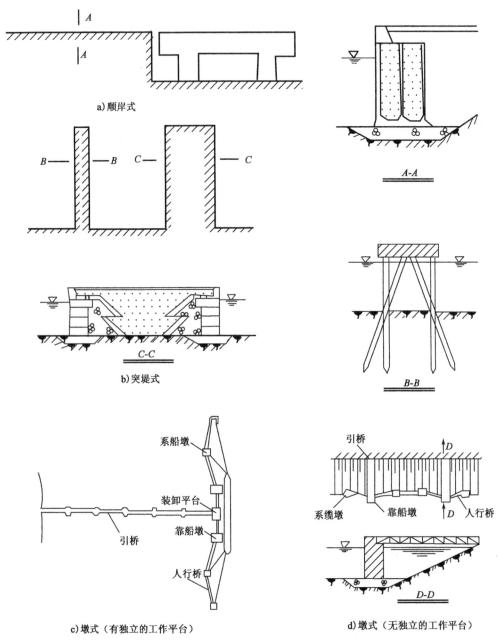

图 8-23　码头平面布置形式

突堤式码头的前沿线布置与自然岸线垂直(直突式)或有较大的夹角(斜突式),主要用于海港。其优点是在一定的水域范围内可以建设较多的泊位;缺点是突堤宽度往往有限,平均每个泊位的库场面积较小,作业不方便。它可分窄突堤码头和宽突堤码头两种,如图 8-23 所示。前者沿宽度方向是一个整体结构,后者沿宽度方向的两例为码头结构,码头结构中通过填筑构成码头地面。

墩式码头为非连续结构、由靠船墩、系船墩、工作平台墩、引桥、人行桥组成,如图 8-23 所示。墩台与岸用引桥连接,墩台之间用人行桥连接,船舶的系靠由系船墩和靠船墩承担,装卸作业在另设的工作平台墩上进行。对于不设引桥的墩式码头,一般又称岛式码头。墩式码头在开敞式码头的建设中应用较多,主要用来装卸石油散货。有的墩式码头不设工作平台墩,墩子既是系靠船设施,又在其上设置装卸机械(如固定装煤机)进行装卸作业,如图8-23所示。

3. 按断面形式分类(Classification by Section)

码头可分为直立式、斜坡式、半直立式、半斜坡式和多级式,如图8-24所示。

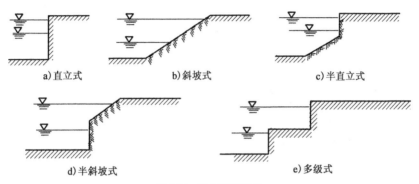

图8-24 码头断面形式

直立式码头适用于水化变化不大的港口,如海岸港、河口港和水位差较小的河港及运河港。其主要特点是船舶系靠和作业均比较方便。

斜坡式码头适用于水位变化大的上、中游河港或水库港。通常设有供船舶停靠的趸船,趸船用活动引桥或缆车与岸上联系,前者称为浮码头(趸船随水位变化作上、下浮动),后者称为缆车码头(趸船随水位变化沿垂直岸线方向伸缩同时作上下浮动)。

半斜坡式码头用于枯水期较长而洪水期较短的山区河流。

半直立式码头用于高水位时间较长,而低水位时间较短的水库港。

多级式码头主要应用于水位差较大的中游河港。采用多级系缆或浮式系靠船舶设施,来充分发挥直立式码头装卸效率高的特点,其应用范围正在逐步扩大。在水位差大且洪水期不长的上游河港也采用了多级式直立码头,上级码头供洪水期使用;下级码头供枯水期或一般水位时使用,而在洪水期被淹没。各级码头可以在同一断面上,也可不在同一断面上。

前二种码头形式应用得比较多,而后三种应用得比较少。

4. 按结构形式分类(Classification by Structure)

码头可分为重力式码头、板桩码头、高桩码头和混合式码头等,如图8-25所示。

重力式码头是依靠结构本身重力及其结构范围内填料的重力来保持结构稳定,抵抗其滑移和倾覆。从稳定角度来说,自重越大,其抵抗能力越大。但地基承受的压力越大,因此重力式码头适用于土质较好的地基。由于重力式码头的墙体多为实体结构,所以它的耐久性好,对超载和工艺变化有很强的适应能力。

板桩码头是依靠打入地基中一系列连续的板桩形成的桩墙体来挡土,所以它受到较大的土压力。为了减小板桩墙的上部位移和板桩承受的弯矩,上部通常用拉杆拉住,拉杆将拉力传给后面的锚锭结构。由于板桩是薄壁结构,同时要承受较大的土压力,因此板桩式码头适用于墙高在10m以下的中、小型码头。

高桩式码头由一系列基础桩(桩基)和其上的上部结构两部分组成。其工作特点是通过

151

桩台将作用在码头上的荷载经桩基传给地基。它一般适用于软土地基,不足之处是耐久性较差。

除了上述三种基本的结构形式外,根据当地的地基、水文、建筑材料、码头使用上的要求以及施工条件等情况,可以组合采用形成混合结构。

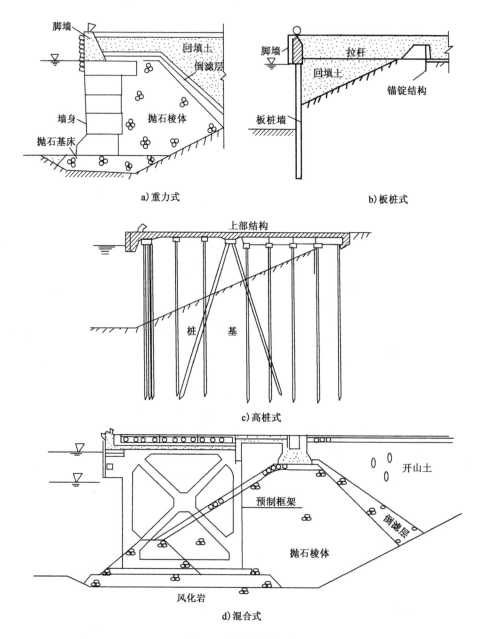

图 8-25　码头的结构形式

根据下部结构的形式不同,码头又可分为岸壁式与透空式两大类。岸壁式码头的背面有回填土,是连续的挡土结构,受土压力的作用。加重力式码头、板桩码头、有前板桩的高桩码头。因为这类码头前面是一直立墙体,所以码头前的波浪反射较大,适用于有掩护的港口。透空式码头建筑在稳定的岸坡上,为不连续的挡土结构,如高桩码头、后板式高桩码头和重力墩式码头等。这类形式码头前面的波浪反射较轻。

5. 按地理位置分类（Classification by Location）

码头可分为：海港码头、河口港码头、河港码头、湖泊码头和水库码头等。由于所处的地理位置不同，其水文、地质和施上条件均有所不同，所以码头的结构形式差别较大。在此不多论述。

无论什么码头都有泊位和泊位利用率两个指标。泊位：一般设计标准船型停靠码头所占用的岸线长度或占用的趸船数目。泊位长度一般包括船舶的长度和船舶之间必要的安全距离，其安全距离根据船舶大小而定，一般万吨级泊位为 15～20m，泊位的数量与大小是衡量一个港口码头规模的重要指标。一个码头可由一个或几个泊位组成。泊位利用率：一年中船舶实际占用的泊位时间占总营运时间的百分数，它是衡量泊位使用情况的参数之一，也是计算泊位通过能力的一个指标，通常有营运统计资料而得。

三、防波堤（Bulwarks）

防波堤是用来抵御港外波浪侵袭，兼做防沙减淤作用的外海水工建筑物。主要建造在开阔海岸、海湾或岛屿的港口，以形成有掩护的水域，保证港口具有平稳的水域，便于船舶在港内安全停靠、系泊、正常装卸作业和上下旅客。

防波堤建筑物的分类如下。

1. 按平面布置分类（Classification by Collocation）

防波堤的基本形式可分为：突堤和岛堤。突堤是防波堤一端（堤根）与岸连接，另一端伸向海域（堤头）。岛堤是防波堤两端均不与岸相连，整个堤位于离岸有一定距离的水域中，形似孤岛，故称岛堤，它有两个堤头。

根据它的组合形式可分为单突堤式、双突堤式、岛堤式和混合堤式。双突堤式是自海岸两边适当位置，各筑突堤同时伸入海中，两堤末端形成一突出深水的口门，以围成较大水域，保持港内航道的水深。混合堤式是由突堤和岛堤混合使用而建造的，一般用于大型海港。

2. 按结构形式分类（Classification by Structure）

防波堤可分为：斜坡式、直立式和特种形式三种，如图 8-26～图 8-28 所示。

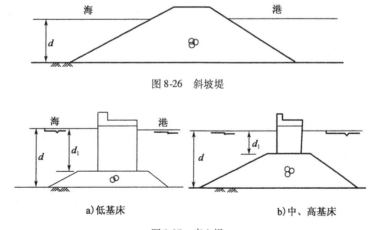

图 8-26　斜坡堤

a）低基床　　　　　b）中、高基床

图 8-27　直立堤

1）斜坡式防波堤

斜坡式防波堤是一种古老而简单的形式，它的横断面为梯形，在港口工程中得到了广泛的

153

应用。它主要由块石等散体材料堆筑而成,常用抗浪能力强的混凝土护面层加以保护,其坡度一般不陡于1:1,波浪在斜坡向上发生破碎,从而消散能量,堤前的反射波较小。斜坡堤对地基的不均匀沉降不敏感,可适用于较软弱的地基,结构简单,施工容易,不需要使用大型起重设备,有较高的整体稳定性,在施工和使用过程中,如有损坏,容易修复。缺点是堤的材料用量随水深的增加而有较大的增长,呈平方关系;堤的内侧不能直接兼作码头。

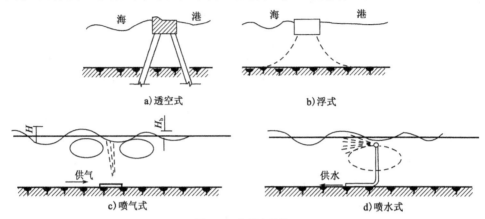

图 8-28　特种防波堤

2)直立式防波堤

直立式防波堤是具有直立或接近直立墙面的防波堤。两侧均为直立墙,底部基础多采用抛石基床,水下墙身一般采用混凝土方块或钢筋混凝土沉箱结构,上部多采用现浇混凝土结构。其优点是:堤内侧可同时兼做码头,当水深较大时,建筑材料用量比斜坡堤省,不需要经常维修。缺点是:消除波能的效果较差,当波浪遇直立墙面几乎全部反射,堤附近地带波高增大,可能影响港内水面平静;同时对地基的要求比较高,对地基的不均匀沉降比较敏感,易使墙体产生裂缝;用于软基时,往往需要采取地基加固措施,当建成以后,一旦发生破坏,修复比较困难。它适用于水深较大和地基较好的场合,但水深不宜超过20~28m。

直立式防波堤主要有重力式和桩式(包括板桩)两种形式。

3)特种形式防波堤

理论与实验表明,波动主要发生在水体的上层。因此,波浪的能量大部分集中在水体表层,在表层2~3倍波高的水层厚度内集中了90%~98%的波能。根据波能分布的特点,出现了下列几种特殊的防波堤形式。不过这类的防波堤应用得较少。

(1)透空式防波堤。

它由不同形式的支墩和在支墩之间没入水中一定深度(低水位以下2~2.5倍波高)的挡浪结构组成,利用挡浪结构挡住波能传播,以达到减小港内波高的目的。但它不能阻止泥砂进入港域,也不能减小水流对港内水域的干扰,一般用在水深较大、波浪较小同时又没有防砂要求的水库港和湖泊港。如图8-28所示,支墩可采用重力式或桩式结构,挡浪结构可采用箱式或挡板式。

(2)浮式防波堤。

它由一定吃水深度的浮体和锚链系统组成。浮体为各种形式的浮箱或浮排。它被锚链锚锭,漂浮于水面上。利用浮体反射、吸收、和转换和消散波能以减少堤后的波浪。它的设置可不受地基和水深的限制,而且修建迅速、拆迁容易、造价低。但锚锭的可靠性差,一般作为局部水域的临时防浪措施。

154

(3)喷气(水)式防波堤。

它利用敷设在水中带孔的管道释放压缩的气。空气从管孔喷出后形成一系列的上升气泡,形成空气帘幕达到降低堤后波浪的目的。与喷气式相类似的式喷水式防波堤,在水面附近利用喷嘴喷射水流,形成与入射波相反的水平表面流,从而达到降低堤后波高的目的。这两种防波堤均不占空间、基建投资小、安置和拆迁方便,但只适合于波长较短的陡波,同时能量消耗大,运行费用高。

还有一些方法降低波浪的方法,如用螺旋桨产生迎面水流使波浪破碎与降低,相当于喷水式防护堤;用塑料帘幕和浮毯来消波,相当于浮式防护堤。

四、护岸建筑物(Bank Protection Structure)

天然的岸边,由于受到波浪、潮汐和水流等自然力的破坏作用,将产生冲刷和侵蚀等现象。这种现象可能是缓慢的,也有可能在短时间或瞬间发生,在较短或极短时间内出现大量的冲刷,水流将大片土地带走。这种对岸的侵蚀有时是相当严重的,可能达到原岸线的数十米甚至是几百米,直到岸坡相当平缓,各种作用力达到相对平衡为止。在有些地方岸边是不允许产生这样的冲刷及等待其自然平衡的,所以就要修建护岸建筑物,来保护岸线免遭波浪或水流的冲刷。在下面一些岸边常要修建护岸建筑物。

(1)在岸坡变化的范围内建有重要的建筑物,如工厂和民用建筑物,重要的农业设施等。

(2)沿岸有铁路、公路路基或桥梁、涵洞等建筑物。

(3)在容易遭受冲刷的岸边地带附近,建有突堤、码头等建筑物。

(4)在内河中毗邻船闸等建筑物的地带。

护岸方法可分为两种:一种是直接护岸,即利用护坡和护岸墙等加固天然岸边,直接抵御侵蚀;另一种是间接护岸,即在沿岸修建丁坝或潜堤,促使岸滩前发生淤积,形成新的岸坡,达到保护岸边的目的。

五、港区仓库与货场(Warehouse and Field in Port Area)

港口是由水域与陆域两大部分组成,它是船舶进出、靠泊作业、旅客与货物集散、在船货物换装的地方。由于车船运输方式不同的特点,所以在运输的衔接上不可避免产生矛盾。装船的货物通常是分批陆续到港,需要在港口等待装船运走,而到港卸船的货物,由于其量大,种类繁多,收货人与收货地点也各不相同,一般需要在港口进行分类、检查甚至包装整理等等。因此,港口必须建有足够数量的仓库和货场以供货物存放,以达到加速车船周转、提高港口吞吐能力的目的。港口的仓库与货场应该满足以下一些要求:

(1)货场的容积和通过能力必须与码头线的通过能力相适应。

(2)仓库的位置必须与货物装卸工艺流程、铁路和道路的布置统一考虑,港口仓库通常与码头线平行布置。

(3)构造与设备必须适应货物性质,既能保护货物、方便库内运输、便利货物的收发,又能满足防火、防潮和通风等要求。

(4)仓库结构要经济耐用。

(5)有的河港仓库应考虑洪水淹没的特殊问题。

仓库主要用来保管相对贵重的货物,以免它们受到降水和日晒的影响。有的仓库还设有保温、通风设备以满足货物或货主的需要。而对一些价值较低,但怕日晒和雨淋的货物,可采用货棚来存放。水上仓库,又称货趸,是在一些水位差较大的港口,为组织船舶与货物快速装卸而设的水上临时堆放货物的仓库。水上仓库通常为平板驳、趸船,舱面上有顶盖,所以可以存货,用作临时仓库,一般的货趸的舱面、舱内都可用于临时堆放货物。

港口仓库按所处的位置可分为:前方仓库和后方仓库。前方仓库一般位于码头前沿地带其容量一般与泊位通过能力相适应。为了加快车船周转,提高港口通过能力,货物在前方仓库的堆放期在十天或半个月以内,如果需要较长时间的存放,则将货物移至距前沿较远的仓库——后方仓库。

按其结构和使用功能分:普通仓库和特种仓库(筒仓、油罐等)。普通仓库又可分为单层库和多层库。单层库的主要特点是:建筑费和装卸费用低,净空高,柱距大,便于库内使用机械作业。另外,由于不需要货物垂直运输设备而少占用一部分面积,使有效面积增加。多层库的特点是:占地面积小,可以节约土地,当货物多而复杂,库内储存需要较大的容积时,采用多层库有比较明显的优点。但与单层库相比,建筑费和装卸费都比单层高,多层库一般柱距小,机械操作不够方便,由于运货电梯或滑梯占用一部分面积,使有效面积减小。

水泥、粮食等多采用散装运输,由于不加包装,难于堆垛,故多利用筒仓储存。其优点是:节省包装费用,增加单位长码头的吞吐能力,缩短船期及车辆装卸时间,可提高机械化程度,与同样储存能力的普通仓库相比,筒仓的建筑造价低、占地少。不足之处在于:即使筒仓的某一仓格未装满,也不能将两种货物同存于一仓内;筒仓采用的机械设备,进口与出口的不同,需要分别配置;筒仓高度一般为 20~40m,故作用于地基上的荷载较大,对地基要求很高。

货场是在港区堆放货物的露天场地。主要用来存放不怕雨淋、日晒和气温变化影响的货物,如煤、矿石、某些建筑材料等。同港区仓库一样是港口的重要组成部分之一,其作用也是便于货物储存、集运、加速车船周转,提高港口通过能力和保证货物质量。同样货场按场地所处位置可分为前方货场与后方货场。根据其使用特点和构造可分为:有件杂货堆场和散货堆场。由于件杂货的保管要求高,同时为便于装卸和运输机械的行驶,一般件杂货堆场的地面都需进行处理,建成承重、耐磨、抗震、排水的铺面。如集装箱码头的场地,由于堆货荷载较大,不允许地面变形,所以场地基础需要经过特别的加固处理,如打各种密集的短桩或加厚块石垫层,面层铺筑很厚的钢筋混凝土板。散货堆场一般是将原地面平整压实而成,由于散货有自然坡角,为了增加堆货量,有时在货堆周围建造矮围墙。当地下水位较低时,也可下挖一部分成壕坑式以增加堆货量。

六、著名港口(Famous Ports)

1. 上海港(Shanghai Port)

上海港位于我国 18 000km 大陆海岸线中部,背靠 6 300km 的长江,地处长江东西运输通道与海上南北运输通道的交汇点,属河口型的沿海港口。前通我国南、北沿海和世界各大洋,后贯长江流域和江、浙、皖内河、太湖流域,并由沪杭、沪宁铁路、京沪高速铁路与沪宁城际铁路与全国铁路干线相衔接,公路有 204、320、312、318 四条国道分别通向烟台、乌鲁木齐、昆明和拉萨;另有沪宁、沪杭两条高速公路。自然条件优越,腹地经济发达,集疏渠道畅通。上海港是我国大陆第一大港,在我国和上海市的经济发展中起着十分重要的作用。

上海港海港由黄浦江上游港区、黄浦江中游港区、黄浦江下游港区、宝山罗泾港区、外高桥港区、杭州湾港区、洋山深水港区和崇明港区八个港区组成。截至 2007 年底,上海港海港拥有各类码头泊位 1 155 个,其中万吨级以上生产泊位 133 个,码头线总延长为 101.5km,设计年货物吞吐能力 3.73 亿 t。按照码头使用性质分类:公用码头泊位 174 个,其中生产泊位 121 个,码头线延长 22.2km,设计年货物吞吐能力 1.71 亿 t;货主专用码头泊位 981 个,其中生产泊位 495 个,码头线延长 40.1km,最大靠泊能力为 10 万 t 级;公务码头、修造船、车渡客、工作船、军用等非装卸生产性泊位 539 个,码头线延长 39.1km。

1984 年,上海港的货物吞吐量首次超过 1 亿 t,居世界大港之列,2004 年上海港货物吞吐量完成 3.79 亿 t,位居新加坡(3.88 亿 t)之后,成为世界第二大货运港口,上海港 2005 年的货物吞吐量达 4.43 亿 t,首次超过新加坡港,成为世界第一大港。2009 年,全港完成货物吞吐量 5.9 亿 t,创历史最高纪录,连续五年保持全球第一。集装箱吞吐量 2 500.2 万 TEU,居世界第二。

2. 鹿特丹港(Port of Rotterdam)

鹿特丹港位于莱茵河与马斯河河口,西依北海,东溯莱茵河、多瑙河,可通至里海,有"欧洲门户"之称。与我国的上海港一样,鹿特丹港是一个典型的河口港,海洋性气候十分显著,冬暖夏凉,船只四季进出港口畅通无阻。尽管目前在世界港口的排名比较后,但是它在 20 世纪 60 年代起保持了很长一段时间的世界第一大港的地位。该港区面积约 100 多平方公里,码头总长 42km,吃水最深处达 22m,可停泊 54.5 万 t 的特大油轮,船只进入鹿特丹港,从来就不存在等泊位和等货物的问题。鹿特丹港区服务最大的特点是储、运、销一条龙。通过一些保税仓库和货物分拨中心进行储运和再加工,提高货物的附加值,然后通过公路、铁路、河道、空运、海运等多种运输路线将货物送到荷兰和欧洲的目的地。1961 年,吞吐量首次超过纽约港(1.8 亿 t),成为世界第一大港。此后一直保持世界第一大港地位。直到上世纪末才被新加坡港、上海港等超高。2008 年,吞吐量达 4.2 亿 t,创其最高纪录。

3. 新加坡港(Port of Singapore)

新加坡港是全球最大的海洋转口运输中心之一,拥有完整的港口及海事服务,全球范围的海港网络以及全面的物流服务方案,也是亚太地区的邮轮中心。港口有堆场面积 150 万 m^2,仓库 56 万 m^2。有 250 多条航线与 100 多个国家,600 多个港口进行联系。每天都有船只从新加坡港开往全世界各个主要港口。新加坡港务集团在新加坡本土共经营四个集装箱码头,即布拉尼码头、巴西班让码头、丹戎巴葛码头和岌巴码头。港域水深在 8m 以上,无冻冰期,南面有布拉尼岛和布拉刚马蒂岛作屏障,挡住西南季风,岛内风平浪静,各种类型的轮船终年可畅行无阻,是世界上最优良的天然良港之一。进港船只总吨位和集装箱装卸量均居世界前列,是世界少数亿吨吞吐量级大港之一,2009 年集装箱吞吐量为 2590 万 TEU,为世界第一,货物(散货)吞吐量为 4.696 亿 t。该港采用先进的电子信息管理系统,多次蝉联"最佳国际客运周转港口"的荣衔。

思 考 题

1. 给水系统的分类有哪几种?
2. 循序给水系统与循环给水系统有什么不同之处?
3. 污水分为哪几类?
4. 排水系统的体制有几种?
5. 常用哪些措施来防止洪水?

6. 在缺水地区采用何种灌溉方式更合理? 为什么?

7. 取水方式有哪几种?

8. 渠道断面设置需要考虑哪些因素?

9. 农田排水系统有哪几种?

10. 抽水蓄能电站的工作原理是什么?

11. 水工建筑物有哪些?

12. 港口的分类?

13. 防波堤的作用是什么? 有哪些形式?

参考文献

[1] 吴俊奇. 给水排水工程[M]. 北京:中国水利水电出版社,2004.

[2] 谌永红. 给水排水工程[M]. 北京:中国环境科学出版社,2008.

[3] 黄敬文,马建锋. 城市给排水工程[M]. 郑州:黄河水利出版社,2008.

[4] 张超. 水电能资源开发利用[M]. 北京:化学工业出版社,2005.

[5] 韩理安. 港口水工建筑物[M]. 北京:人民交通出版社,2000.

[6] 王云球. 港口水工建筑物[M]. 北京:人民交通出版社,2005.

[7] 郭元裕. 农田水利学[M]. 北京:中国水利水电出版社,2007.

[8] 张启海. 城市给水工程[M]. 北京:中国水利水电出版社,2003.

[9] 梅祖彦. 抽水蓄能发电技术[M]. 北京:机械工业出版社,2000.

[10] 汪志农. 灌溉排水工程学[M]. 北京:中国农业出版社,2000.

[11] 江见鲸,叶志明. 土木工程概论[M]. 北京:高等教育出版社,2001.

[12] 李毅,王林. 土木工程概论[M]. 武汉:华中科技大学出版社,2008.

第九章 土木工程设计和施工
Chapter 9 Design and Construction of Civil Engineering

第一节 土木工程设计
Section 1 Design of Civil Engineering

建筑物的设计包括建筑设计、结构设计、给排水设计、暖气通风设计和电气设计。每一部分的设计都应围绕设计的四个基本要求:功能要求、美观要求、经济要求和环保要求。本节主要介绍的是结构设计。

一、结构设计原则(Design Principles of Structure)

1. 设计目标(Design Goals)

土木工程设计的目标是使结构必须满足下列三方面功能要求:

(1)安全性。结构能承受正常施工和正常使用时可能出现的各种作用;在设计规定的偶然事件(如地震等)发生时和发生后,仍能保持必需的整体稳定性,即结构只发生局部损坏而不致发生连续倒塌。

(2)适用性。结构在正常使用荷载作用下具有良好的工作性能。如不发生影响正常使用的过大变形,或出现令使用者不安的过宽裂缝等。

(3)耐久性。结构在正常使用和正常维护条件下具有足够的耐久性。如钢筋不过度腐蚀,混凝土不发生过分化学腐蚀或冻融破坏等。

为了保证结构实现上述目标,必须保证结构在各种广义外荷载作用下的承受能力大于各种外荷载的作用效应。

2. 荷载及荷载效应(Load and Load Effect)

1)荷载的类型(The Type of Load)

(1)随时间的变异分类

①永久荷载(Permanent Load):在设计基准期内作用值不随时间变化,或其变化与平均值相比可以略去不计的荷载,如结构自重、土压力、水位不变的压力等。

②可变荷载(Variable Load):在设计基准期内作用值随时间变化,或其变化与平均值相比不可略去不计的荷载。如结构施工中的人员和物件的重力、车辆重力、设备重力、风荷载、雪荷载、冰荷载、水位变化的水压力、温度变化等。

③偶然荷载(Accidental Load):在设计基准期内不一定出现,而一旦出现,其量值很大且持续时间很短的荷载,如地震、爆炸、撞击、火灾、台风等。

(2)按随空间位置的变异分类

①固定荷载:在结构空间位置上具有固定的分布,但其量值可能具有随机性的荷载,如结

构的自重、固定的设备等。

②自由荷载:在结构空间位置上的一定范围内可以任意分布,出现的位置及量值可能具有随机性的荷载,如房屋楼面上的人群和家具荷载、厂房中的吊车荷载、桥梁上的车辆荷载等。自由荷载在空间上可以任意分布,设计时必须考虑它在结构上引起的最不利效应的分布位置和大小。

(3)按结构的反应特点分类

①静态荷载:对结构或结构构件不产生动力效应,或其产生的动力效应与静态效应相比可以略去不计的荷载,如结构自重、雪荷载、土压力、建筑的楼面活荷载等。

②动态荷载:对结构或结构构件产生不可略去的动力效应的荷载,如地震荷载、风荷载、大型设备的振动、爆炸和冲击荷载等。结构在动态荷载下的分析,一般按结构动力学方法进行分析。对有些动态荷载,可转换成等效静态荷载,然后按照静力学方法进行结构分析。

(4)按直接、间接作用分

施加在结构上的集中力或分布力,或引起结构外加变形或约束变形的原因,都称为结构上的作用,简称作用。作用分直接作用和间接作用两类。

①直接作用:结构自重,楼面上的人群、设备等的重力,屋盖上的风雪等都是直接作用在结构上的力。

②间接作用:由于温度变化、结构材料的收缩或徐变、地基沉陷、地震等都会引起结构产生外加变形或约束变形,但它们不是直接以力的形式出现的。应注意的是,荷载只是指施加在结构上的集中力或分布力,而不能把间接作用也称为荷载。

2)荷载效应(Load Effect)

由荷载引起的结构或构件的内力、变形等称为荷载效应,常用"S"表示,如构件截面上的弯矩、剪力、轴向力、扭矩以及某一截面处的挠度、裂缝宽度等。

3. 结构抗力 R(Resistance)

结构或结构构件承受内力和变形的能力,称为结构抗力,如构件的承受能力、刚度等,常用"R"表示。

结构的抗力的大小取决于材料强度、构件几何特征、计算模式等因素,由于受这些因素的不利的影响,结构抗力也是一个随机变量。

4. 结构的极限状态(Limit State)

结构的极限状态是一种临界状态,当结构超过这一状态时,将丧失其预定的功能。因此,在设计时必须保证结构的工作状态不能越过极限状态。结构有两类极限状态:正常使用极限状态和承载能力极限状态。

结构构件的工作状态可以用荷载效应 S 与结构抗力 R 的关系式来表示。当其工作状态达到极限时,可写成如下的极限平衡方程:

$$S = R$$

当然,也可以写成:$Z = R - S = Z(S, R) = 0$,因而,若用 Z 值的大小来描述结构的工作状态,就可以得到:

(1)当 $Z > 0$ 时,结构处于可靠状态;

(2)当 $Z = 0$ 时,结构处于极限状态;

(3)当 $Z < 0$ 时,结构处于失效状态。

如上所说，S 和 R 都是随机变量，所以，$Z = Z(S,R)$ 也是随机变量。

二、结构设计的一般步骤（General Procedure of Structural Design）

1. 方案设计（Schematic Design）

方案设计又称为初步设计。结构方案设计包括结构选型、结构布置和主要构件的截面尺寸估算。

2. 结构分析（Structural Analysis）

结构分析是要计算结构在各种作用下的效应，它是结构设计的重要内容。结构分析的正确与否直接关系到所设计的结构能否满足安全性、适用性和耐久性等结构功能要求。

结构分析的核心问题是计算模型的确定，包括计算简图和采用的计算理论。

3. 构件设计（Element Design）

构件设计包括截面设计和节点设计两个部分。对于混凝土结构，截面设计有时也称为配筋计算。节点设计也称为连接设计。对于钢结构，节点设计比截面设计更为重要。

构件设计由两项工作内容：计算和构造。在结构设计中一部分内容是根据计算确定的，而另一部分内容则是根据构造规定确定的。构造是计算的重要补充，两者是同等重要的，在不同设计规范中对构造都有明确的规定。初学者容易重计算、轻构造。

我国工程结构设计经历了容许应力法、破损阶段法、极限状态设计法和概率极限状态法四个阶段。其中，极限状态设计法明确地将结构的极限状态分成承载力极限状态和正常使用极限状态。前者要求结构可能的最小承载力不可小于可能的最大外荷载所产生的截面内力；后者则是对构件的变形和裂缝的形成或开裂程度的限制。在安全度上则是由单一安全因数或多因数形势，考虑了荷载的变异，材料性能的变异和工作条件的不同。

4. 绘制施工图（Drawing Construction Blueprint）

设计的最后一个阶段是绘制施工图。图是工程师的语言，工程师的设计意图是通过图纸来表达的。如同人的语言表达，图面的表达应该做到正确、规范、简明和美观。正确是指无误地反映计算成果；规范才能确保别人准确理解设计意图。

第二节　土木工程施工
Section 2　Construction of Civil Engineering

土木工程施工（Civil Engineering Construction）是生产土木工程产品的活动，是将设计图纸转化为工程实体的过程。从古代穴居巢处到今天的摩天大楼，从农村的乡间小路到都市的高架道路、高速公路，从穿越地下的隧道到飞架江海的大桥，无一不是通过"施工"来实现。可以说，任何一个土木工程产品，都是工程师和参与人员的艺术作品，也是他们辛勤劳动的结晶。

一项工程的施工，包括许多工种工程，如土石方工程、深基础工程、混凝土结构工程、钢结构工程、结构安装工程、防水工程、装饰装修工程等。在施工过程中，需要充分运用科学原理、技术手段和实践经验，以确保设计者的思想、意图和构思得以实现。随着经济建设的发展，我国的土木工程施工技术在总体上正接近发达国家的水平，已有部分项目赶上或超过了发达国家。

一、土石方工程(The Earth and Rock Engineering)

土石方工程(Earth and Rock Engineering)是道路、桥梁、水利、建筑、地下工程等各种土木工程施工的首项工程,主要包括平整、开挖、填筑等主要施工过程和排水、降低水位、稳定土壁等辅助工作。

土石方工程具有量大面广、劳动繁重和施工条件复杂等特点,又受气候、水文、地质、地下障碍等因素影响较大,不确定因素多,存在较大的危险性。因此,在施工前必须做好调查研究,选择合理的施工方案,制订可靠的措施,并采用先进的施工方法和机械化施工,以保证工程的质量与安全,获得较好的效益。

1. 坑槽土方施工(Construction of Foundation Ditch)

基坑或槽开挖前,应先制订土壁稳定措施,确定排水或降水、开挖、回填压实的方法。

(1)放坡与土壁支撑(Sloping and Slope Retaining)

放边坡或设置支撑是保证土壁稳定、防止坍塌的主要措施。放坡是靠土的自稳来保证土壁稳定,如图 9-1 所示。当土质较差、场地狭小或坑深较大时,需采用土钉墙加固土壁(图 9-2),或采用护坡桩、地下连续墙等挡墙并配合撑拉设施来支撑土壁(图 9-3、图 9-4)。

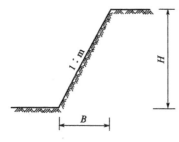

图 9-1　边坡坡度示意图

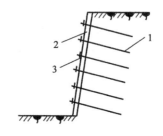

图 9-2　土钉墙支护

1-土钉;2-喷射混凝土板;3-垫板

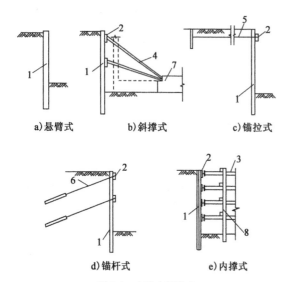

a)悬臂式　　b)斜撑式　　c)锚拉式

d)锚杆式　　e)内撑式

图 9-3　土壁支撑形式

1-桩或墙;2-连梁;3-水平支撑;4-斜撑;5-拉杆;6-锚杆;
7-先施工的基础;8-支承柱

图 9-4　锚杆护坡桩挡墙及顶部土钉墙

162

（2）排水与降水（Drainage and Precipitation）

当坑槽的开挖深度超过地下水位时，地下水会渗入到坑槽内。为保证开挖正常进行，防止滑坡塌方，需排除坑内积水或降低地下水位后再进行开挖。

①集水井排、降水法。该法是在坑槽开挖过程中，在底部边角处设置集水井，并沿坑底的周围开挖排水沟，将水引入集水井内，用水泵抽出坑外（图9-5）。通过逐层降水、逐层开挖直至坑底，继续排水，保持水位稳定在基底以下，以便于基础施工。

②井点降水法

该法是在开挖前，预先在坑槽四周埋设一定数量的水井，利用抽水设备从中抽水，使地下水位降落到坑底以下，并保持至基础施工及回填完成。这种方法可有效地防止坑内涌水和塌方现象，保证土方开挖及地下施工在干爽条件下进行。其原理如图9-6所示。

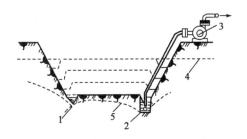

图9-5 集水井降水法

1-排水沟；2-集水井；3-离心式水泵；4-原地下水位线；5-降低后地下水位线

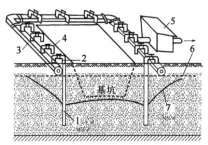

图9-6 轻型井点法降低地下水位全貌图

1-井管；2-滤管；3-总管；4-弯联管；5-水泵房；6-原有地下水位线；7-降低后地下水位线

（3）土石方的开挖（Excavation of Earth and Rock）

土方常采用人工或机械直接开挖，石方多采用爆破开挖。

土方开挖机械包括挖掘机械和挖运机械两大类。挖掘机具有挖掘和装车等功能，一般与自卸汽车配合作业。常用的单斗挖土机见图9-7。挖运机械不但可以进行挖掘，还能进行较大距离的运输以及摊铺、压实等作业，如推土机、铲运机等。

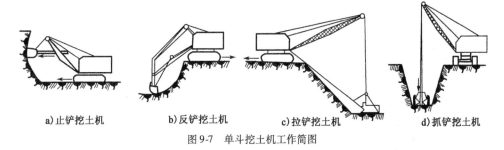

a）止铲挖土机　　　b）反铲挖土机　　　c）拉铲挖土机　　　d）抓铲挖土机

图9-7 单斗挖土机工作简图

爆破施工是利用炸药爆炸时产生的瞬时高压破坏岩石或其他物体，达到开挖、清障和拆除等目的。在石方工程中，常采用炮孔爆破。主要工序是：打孔、装药、封堵、引爆、清渣。按打孔深度和直径，一般分为浅孔爆破法和深孔爆破法，其类型多为松动爆破。

2.路堤填筑（Road and Bank Reclamation）

路基是道路路面的基础，通过开挖出路堑或填筑成路堤而形成。路堤填筑通常是开采道路附近土石方作为填筑材料，应尽可能选择强度高、稳定性及透水性好的填料，如砂、石等。施工时，宜采用水平分层填筑法，逐层填土、逐层压实。常用的压实方法包括碾压、振动和夯实法。常用的机械有平碾压路机、振动压路机及蛙式打夯机等。填土的压实质量，主要取决于机械的压实功(压力及压实遍数)、土料的含水率和每层铺土厚度。

二、基础工程(Foundation Engineering)

基础(Foundation)是将上部荷载传给地基的重要结构,其施工质量对保证上部建筑物、构筑物的稳定和安全至关重要。下面介绍几种深基础的施工方法。

1.桩基础施工(Pile Foundation Construction)

桩基础是由若干根桩和将桩顶连接起来的承台组成。桩按制作方法分为预制桩和灌注桩两种。

预制桩是在工厂或施工现场地面制作后,通过锤打、静压、振动等方法沉入到土层中,如图9-8所示。预制桩沉桩时由于具有挤土效应,单位面积的承载能力较强,但桩的断面一般较小,沉桩时易产生振动和噪声,在城市中心及坚硬土层中,应用受到一定限制。

灌注桩是在土层中制孔、放入钢筋笼后,灌注混凝土而形成。常用的成孔方法包括钻孔法、挖孔法、套管法等。灌注桩可做成较大断面,因而可获得较大的单桩承载力;施工方法多样,对土层适用范围较广;通过泥浆护壁或套管、后插筋、后压浆等方法,可有效避免孔壁坍塌和底部虚土过厚,提高承载能力,广泛应用于建筑物、桥梁基础以及支护结构中,如图9-9所示。

2.墩基础施工(Pier Foundation Construction)

墩基础是在人工或机械成孔的大直径孔中放入钢筋笼、浇筑混凝土而成。由于我国多用人工开挖,因此也称大直径人工挖孔扩底灌注桩,如图9-10所示。

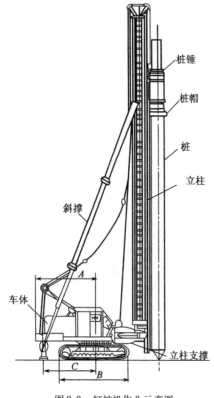

图9-8 打桩机作业示意图

图9-9 北京南站旋挖机挖孔灌注桩施工现场

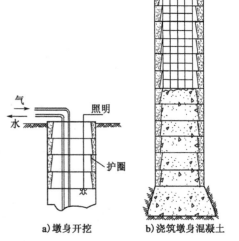

a)墩身开挖 b)浇筑墩身混凝土

图9-10 墩基础施工

人工挖孔的优点是:设备简单;施工噪声和振动小,对周围的原有建筑物影响小;可多孔同时开挖。特别是在施工场地狭窄的市区修建高层建筑时,更显示其特殊的优越性。但由于工人在井下作业,应及时浇筑混凝土护壁,并有良好的通风、排水、安全照明和升降设施,以保证安全。

3. 沉井基础施工(Open Caisson Foundation Construction)

沉井多用于建筑物和构筑物的深基础、地下室、蓄水池、设备深基础、桥墩等工程。沉井主要由刃脚、井壁、隔墙或竖向框架、底板组成。其施工过程如图9-11所示。

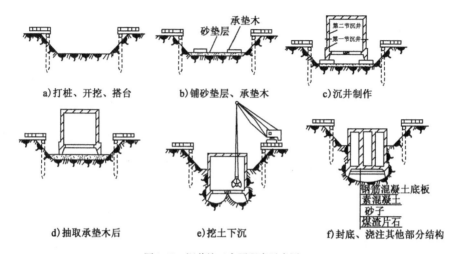

图9-11 沉井施工主要程序示意图

4. 地下连续墙施工(Underground Continuous Wall Construction)

地下连续墙是在地下工程和基础工程中广泛应用的一项新技术,可作为防渗墙、挡土墙、地下结构的边墙和建筑物的基础。现浇钢筋混凝土地下连续墙是用专门的挖槽设备,沿开挖工程周边已修筑的导墙,在泥浆护壁的条件下,分段间隔开挖深槽,在槽内放置钢筋笼,水下浇筑混凝土,再将各段连接筑成一道连续的地下墙体。地下连续墙施工时无须降水,施工时噪声低,振动小,对邻近的工程结构和地下设施影响较小;适用于多种地质条件。其施工工艺布置如图9-12所示。

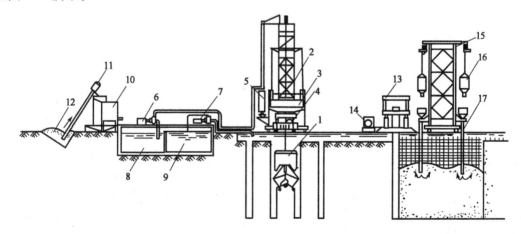

图9-12 地下连续墙的施工工艺布置

1-抓斗;2-机架;3-出土滑槽;4-翻斗车;5-潜水电钻;6、7-吸泥泵;8-泥浆池;9-泥浆沉淀池;10-泥浆搅拌机;11-螺旋输送机;12-膨润土;13-接头管顶升架;14-油泵车;15-混凝土浇灌机;16-配件;17-混凝土导管

165

5. 逆作法施工（Topdown Construction Method）

地下逆作法是以地面为起点，先建地下室外墙（地下连续墙）和中间支承柱，然后由上而下逐层开挖，并逐层建造地下结构。该法利用结构自身的梁、板或框架作为地下连续墙的水平

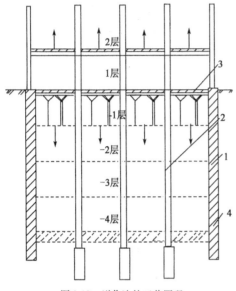

图 9-13 逆作法的工艺原理

1-地下连续墙；2-中间支承柱；3-首层楼面结构；4-基础底板位置

支撑系统，完成地下结构的施工。与此同时，也可进行建筑物地上部分的施工，见图 9-13。采用逆作法施工时，由于对地下连续墙的支撑刚度大，可有效减少周围地面变形。对于市区建筑密度大，施工场地狭窄，施工工期紧，邻近建筑物及周围环境对沉降变形敏感，三层或多于三层的地下室结构施工是十分有效的。它是一种比较先进的深基础施工方法。

三、结构工程施工（Construal Engineering）

结构工程施工主要包括砌筑工程、钢筋混凝土工程、预应力混凝土工程、结构安装工程等。

1. 砌体结构施工（Masonry Structure Construction）

砌体结构施工是一个综合的施工过程，它包括砂浆制备、材料运输、脚手架搭设、墙体砌筑及混凝土构件浇筑等。图 9-14 为砖砌体混合结构施工现场。

砖混结构的施工顺序一般为：放线、立皮数杆→绑扎构造柱筋→砌砖墙→支构造柱模板→浇构造柱混凝土→扎圈梁筋→支圈梁模板及楼板模板→绑扎楼板钢筋→浇圈梁、楼板混凝土→养护→拆模。

"砌筑"是砌体结构施工的最主要内容。所用材料主要是砖、砌块或石块等块材，以及将块材黏结起来的砂浆。砖及砌块在砌筑前应适当浇水湿润。施工所用砌块的产品龄期不应小于 28d。拌制砂浆的水泥不得过期，石灰应充分熟化，砂浆应随拌随用。砌筑时应保证横平竖直、砂浆饱满、错缝拉结、垂直平整、接槎可靠。

脚手架是砌筑过程中堆放材料和工人进行操作的临时性设施，起到安全防护作用。按其搭设位置分为外脚手架和里脚手架两大类，目前常采用金属材料搭设。图 9-15 是常用外用脚手架的构造形式。

图 9-14 某砖砌体混合结构工程施工现场

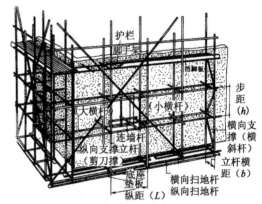

图 9-15 扣件式钢管脚手架组成

2. 钢筋混凝土结构施工（Reinforced Concrete Structure Construction）

钢筋混凝土结构按施工方法分为装配式结构和现浇结构。装配式是在构件厂或现场地面预制好结构构件，再将其安装到设计位置。现浇结构则是在结构物的设计位置直接浇筑而成。现浇混凝土结构整体性好，结构形式灵活，是目前广泛应用的混凝土结构施工方法，如图 9-16 所示。钢筋混凝土构件制作或现浇结构施工，均包括钢筋的制备与安装、模板的制备与组装和混凝土的制备与浇捣三个分项工程。

（1）模板工程（Formwork Engineering）

模板是使混凝土按照设计要求的形状、尺寸、位置成型的模型板。现浇结构的施工方法主要取决于模板的种类与形式。采用先进的模板技术，对于提高工程质量、加快施工速度、提高劳动生产率、降低工程成本和实现文明施工，都具有十分重要的意义。

图 9-16　采用悬臂现浇法施工的桥梁

我国的模板技术，自从 20 世纪 70 年代提出"以钢代木"的技术政策以来，已形成组合式、工具式、永久式三大模板体系。

组合式钢模板也称小钢模，它由多种尺寸规格的平模及阴角模、阳角模、连接角模等组成，可以组合成各种尺寸的梁、柱、墙模板。按其肋高分为 55 系列、60 系列和 70 系列。

工具式模板包括大模板、液压滑升模板、爬升模板以及桥梁模架等。其特点是机械化程度高，减少施工中的拼装，施工速度快，易保证混凝土成型质量，如图 9-17 ~ 图 9-19 所示。

图 9-17　正在拆除中的墙体大模板

图 9-18　采用爬模施工的桥塔

永久式模板是在浇筑混凝土时起模板作用，施工后成为结构的一部分而不再拆除。其种类有压制成波形、密肋形的金属薄板（压型钢板），预应力钢筋混凝土薄板等。压型钢板是采用镀锌或经防腐处理的薄钢板，经冷轧成型，多用于钢结构楼板的模板，如图 9-20 所示。永久式模板的特点是施工简便，速度快，不需设置支撑，但耗钢量略有增加。

（2）钢筋工程（Steel Rebar Engineering）

钢筋混凝土结构中钢筋对抗拉、抗剪起着关键性的作用。由于在混凝土浇筑后，其质量难以检查，因此钢筋工程属于隐蔽工程，需要在施工过程中严格控制质量。

钢筋工程主要包括：钢筋的进场检验、加工、成型、连接和绑扎安装等施工过程。

①钢筋检验。钢筋出厂时应有出厂质量证明书或试验报告单，每捆（盘）钢筋均应有标

牌,现场堆放钢筋应分批验收,分别堆放。对钢筋的验收包括外观检查和按批次取样进行机械性能检验,合格后方可使用。

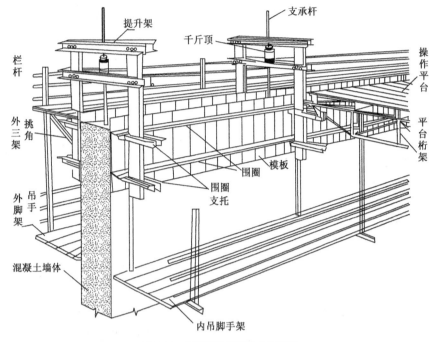

图9-19 液压滑升模板构造示意图

②钢筋加工。包括调直、切断、弯曲、丝扣制作、网片制作等。为了提高钢筋的强度,节约钢材,有时也采用冷拉、冷拔、冷轧等方法对钢筋进行冷加工,以获得冷拉钢筋、冷拔钢丝或冷轧扭钢筋。

③钢筋连接。细钢筋或钢丝均为成盘供应,较粗的钢筋为直条。直条钢筋的长度通常为9~12m,当构件长度较大或为了合理利用材料时,一般都要连接钢筋。钢筋连接的方法有焊接连接及机械连接。焊接连接包括闪光对焊、电弧焊、电渣压力焊等工艺方法,其连接质量较好,费用较低,但设备较复杂,对环境、技术要求较高。机械连接包括套筒冷挤压连接、套筒螺纹连接等,连接质量好,适应范围广,适合于各种环境下施工,但费用较高,目前应用较多的是滚轧直螺纹连接,如图9-21所示。

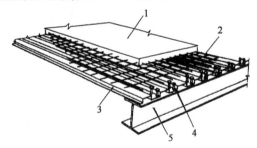

图9-20 压型钢板组合楼板示意图

1-现浇混凝土板;2-钢筋;3-压型钢板;4-用栓钉与钢梁
焊接;5-钢梁

图9-21 钢筋直螺纹连接

（3）混凝土工程（Concrete Engineering）

混凝土工程是钢筋混凝土结构工程的重要组成部分,其质量好坏直接关系到承载能力和

168

使用寿命。混凝土工程包括制备、运输、浇筑、养护等施工过程,各工序相互联系又相互影响,因而对每一个施工环节都要认真对待,把好质量关,以确保混凝土结构的质量。

①混凝土的制备。混凝土的制备包括配料和拌制。配料是指将各种原材料按照一定的比例,配制成工程所需要的混凝土,它是保证混凝土质量最重要的一个环节。配料包括原材料的选择、配合比的确定、材料称量等内容。混凝土的拌制是将称量好的材料搅拌均匀,以形成混凝土拌和物。在施工现场,通过搅拌机和小型搅拌站实现了混凝土拌制的机械化;在大型预拌混凝土站已实现了微机控制的自动化拌制,它配料准确、搅拌均匀,生产效率高。目前,我国的混凝土拌制正从各个施工现场分散的小搅拌站逐步向大型的集中搅拌站转化,初步实现了混凝土的商品化制备模式,如图9-22所示。

②混凝土运输。混凝土自搅拌机中卸出后,应及时运送到浇筑地点。混凝土运输分水平运输和垂直运输。常用的水平运输设备有搅拌运输车、自卸汽车、机动翻斗车、皮带运输机、双轮手推车等。常用垂直运输机具有混凝土输送泵、塔式起重机、井架升降机等。

混凝土搅拌运输车(图9-22)是混凝土长距离水平运输的主要工具,它具有运输和搅拌混凝土的双重功能,可以根据运输距离采用不同的工作方式。

图9-22　自动化搅拌站与混凝土搅拌运输车

混凝土输送泵是目前混凝土现场运输的主要工具,它既可进行垂直运输,也能进行水平运输,并通过连接的布料杆完成浇注工作,如图9-23、图9-24所示。常用输送泵的形式包括汽车泵和拖式泵两种。在上海环球金融中心工程中,使用我国自行生产的混凝土泵,输送高度达到了492m。

图9-23　拖式混凝土输送泵

图9-24　利用布料杆浇筑混凝土

③混凝土浇筑。混凝土浇筑包括浇灌和振捣两个过程。保证混凝土浇灌的均质性和振捣的密实性是确保工程质量的关键。混凝土浇筑应分层进行,以保证能够振捣密实。在下层混凝土凝结之前,上层混凝土应浇注振捣完毕。

当混凝土结构构件最小边长为1m以上时,称为大体积混凝土。由于水泥水化反应产生大量的水化热,升温阶段因内外温差易造成混凝土表面开裂,降温阶段因收缩受阻易发生断裂,施工难度较大。中央电视台新楼的基础底板厚度为4~6m,局部达10.9m,一次连续浇筑量达3.9万m^3,创造了国内房建领域大体积混凝土浇筑的新纪录。该工程由3个搅拌站9套机组拌制混凝土,二百余辆混凝土搅拌运输车运输,18台混凝土泵浇筑48h,平均每小时浇筑800m³。由于采取了多种措施,施工质量良好。浇筑现场如图9-25所示。

有些结构需在水中浇筑混凝土,叫做水下浇筑混凝土。如沉井封底、采用泥浆护壁的灌注桩、地下连续墙、水下的桥墩及基础、水工和海底结构的浇筑等。为了避免泥浆或水掺进混凝土,常采用自密实混凝土并以导管法进行水下浇注,使混凝土由下向上升高,仅上表面与泥浆或水接触,如图9-26所示。

图9-25　央视新楼底板混凝土浇筑现场

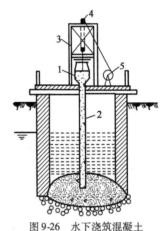

图9-26　水下浇筑混凝土
1-漏斗;2-导管;3-支架;4-滑轮组;5-绞车

3. 预应力混凝土施工（Prestressed Concrete Construction）

预应力混凝土是结构或构件在使用荷载作用前,利用钢材(或纤维)拉杆的弹性,预先对混凝土施加压应力,以提高混凝土的抗裂度和刚度,增加结构的稳定性,也能将散件拼装成整体。

预应力混凝土能充分发挥钢筋和混凝土各自的特性,可有效地利用高强度钢筋和高强度等级的混凝土。与普通混凝土相比,在同样条件下构件截面小、自重轻、质量好、材料省,并能扩大预制装配化程度。在跨度较大的结构中,其综合经济效益较好。

预应力混凝土的施工方法,按施工顺序分为先张法和后张法;按预应力筋与混凝土的黏结状态,分为有黏结预应力混凝土和无黏结预应力混凝土等。

（1）先张法（Pre-tensioning Method）

先张法是在浇筑构件混凝土之前张拉预应力筋,将其临时锚固在支座或钢模板上,然后浇筑构件混凝土。待混凝土达到一定强度、并与预应力筋有足够的黏结力后,即可放松预应力筋。预应力筋弹性回缩,对混凝土构件产生预压应力,其生产工艺如图9-27所示。先张法多用于预制构件厂生产定型的预应力中小型构件。

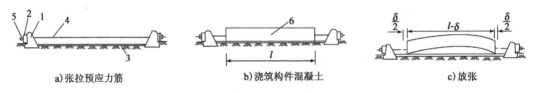

a)张拉预应力筋　　　　　b)浇筑构件混凝土　　　　　c)放张

图9-27　先张法施工工艺
1-台座;2-横梁;3-台面;4-预应力筋;5-锚固夹具;6-混凝土构件

（2）后张法（Post-tensioning Method）

后张法是先制作构件或浇筑结构,并在预应力筋的位置预留有孔道。待混凝土达到规定强度后,穿入预应力筋并进行张拉,在端部用锚具锁固。张拉力由构件两端的锚具传给混凝土构件使之产生预压应力,最后进行孔道灌浆(亦有不灌浆者)。工艺流程见图9-28。

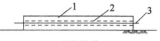 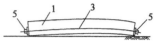

a)制作构件　　　　　　　　b)张拉预应力筋　　　　　　　　c)锚固和灌浆

图9-28　先张法施工工艺

1-混凝土构件;2-预留孔道;3-预应力筋;4-千斤顶;5-锚具

后张法在结构或构件上直接张拉预应力筋,不需要台座设备,适合于现场施工或构件厂生产大型预应力构件,也可作为预制构件的拼装手段。除在建筑工程中应用外,在桥梁、特种结构等施工中也得到广泛应用。后张法施工灵活性大,适用性强;但工序较多,锚具不能重复利用,因而费用较大。图9-29为某桥梁张拉现场。

4. 结构安装工程(Structural Installation Engineering)

结构安装即是在现场或工厂制作结构构件或构件组合,用起重机械在施工现场将其起吊并安装到设计位置,形成装配式结构。装配式结构的特点是建筑设计标准化、构件定型化、产品工厂化、安装机械化。这种施工方法可以提高劳动生产率、降低劳动强度、加快施工进度。

1)起重设备(Lifting Equipment)

预制构件安装离不开起重设备。起重设备可分为起重机械和索具设备两大类。结构安装工程中常用的起重机械有:桅杆起重机、自行式起重机(包括履带式、汽车式、轮胎式)和塔式起重机等类型,如图9-30 ~ 图9-33所示。索具设备包括钢丝绳、吊具、滑轮组、卷扬机及锚碇等。在特殊安装工程中,千斤顶、提升机、缆索(图9-34)等也是常用的起重设备。

图9-29　正在进行预应力张拉的桥梁　　　　　图9-30　履带式起重机

图9-31　汽车式起重机　　　　　　　　图9-32　轮胎式起重机

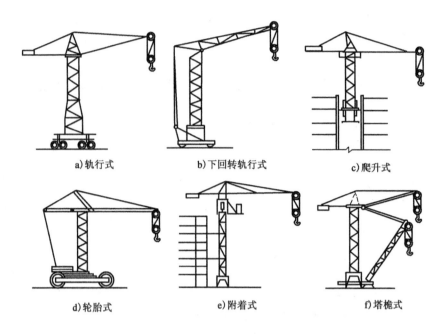

a) 轨行式   b) 下回转轨行式   c) 爬升式

d) 轮胎式   e) 附着式   f) 塔桅式

图 9-33 塔式起重机等类型

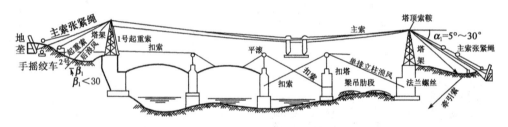

图 9-34 使用缆索设备安装拱桥

2）混凝土结构安装（Concrete Structure Installation ）

混凝土房屋结构的安装方法包括单件吊装法、升板法等。单件吊装法是利用起重设备将各种预制构件逐个吊装就位固定，形成装配式结构。

（1）装配式结构施工。钢筋混凝土装配式结构，是以钢筋混凝土预制构件组成主体骨架结构，再用定型装配件完成其围护、分隔、装修装饰以及设备等部分而形成完整的房屋。由于装配式结构一般是在工厂预制混凝土结构构件，且大多采用蒸汽养护，因而加工速度快，构件质量易于保证，甚至可同时完成外墙饰面或制成清水混凝土，大大减少了现场作业量和等待时间，施工工期短，机械化程度高，如图 9-35 所示。

钢筋混凝土装配式结构分为全装配式和装配整体式两种。全装配式是将各种构件通过焊接或局部现浇连接起来，其抗震性能较差，常用于单层建筑或一般桥梁。装配整体式是在构件安装后现浇节点或现浇柱心、梁槽、楼板叠合层混凝土，或再施加预应力等方法，可有效地提高结构的整体性，常用于多高层建筑，如图 9-36 所示。

（2）升板法施工。升板法是先将整根柱子或柱子的型钢骨架吊装就位，然后在现场地面叠层制作楼板，再通过安装在柱子上的升板机提升楼板，逐层就位固定，常用于无梁楼盖结构。升板法施工不需要塔吊等大型起重机械，减少高空作业，占用场地少，可在建筑物稠密区施工。其施工过程见图 9-37。

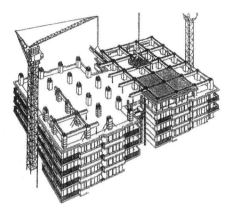

图9-35 装配式框架结构房屋安装示意图

图9-36 某装配式框架结构的待浇节点

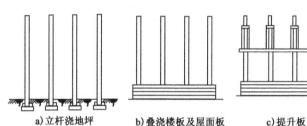

a)立杆浇地坪　　b)叠浇楼板及屋面板　　c)提升板　　d)固定板

图9-37 升板法施工程序示意图
1-提升机;2-柱子;3-后浇柱帽

3)钢结构安装(Steel Structure Installation)

钢结构一般均是在工厂制作成各种零部件,运至现场进行组拼和安装,形成建筑空间整体。目前,我国的钢结构安装水平迅速提高,上海环球金融中心安装高度达492m;国家体育场(鸟巢)结构最大跨度达332m;国家体育馆144m跨双向张拉弦空间桁架体系屋盖带索滑移;国家数字图书馆及首都机场A380机库整体提升,成为世界一次提升最重的钢结构。

(1)高层钢结构安装

高层及超高层建筑钢结构,一般是采用爬升式塔吊分件安装,每个构件经起吊、对位、临时固定、校正后,用高强螺栓或焊接连接固定。需重点做好垂直度控制和变形预控。图9-38 为中央电视台新楼钢结构安装现场。

(2)大跨度钢结构安装

大跨度钢结构常用于体育场馆、机场、火车站等的屋盖结构。其安装方法主要有高空散装法、单元式安装法、整体吊装法、滑移法、整体提升法等。

①高空散装(或小单元)安装法。该法是从地面搭设满堂支撑架至安装高度,在架子上逐个杆件进行安装。例如,"水立方"钢管网架采用逐件安装;首都机场3 号航站楼分为65 个网架单元、96 榀边桁架,为高空小单元散装法施工。

②单元式安装法。该法是将结构划分成若干个单元体进行安装。如"鸟巢"工程,其屋盖主结构由24 榀主桁架和24 根组合柱组成,共划分为230 个安

图9-38 中央电视台新楼钢结构安装

装单元。其中,组合柱共分 48 个单元,最大吊装质量约 288t;24 榀主桁架分为 182 个单元,最大长度约 45m,最大起吊质量 216t,设置 78 组塔架作为临时支撑。外侧用 800t 履带吊车、内侧用 600t 履带吊车起吊。安装完成后,将临时支撑塔架拆除。如图 9-39、图 9-40 所示。

图 9-39 "鸟巢"组合柱单元安装　　　　　图 9-40 "鸟巢"桁架单元安装

③整体提升法。该法是先将网架或其他钢结构在地面上拼装成整体,然后用起重设备将其整体提升到设计位置上加以固定。这种方法不需要高大的拼装支架,高空作业少,易于保证焊接质量,但需要较大的起重或提升设备,同步要求高,技术较复杂。

根据所用设备不同,整体安装法又分为多机抬吊法、拔杆提升法、千斤顶提升法、千斤顶顶升法等。2006 年 10 月,国家数字图书馆工程采用 64 台千斤顶,将 10 388t 钢框架整体提升(图 9-41),刷新了一次提升质量的世界纪录。2007 年 9 月,首都机场 A380 机库质量 10 500t 的钢网架屋盖整体一次提升到位,创造了一次提升面积最大、质量最大、跨度最大的世界纪录。此次提升,使用了 138 台千斤顶,由三台计算机同步控制,历时 10d,将长 352.6m、宽 114.5m、面积 4 万多平方米的屋盖网架提升到了 29m 高空。

④高空滑移法。该法是将钢屋盖结构条状单元在设于建筑物一端的高空支架上拼装,拼装后,用推拉设备沿设于高空的轨道滑移至另一端。高空滑移法包括单条滑移和累积滑移两种方法。近几年大量采用累积滑移法,如北京"五棵松篮球馆"和"国家体育馆"等工程,采用液压爬行器(爬行机器人)推动滑移。由于屋盖桁架均为四边支承,而滑移时只能靠两边滑道支承,为减少跨度,常需在跨中设置一条滑道,增加临时支点,并采取加固措施,以保证安全,如图 9-42 所示。

图 9-41 国图数字图书馆钢结构提升现场　　　　图 9-42 五棵松篮球馆滑移施工现场

四、装饰装修工程（Decoration and Fitment Engineering）

建筑装饰装修是建筑物经基础、主体结构及屋面施工后的延续，是保护、完善和美化建筑物不可或缺的一个过程，在美化环境、改善人们对物质生活和精神生活的需求方面发挥着重要作用。装饰装修主要包括抹灰、饰面、隔墙隔断、吊顶、幕墙、门窗、楼地面、涂饰、裱糊、细部装饰等工程。建筑装饰装修的作用是：能增强建筑物的美观和艺术形象；改善清洁卫生条件；增强隔热、隔声、防火、防潮等功能；还可以减少外界有害物质对建筑物的侵蚀，延长结构的使用寿命；协调设备、管线与结构的关系。

1. 抹灰工程（Plastering Engineering）

抹灰按使用材料和装饰效果不同，可分为一般抹灰和装饰抹灰两大类。抹灰通常由底层、中层、面层三个层次组成，分别起到黏结、找平和装饰作用，如图9-43所示。

1）一般抹灰

一般抹灰是指采用水泥砂浆、水泥混合砂浆、石灰砂浆、纸筋灰等抹灰材料进行涂抹施工。按质量要求和找平层个数的不同，一般抹灰分为普通抹灰和高级抹灰两个等级。施工时，先进行基体表面清理湿润，设置标志块和标志带，再进行大面抹灰，以保证墙面垂直、平整。各层之间要有一定时间间隔，总厚度一般为20～25mm。

2）装饰抹灰

装饰抹灰的种类很多，但其底层的做法基本相同，一般均为1:3水泥砂浆打底找平，仅面层的做法不同。常用装饰抹灰面层的做法有水刷石、水磨石、干粘石、剁斧石、拉毛灰、假面砖等，通过彩色石粒或装饰性工艺来达到装饰效果。施工时，先在找平层上弹线、安分格条，再进行面层施工。

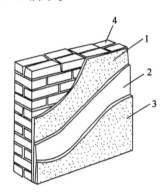

图9-43　抹灰层的组成
1-底层；2-中层；3-面层；4-基体

2. 楼地面工程（Floor Engineering）

楼地面工程是建筑物底层地面和楼层地面（楼面）的总称，包括室外散水、台阶、坡道等附属工程。其内容主要包括垫层施工、抹灰、石材或面砖铺贴、木地板安装、地毯铺设等。

3. 饰面工程（Finishing Engineering）

饰面工程就是用天然石板材、饰面砖或人造饰面板进行室内外墙面饰面。饰面砖有釉面砖（用于室内）、外墙面砖、地面砖和陶瓷锦砖等。饰面板有大理石、花岗岩等天然石板，预制水磨石板、人造大理石板、金属板、塑料板、复合板等人造饰面板。

（1）饰面砖镶贴（Inlaying Facing Bricks）

饰面砖镶贴的一般工序为底层找平→排砖→弹线→镶贴面砖→勾缝→清理。常采用1:1～1:2的水泥砂浆粘贴，粘贴前应将砖在水中浸透，并控水阴干。饰面砖与基层应黏结牢固，不得有空鼓。砖缝应横平竖直、宽度一致，砖表面应洁净，颜色均匀，嵌缝应严密、深浅一致。

（2）饰面板安装（Mounting Veneers）

大理石板、花岗岩等饰面板多用于建筑物的墙面、柱面等高级装饰。小块石材可采用水泥砂浆或胶黏剂粘贴于结构体的找平层上；大块石材饰面板安装方法有湿挂法安装（图9-44）和干挂法安装两种。干挂法是通过挂件或骨架将石材"挂在"结构体上，其施工速度快、抗震能力强,不需背后灌浆,可避免盐碱渗透而影响石材表面效果,因而得到广泛应用,如图9-45所示。

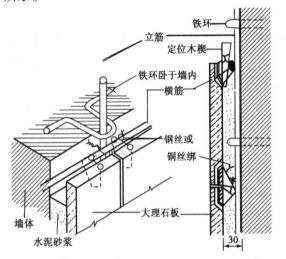

图9-44 石材湿挂法安装构造

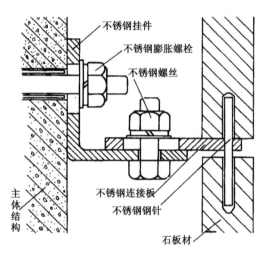

图9-45 石材干挂法安装构造

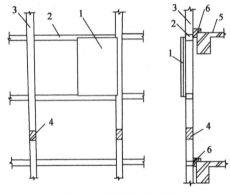

图9-46 幕墙组成示意图

1-幕墙构件;2-横梁;3-立柱;4-立柱活动接头;5-主体结构;6-立柱悬挂点

4.幕墙工程(Curtain Wall Engineering)

建筑幕墙是指由金属构件与各种板材组成的悬挂在主体结构上的围护结构。它如同罩在建筑物外的一层薄薄的帷幕。建筑幕墙是现代科学技术的产物和象征,广泛用于各种大型、重要建筑的外装饰和围护墙。

建筑幕墙按其面板种类可分为玻璃幕墙、金属幕墙、石材幕墙、木质幕墙及组合幕墙等。幕墙一般均由骨架结构和幕墙构件两大部分组成。骨架通过连接件悬挂于主体结构上,而幕墙构件则安装在骨架上。幕墙的一般构造见图9-46。

各种幕墙的施工方法基本相同,其安装工艺流程一般为:放线→框架立柱安装→框架横梁安装→幕墙构件安装→嵌缝及节点处理。

五、土木工程施工的组织(Construction Management of Civil Engineering)

土木工程施工的对象是工程项目,它们千差万别,施工过程错综复杂,没有一种固定不变的组织方法可运用于一切工程。因此,施工组织者必须依据施工对象的特点,在所有环节中精心组织,严格管理,协调好各种关系;对生产过程进行科学的分析,弄清主次矛盾和关键所在,采取有效措施,合理地组织人财物的投入,进行科学的工程排队,组织平行流水和立体交叉作业,提高对时间和空间的利用率,这样才能取得全面的经济效益和社会效益。

土木工程施工组织,就是要确定各阶段施工准备工作的内容,对人力、资金、材料、机械和施工方法等进行统筹安排,协调施工中各单位及各工种之间、各项资源之间、资源与时间之间的合理关系,按照经济和技术规律对整个施工过程进行科学合理的安排,以期达到工期短、成本低、质量好、安全、高效的目的。

1. 施工程序（Construction Program）

施工程序是指在整个工程实施阶段所必须遵循的顺序，包括承接任务、施工规划、施工准备、组织施工、竣工验收等。目前，施工单位承接工程任务的方式主要是招投标，即参加投标，中标后与建设单位签订工程承包合同而得到。合同签订后，施工承包单位应对施工条件做进一步调查分析，部署施工力量，并做好施工准备工作。初步准备完成后，施工单位可向主管部门提出开工申请。开工报告获批准后，即可进行工程的全面施工。当工程建完后，由建设单位组织设计、施工及监理等单位进行检验，认为满足设计文件和使用要求后，再由项目主管部门和地方政府部门组织验收，通过后移交建设单位使用。

2. 施工组织设计（Construction Management Plan）

工程项目施工是非常复杂的物质财富再创造的过程。为了正确处理人与物、主体与辅助、工艺与设备、专业与协作、供应与消耗、生产与储存、使用与维修以及它们在空间布置、时间安排之间的关系，必须根据拟建工程的规模、结构特点和建设单位的要求，在工程开工前，编制出一份能切实指导该工程全部施工活动的科学方案，即施工组织设计。

按工程对象的特点不同，施工组织设计可分为施工组织总设计、单位工程施工组织设计和分部（分项）工程施工方案三类。施工组织总设计是以整个建设项目或群体工程为对象，对整个建设工程的施工过程和施工活动进行全面规划、统筹安排，是总的战略部署，也是指导全局性施工的技术、经济纲要。单位工程施工组织设计是以一个单位工程为编制对象，用以指导施工全过程中各项生产技术、经济活动，控制质量、安全等各项目标的综合性管理文件。分部（分项）工程施工方案是针对某些特别重要的、技术复杂的，或采用新工艺、新技术施工的分部（分项）工程为对象编制的，用以指导其施工活动的技术文件。

施工组织设计主要包含以下几个方面内容：工程概况；施工部署及施工方案；施工进度计划；施工平面图；主要措施，包括保证质量、保证工期及安全生产、文明施工和环境保护措施等。

施工组织设计的编制程序，是根据施工组织设计中各项内容的内在联系而确定的。一般单位工程施工组织设计的编制程序见图9-47。施工组织设计编制后，应履行审核、审批手续，并在工程中贯彻实施。

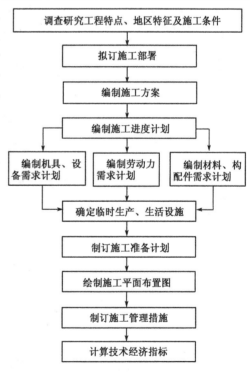

图9-47　施工组织设计的编制程序

3. 组织施工的原则（The Principle of Construction Management）

在组织工程项目施工过程中，必须遵循的基本原则是：

（1）认真贯彻国家的建设法规和制度，严格执行建设程序。

（2）遵循施工工艺和技术规律，合理安排施工程序和顺序。

（3）采用流水作业法和网络计划技术组织施工。

（4）科学地安排冬、雨期施工项目，确保全年生产的连续性和均衡性。

（5）贯彻工厂预制和现场预制相结合的方针，提高建筑工业化程度。

（6）充分发挥机械效能，提高机械化程度。

（7）尽量采用国内外先进的施工技术和科学管理方法。

（8）合理地布置施工现场，尽可能地减少暂设工程。

4. 网络计划技术的应用（Application of the Network）

网络计划技术（Network Planning Technique）是用网络图解模型表达计划管理的一种方法。其原理是应用网络图表达一项计划中各项工作的先后次序和相互关系；估计每项工作的持续时间和资源需要量；通过计算找出关键工作（Critical Activity）和关键路线（Critical path），从而选择出最合理的方案并付诸实施，然后在计划执行过程中进行控制和监督，保证最合理地使用人力、物力、财力和时间。

网络图（Network Diagram）是由箭线（Arrow）和节点（Node）按照一定规则组成的、用来表示工作流程的、有向有序的网状图形。用网络图表达任务构成、工作顺序并加注工作的时间参数的进度计划，称为网络计划（Network Planning）。目前土木工程中常用的网络计划有：双代号网络计划（Activity-on-arrow Network）、单代号网络计划（Activity-on-node Network）、双代号时标网络计划（Activity-on-arrow Time-coordinate Network）、单代号搭接网络计划（Activity-on-node Multi-dependency Network）等。图 9-48 为某工程的双代号时标网络计划。

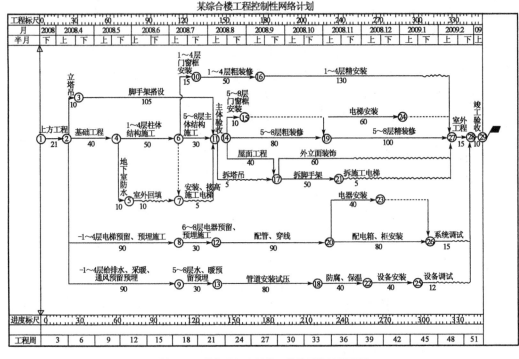

图 9-48 带有时间坐标的双代号网络计划示例

网络计划的优点，是能把工程项目中的各有关工作组成了一个有机的整体，能全面而明确地反映出各项工作之间的相互关系；可以找出影响工期的关键工作和关键线路，便于管理人员抓住主要矛盾；能够知道各项工作存在的机动时间，从而更好地运用和调配人员与设备，达到降低成本的目的；在计划执行过程中，当某一项工作因故提前或拖后时，能从网络计划中预见到它对其后续工作及总工期的影响程度,便于采取措施;可以利用计算机进行计划的编制、计算、优化和调整。对于大型、复杂、有多个单位和部门参与的工程,网络计划技术更能发挥其优异的计划管理作用。

六、施工技术发展与展望(Development and Prospect of Construction Technology)

1. 对我国施工技术水平的回顾(Review of the Level of Construction Technology)

新中国成立初期,我国经济处于恢复发展阶段,建设规模不大,建筑施工企业技术与管理水平低、装备落后,施工主要依靠手工,仅能建造一般的工业与民用建筑。"一五"期间,通过156项重点工程建设,建筑施工企业的技术和管理水平有了一定的提高。随后二十年间我国经济起伏,发展缓慢,建安工作量虽有增长,但施工企业的技术水平、管理能力和机械装备仍很低下,与经济发达国家相比,差距很大。

改革开放三十多年来,我国经济持续、高速增长,建设规模空前巨大,促进了建筑业的繁荣与发展。全国各地一批批规模宏大、技术复杂的基础设施、大型公用工程和住宅的相继建成,大大地增强了我国的国力,使人们的物质文化生活和城乡面貌得到了显著的改善。同时,也标志着我国的施工技术水平和施工能力又上了一个新的台阶。施工中采用了许多新技术,有些已达到或接近国际先进水平。但是,从总体上说,我国施工技术的整体水平与经济发达国家相比仍有一定的差距。其原因如下:

(1)土木工程施工至今仍以手工、半机械或机械作业为主体,很少有电脑控制的多机自动作业,劳动效率大大低于其他产业,因而还是一个劳动密集型的产业。

(2)施工技术中的现代高科技含量较低。目前正在快速发展的信息技术是渗透到各个产业的革命性技术,而在施工技术中,运用遥感、通信、智能和控制这样的信息技术还差距很大,对复合材料技术、微处理技术等还很少研究。

(3)专项施工技术的专业化程度低。在全国各地发展极不平衡,已有的技术成果还没有得到很好的应用。

2. 对我国施工技术发展展望(Development and Prospects of Construction Technology)

从历史与发展的视角看,施工技术定会随着工程规模的扩大及现代科技的发展而发展。当前应着重于以下几个方面:

(1)充分利用现有施工技术成果,如推广建设部推荐的新技术,进一步推进技术总结与工法制度,以充分利用新技术成果,进一步扩大技术积累,促进其转化为生产力。

(2)建立与完善专业技术分包公司,使专项技术得到不断优化、精益求精,并与现代新科技相结合。

(3)按照国家有关技术政策,开发新的专项技术,尤其是大型施工企业及国家工程研究中心,应加大科技投入,不断开发新的施工技术。如开发大规模的地下空间逆作法技术、施工机器人技术、复合材料技术、信息自动化,以及地下、水下、高空作业安全技术等。

(4)要推进设计与施工一体化,尤其在特殊结构或特大型结构工程中,设计与施工要紧密结合、共同开发,以期在施工技术上有新的突破。

(5)大力发展与运用集合技术,使现代管理与现代施工技术有机结合起来,创造出土木工程技术发展的新模式,最终实现我国土木工程的现代化。

思 考 题

1. 简述结构设计的原则。
2. 简述荷载可分为几类。
3. 什么叫做结构抗力？
4. 简述大体积混凝土施工的特点。
5. 简述模板的体系类型。
6. 预应力混凝土先张法与后张法的适用范围有何区别？
7. 简述土木工程施工的程序。

参 考 文 献

[1] 曹双寅,舒赣平,邱洪兴,等.建筑结构设计[M].南京:东南大学出版社,2005.
[2] 尹青.建筑设计构思与创新[M].天津:天津大学出版社,2002.
[3] 周立军.建筑设计基础[M].哈尔滨:哈尔滨工业大学出版社,2003.
[4] 陈秉钊.当代城市规划导论[M].北京:中国建筑工业出版社,2003.
[5] 穆静波,孙震.土木工程施工[M].北京:中国建筑工业出版社,2009.
[6] 叶志明,江见鲸.土木工程概论[M].北京:高等教育出版社,2004.
[7] 穆静波,王亮.建筑施工——多媒体辅助教材[M].北京:中国建筑工业出版社,2012.

第十章 建设法规与建设管理
Chapter 10 Construction regulations and management

第一节 建 设 法 规
Section 1 Construction Regulations

一、建设法规的概念

建设法规是指由国家权力机关或其授权的行政机关制定的,并由国家强制保证实施的,旨在调整建设活动中或建设行政管理活动中发生的各种社会关系的法律、法规的总称。它表现为建设法律、建设行政法规和部门规章、地方性的建设法规和规章。

二、建设法规的调整对象

建设法规的调整对象是发生在建设活动中的社会经济关系。根据我国的实际情况,调整的具体内容如下。

1. 行政管理关系（Administrative Relations）

行政管理关系主要指国家及其建设行政主管部门与建设单位、设计单位、施工单位及有关单位(如咨询、监理单位)之间发生的管理与被管理的关系。行政管理关系包括两个相互关联的方面:一是规划、指导、协调与服务;二是检查、监督、控制与调节。这其中不仅要明确各建设行政管理部门之间及其内部的责权利关系,而且还要科学地建立管理部门同各类建设活动主体(法人或自然人)之间规范的管理关系。这些内容由各类相关的建设法规来规定。

2. 经济协作关系（Economic Relations）

经济协作关系指各经济主体间发生的平等自愿、互利互助的协作关系,如投资主体与设计、施工单位发生的设计和施工关系,它一般以经济合同的形式确立。任何层次、类型、规模、性质和地位的经济主体在建设法规面前一律平等。

3. 民事关系（Civil Relations）

民事关系指因从事建设活动而产生的国家、单位法人、公民之间的民事权利、义务关系。主要包括:土地征用、房屋拆迁导致的拆迁安置关系;从业人员的人身和经济权利保障关系;房地产交易中买卖、租赁关系;在建设活动中发生的有关自然人的损害、侵权赔偿关系等。建设活动中的民事关系涉及国家社会利益以及个人的权益和自由,在总体上必须按国家宪法和民法的规定协调处理,但在一些具体细节上也属建设法规的调整对象,因此,必须按照民法和建设法规中的民事法律规范予以调整。

建设法规的三种具体调整对象,既彼此关联,又各具特点。它们都是因从事建设活动所形成的社会关系,但各自形成的条件不同,处理关系的原则和调整手段不同,适用的范围不同,法律后果也不完全相同。因此,这三种社会关系既不能混同,也不能相互取代。

三、建设法规地位及其与其他法的关系

1.法律地位

法律地位是指法律在整个法律体系中所处的状态,即属于哪一个法律部门且居于何等层次。建设法规主要调整三种社会关系:建设活动中的行政管理关系、经济协作关系、民事关系。这表明,建设法规是运用综合手段,对行政的、经济的、民事的社会关系加以规范和调整的法规。就其主要法律性质来说,主要属于行政法、经济法或民法的范畴。

2.与相关法律的关系

建设法规是一种综合性的部门法规,其地位是由建筑业在国民经济中的地位所决定的。这一点也可从建设法规与其他法律的关系中来认识。

1)与宪法的关系

宪法是国家的根本大法,其调整对象是最基本的社会关系,而且还规定了其他各部门法规的基本指导原则。建设法规是一种具体的法律规范,它以宪法的有关规定为依据,将国家对建设活动组织管理方面的原则规定具体化。

2)与经济法的关系

经济法是调整一定经济关系的各项经济法律规范的总称。建设活动最基本的关系是经济关系,因此,建设法规中很大一部分具有经济法的性质,与经济法的很多内容是一致的。但并不能认为建设法规完全属于经济法范畴,因为它调整的关系并不都属于经济关系,还包括行政关系和民事关系。

3)与行政法的关系

行政法是关于国家行政管理活动的法律规范的总称,其调整对象包括国家机关之间、国家机关同企事业单位和社会团体之间、国家机关同公民之间发生的关系。行政法包括程序法和实体法两部分:程序法就是行政诉讼法和行政申诉法;实体法包括企业法、税法、建筑法、邮政法、公路法、交通法、卫生法等。建设法规的调整对象之一是行政关系,因此,部分内容属于行政法范畴。

4)与民法的关系

民法是调整公民、国家机关、企事业单位和社会团体之间一定范围内的财产关系以及某些人身关系的法律规范的总和。建设活动中存在一部分民事关系,属于民法调整的范围,所以建设法规中一部分归属于民法。但当建设活动中的关系超出正常范畴且构成犯罪时,则按刑法中的有关规定处罚。

5)与环境保护法的关系

环境保护法是调整人们在保护、改善、开发利用环境的活动中所产生的社会关系的法律规范的总和,与建设法规一样,都属于新的法学领域,既有各自的特征,又有一些相同或相关之处。建设法规与环境保护法需要互相配合支持,建设法规虽不直接调整人与自然的关系,但必须遵循对环境的保护和利用。我国的《城乡规划法》、《城市市容和环境卫生管理条例》、《风景名胜区管理暂行条例》等建设法规和规范性文件,对我国的城乡环境保护的基本内容作了规定,体现了建设法规对环境保护法的支持与配合。

6)与自然资源法的关系

自然资源,包括土地资源、水资源、生物资源、矿物资源等,是人类赖以生存和发展的物质基础,必须予以法律保护。自然资源法是调整在开发、利用和管理自然资源过程中所发生的经济关系的法律规范的总和。建设活动不能以牺牲或破坏生态环境为代价,应坚持许可制度、综合利用制度、开发与保护相结合的制度。

四、建设法规的作用

1. 规范与指导建设行为

从事各种具体的建设活动应遵循一定的行为规范和准则,即建设法律规范,只有在法规允许的范围内所进行的建设行为,才能得到国家的承认与保护。

2. 保护合法建设行为

建设法规的作用不仅在于对建设主体的行为加以规范和指导,还应对一切符合本法规的建设行为给予确认和保护。这种确认和保护性规定一般是通过建设法规的原则规定来反映的。

3. 处罚违法建设行为

建设法规要实现对建设行为的规范和指导,必须对违法建设行为进行应有的处罚。否则,建设法规由于得不到实施过程中的强制制裁手段的法律保护,变得无实际意义。

五、建设法规的实施

建设法规的实施指国家机关及其公务员、社会团体、公民贯彻落实建设法规的活动,主要包括建设法规的执法和司法两个方面。

1. 建设行政执法

建设行政主管部门和被授权或被委托的单位,依法对各项建设活动和建设行为进行检查监督,并对违法行为进行处罚的行为称为建设行政执法。具体包括:

(1)建设行政决定

建设行政决定,指执法者依法对相对人的权利和义务作出单方面的处理。包括行政许可、行政命令和行政奖励。

(2)建设行政检查

建设行政检查,指执法者依法对相对人是否守法的事实进行单方面的强制性了解。主要包括实地检查和书面检查两种。

(3)建设行政处罚

建设行政处罚,指建设行政主管部门或其他权力机关对相对人实行惩戒或制裁的行为。主要包括财产处罚、行为处罚等。

(4)建设行政强制执行

建设行政强制执行,指在相对人不履行行政机关所规定的义务时,特定的行政机关依法对其采取强制手段,迫使其履行义务。

2. 建设行政司法

建设行政司法,是指建设行政机关依据法定的权限和法定的程序进行行政调解、行政复议和行政仲裁,以解决相对人争议的行政行为。主要包括以下方面。

（1）行政调解（Administrative Mediation）

行政调解，指在行政机关的主持下，以法律为依据，以自愿为原则，通过说服教育等方法，促使双方当事人通过协商互谅达成协议。

（2）行政复议（Administrative Reconsideration）

行政复议，指当相对人不服行政执法决定时，依法向指定的部门提出重新处理的申请，该指定部门据此重新审议，并作出裁决的活动。

（3）行政仲裁（Administrative Arbitration）

行政仲裁，指国家行政机关以第三者身份对特定的民事、经济和劳动争议居中调解，作出判断和裁决。

六、建设法规体系的概念

任何一个国家的法律规范，虽然所调整的社会关系的性质不同、内容和形式各异，但都是建立在共同的经济基础之上，反映同一的阶级意识，具有内在的协调一致性。法规体系，通常指由一个国家的全部现行法律规范分类组合为不同的法律部门而形成的有机联系的统一整体。

在统一的法律体系中，各种法律规范，因其所调整的社会关系的性质不同而划分成不同的法律部类，如宪法、经济法、行政法、刑法、刑事诉讼法、民法、婚姻法、民事诉讼法等。它们是组成法规体系的基本因素，既相互区别、又相互联系、相互制约，形成一个内在的统一整体。

建设法规体系，是指把已经制定和需要制定的建设法律、建设行政法规和建设部门规章等衔接起来，形成一个相互联系、相互补充、相互协调的完整统一的体系。它是国家法规体系的重要组成部分，同时又相对自成体系，具有相对独立性。根据法制统一原则、协调配套原则，要求建设法规体系必须服从国家法规体系的总要求，必须与宪法和相关法律保持一致，建设方面的法规不得与宪法、法律以及上一层次的法规相抵触。建设法规应能覆盖建设事业的各个行业、各个领域以及建设行政管理的全过程，使建设活动的各个方面都有法可依、有章可循，把每一环节都纳入法制轨道。此外，建设法规体系内部，不仅纵向的不同层次的法规之间应相互衔接，不能抵触，而且横向的法规之间也应协调配套，不能重复、矛盾或留有"空白"地带。

七、建设法规体系的构成

建设法规体系，按不同的标准和目的，可以有不同的结构。我国目前建设法规体系主要有两种：一是纵向法规体系，这是根据建设法规的层次和立法机关的地位划分的；二是横向法规体系，这是根据建设法规的不同调整对象来划分的。纵向、横向两种法规体系结合起来，形成内容相对完善的建设法规体系。

1. 建设法规的纵向体系

（1）建设法律（Construction Laws）

建设法律指由全国人民代表大会及其常务委员会审议发布的属于建设方面的各项法律。它是建设立法的最高层次，是建设法规体系的核心。比较重要的建设法律有城市规划法、城市房地产管理法、建筑法等，一般由国家主席签发。

（2）建设行政法规（Administrative Regulations for Construction）

建设行政法规指国务院依法制定或核准发布的属于建设方面的法规，包括直接以国务院令发布的，也包括经国务院批准，由国家发改委或建设部等相关部门联合发布的建设法规，一般由国务院总理签发。

（3）部门规章（Department Regulations）

部门规章指由建设部根据国务院规定的职责范围,依法制定并颁布的各种规章,其中包括建设部与国务院相关部门联合制定并发布的规章,一般由各部部长签发。

（4）地方性法规（Local Laws and Regulations）

地方法规指由省、自治区、直辖市人民代表大会及其常务委员会制定并颁布的建设法规,或由省人民政府所在地和国务院批准的较大城市的市人民代表大会及其常务委员会制定的,并报省、自治区人大及其常委会批准的各种法规,一般由各地方的行政首长签发。

（5）地方规章（Local Regulations）

地方规章指由省、自治区、直辖市、省会城市和国务院批准的较大城市的人民政府,根据法律和国务院行政法规制定并颁布的建设方面的规章,一般由各地方的行政首长签发。

以上五个层次中,下层法规要以上层法规为依据,下层法规在与上层法规相抵触时一律无效。

2. 建设法规的横向体系

从建设法律体系的横向结构看,包括建设方面的法律、行政法规、部门规章和与建设活动关系密切的相关法律、行政法规、部门规章两个方面。与建设活动关系密切的相关的法律、行政法规和部门规章,虽然不是建设部起草或制定的,但因其所包含的内容或某些规定,起着调整一部分建设活动的作用,所以在研究建设法律体系横向结构时,适当地安排了相关法律、行政法规和部门规章的地位,以使建设法律体系的结构更为完整。根据建设部①1990 年颁发的《建设法律体系规划方案》,在建设法律体系中设置 8 大项法律,即城市规划法、工程设计法、建筑业法、市政公用事业法、城市房地产法、住宅法、村镇建设法、风景名胜区法:

（1）城乡规划法

2007 年 10 月 28 日第十届全国人民代表大会常务委员会第三十次会议通过了《中华人民共和国城乡规划法》(以下简称《城乡规划法》),并于 2008 年 1 月 1 日起正式施行。它与已废止的《中华人民共和国城市规划法》相比,强调了城乡统筹,强化了监督职能,对提高城乡规划科学性与严肃性提出了更高的要求。

广义的城乡规划法,除了包括《中华人民共和国城乡规划法》外,还包括与之配套的《建设项目选址规划管理办法》(建设部 1991 年 583 号文)、《城市规划编制办法》(2005 年 10 月 28 日经建设部第 76 次常务会议讨论通过,自 2006 年 4 月 1 日起施行)、《建制镇规划建设管理办法》(建设部 1995 年第 44 号令发布,并于 2010 年 12 月 31 日经住房和城乡建设部第 68 次常务会议审议修改)等法规和规章。

（2）市政公用事业法

市政公用事业法是调整城市市政设施、公用事业、市容环境卫生、园林绿化等建设、管理活动及其社会关系的法律规范的总称,其立法目的是为了加强市政公用事业的统一管理,保证城市建设和管理工作的顺利进行。就其构成而言,它包括四大部类:市政工程管理法律法规、城市公用事业建设与管理的法律法规、城市市容和环境卫生管理法律法规、城市园林绿化法律法规。

市政工程管理法律法规包括《市政工程设施管理条例》(原城乡建设环境保护部于 1982

①现为住房和城乡建设部。全书同。

185

年 8 月 21 日颁布)、《城市道路管理条例》(国务院 1996 年第 198 号令发布)、《中华人民共和国水污染防治法》(由第十届全国人民代表大会常务委员会第三十二次会议于 2008 年 2 月 28 日修订通过,自 2008 年 6 月 1 日起施行)等。

城市公用事业建设与管理涉及的法律法规有:《城市供水条例》(国务院 1994 年第 158 号令发布)、《中华人民共和国水法》(2002 年第 74 号主席令发布)、《城市燃气管理规定》(1997 年 12 月 23 日建设部令第 62 号发布)、《中华人民共和国电力法》(1995 年第 60 号主席令)等。

城市市容和环境卫生管理法规,如国家及地方政府颁布的《城市市容管理和环境卫生管理条例》(国务院令第 101 号)、建设部《城市道路和公共场所清扫保洁管理办法》(建城字第 238 号)等。

城市园林绿化法律法规,如《城市绿化条例》(国务院 1992 年第 100 号令)等,《中华人民共和国城乡规划法》对城市园林绿化管理也有规定。

(3)建筑法

建筑法的立法目的在于加强对建筑活动的监督管理,维护建筑市场秩序,保证建筑工程的质量和安全,保障建筑活动当事人的合法权益,促进建筑业的健康发展。《中华人民共和国建筑法》经 1997 年 11 月 1 日第八届全国人大常委会第 28 次会议通过,根据 2011 年 4 月 22 日第十一届全国人大常委会第 20 次会议《关于修改〈中华人民共和国建筑法〉的决定》修正,自 2011 年 7 月 1 日起施行。本法共 8 章 85 条,分别是总则、建筑许可、建筑工程发包与承包、建筑工程监理、建筑安全生产管理、建筑工程质量管理、法律责任及附则。凡是在中华人民共和国境内从事建筑活动及实施对建筑活动的监督管理,都应当遵守该法。

(4)工程设计法

工程设计法是调整工程设计中执业资格管理、设计质量管理、技术管理以及制定设计文件的全过程活动及其社会关系的法律规范的总和,其立法目的是为了加强工程设计的管理,提高工程设计水平。工程设计法规涉及范围广、内容多,如《建设工程勘察和设计单位资质管理规定》(建设部 2007 年第 160 号令发布)、《工程勘察资质分级标准和工程设计资质分级标准》(建设部 2001 年 22 号文发布)、《建设工程勘察设计市场管理规定》(建设部 1999 年第 65 号令发布)、《建设工程勘察设计管理条例》(国务院 2000 年第 293 号令发布)等。目前,我国正在积极制定《中华人民共和国工程勘察设计法》。

(5)城市房地产管理法

城市房地产管理法是指确立和调整国家、集体、公民、法人和其他社会组织在城市规划区内进行房地产开发用地、房地产开发、房地产交易、房地产管理,以及房地产使用、修缮、服务等活动中的地位和相互权利义务关系的法律规范的总称。广义的房地产法是指房地产有关的一切法律、法规、条例、规定和办法等。狭义的城市房地产管理法指 1994 年 7 月 5 日颁布、1995年 1 月 1 日开始实施、并于 2007 年 8 月 30 日经第十届全国人民代表大会常务委员会第二十九次会议修改的《中华人民共和国城市房地产管理法》,内容包括总则、房地产开发用地、房地产开发、房地产交易、房地产权属登记等内容。

(6)住宅法

住宅法是一项调整多方面社会关系的法律,它主要规定国家的住房制度以及住房建设、分配、维修、管理的制度,明确国家、集体、个人在住房方面的权利、义务关系。其目的在于贯彻《宪法》中关于居民休息权和居住权的规定,促进住宅建设发展,不断改善公民住宅条件和提高居住水平。目前,我国正在积极制定《中华人民共和国住宅法》。

（7）村镇建设法

村镇建设法的立法目的在于加强村镇建设管理,不断改善村镇的环境,促进城乡经济和社会协调发展,推动社会主义新村镇的建设和发展。《村庄和集镇建设管理条例》(国务院第 116 号令)已经于 1993 年 5 月 7 日国务院第三次常务会议通过,自 1993 年 11 月 1 日起施行。

（8）风景名胜区法

风景名胜区法的立法目的是为了加强风景名胜区的管理、保护、利用和开发风景名胜区资源。1985 年 6 月,国务院发布了《风景名胜区管理暂行条例》。2006 年 8 月修订并颁布了《风景名胜区条例》(国务院第 474 号令),于 2006 年 12 月 1 日施行。

建设法规体系不是指单一的建设管理法典,而是包括建设法律、行政法规、部门规章、地方法规、地方规章等多层次、多方位的法律规范体系。由于我国建设立法起步较晚,有的法规已经颁布实施,有的正在起草、修订之中,目前建设法规体系还不够完善。随着社会经济的发展和客观形势的变化,《建设法律体系规划方案》中所设置的法律、行政法规、部门规章等势必有相应的调整,使我国建设法规体系在实践中不断得以充实和完善。

3. 其他主要法律规章

（1）建设工程招投标法律制度

为规范招投标活动,维护国家利益、社会利益和招标投标活动当事人的合法权益,提高经济效益,保证项目质量,全国人大于 1999 年 8 月 30 日颁布了《中华人民共和国招标投标法》。该法共有 6 章 68 条,包括总则、招标、投标、开标、评标和中标、法律责任及附则六部分。广义的招投标法律制度除《中华人民共和国招标投标法》外,还有《工程建设项目招标范围和规模标准规定》(原国家计委 2000 年 3 号令)、《房屋建筑和市政基础设施工程施工招标投标管理办法》(建设部 2001 年 89 号令)、《建设工程设计招标投标管理办法》(建设部 2000 年 82 号令)、《评标委员会和评标方法暂行规定》(原国家计委等七部委 2001 年 12 号令)、《工程建设项目招标代理机构资格认定办法》(建设部 2000 年 79 号令)等。

（2）工程建设标准

工程建设标准指对基本建设中各类工程的勘察、规划、设计、施工、安装、验收等需要协调统一的事项所制定的标准。从广义的角度来看,也包含在建设法规体系当中。工程建设标准根据标准的约束性可划分为:强制性标准、推荐性标准。根据内容划分为:设计标准、施工及验收标准、建设定额。根据属性可划分为:技术标准、管理标准、工作标准。根据标准的级别可划分为:国家标准、行业标准、地方标准、企业标准。建设部于 2000 年以第 81 号令发布《实施工程建设强制性标准监督规定》,以加强工程建设标准的贯彻实施,从而确保建设工程质量,保障人民生命、财产安全,维护社会公共利益。

（3）合同法

合同法是为了保护合同当事人的合法权益,维护社会经济秩序的目的而设立的。《中华人民共和国合同法》于 1999 年 3 月 15 日颁布,并于 1999 年 10 月 1 日起实施。共设 23 章 428 条。总则主要内容包括:合同一般规定、合同的订立、合同的效力、合同的履行、合同的变更和转让、合同的权利义务终止、违约责任等。分则主要内容包括:买卖合同、供用水电气热力合同、赠与合同、借款合同、租赁合同、融资租赁合同、承揽合同、建设工程合同、运输合同、技术合同、保管合同、仓储合同、委托合同、行纪合同、居间合同 15 种合同的主要权利义务规定。

在工程建设领域,任何一个工程项目都有一个非常复杂的合同体系,譬如业主的合同体系中包括:咨询(监理)合同、勘察设计合同、供应合同、工程施工合同、贷款合同等。承包商的合同体系包括:工程施工合同、工程分包合同、供应合同、运输合同、租赁合同、劳务合同等。无论在业主还是承包商的合同体系中,工程施工合同是最重要的合同类型。由于工程施工合同的实质内容具有统一性,因此人们对工程施工过程中一些普遍性的问题进行了标准化和规范化,形成了标准的合同条件,如我国2013年修订颁布实施的《建设工程施工合同(示范文本)》(GF—2013—0201),国际咨询工程师联合会(FIDIC)制定和颁布的系列"FIDIC合同条件"。其中,《FIDIC土木工程施工合同条件》是唯一在世界范围内发行并推广的施工合同条件。

4. 建筑规范(Building Codes)

建筑规范,指由政府授权机构所提出的建筑物安全、质量、功能等方面的最低要求。这些要求以文件的方式存在形成了建筑规范,如防火规范、建筑空间规范、建筑模数标准等。

土木工程中部分技术规范见表10-1。

土木工程部分技术规范 表10-1

专 业 方 向	规 范 名 称
土木工程材料	混凝土外加剂应用技术规范及条文说明
	土工合成材料应用技术规范
	预应力混凝土用钢绞线
	预应力混凝土用钢丝
	粉煤灰混凝土应用技术规范
	砂石骨料试验规程
	混凝土外加剂应用技术规范
	钢筋混凝土用热轧光圆钢筋
地基与基础	建筑地基基础设计规范
	建筑基桩检测技术规范
	建筑地基处理技术规范
	振冲法、砂石桩法处理地基规范
	岩土工程勘察规范
	土层锚杆与施工规范
	岩土工程勘察规范
	岩土工程基本术语标准
	公路路基设计规范
建筑工程	混凝土结构设计规范
	木结构设计规范
	建筑结构荷载规范
	住宅设计规范
	地下工程防水技术规范
	木结构设计规范
	建筑抗震设计规范

专 业 方 向	规 范 名 称
道路工程	公路路基设计规范
	公路路基施工技术规范
	公路水泥混凝土路面设计规范
	公路工程质量检验评定标准
	铁路工程岩土分类标准
	铁路路基设计规范
	铁路线路设计规范
	铁路工程地质勘察规范
	地铁设计规范
	铁路特殊路基设计规范
桥梁工程	公路钢筋混凝土及预应力混凝土桥涵设计规范
	公路桥涵施工技术规范
	公路桥涵地基及基础设计规范
	铁路桥涵地基和基础设计规范
隧道工程	公路隧道设计规范
	铁路隧道施工规范
	铁路隧道设计规范
	盾构隧道施工验收规范
工程施工	建筑地基基础工程施工质量验收规范
	盾构隧道施工验收规范
	建筑工程施工质量验收统一标准
	砌体工程施工质量验收规范
	混凝土工程施工质量验收规范
	钢结构工程施工质量验收规范
其他方向	港口工程桩基规范
	港口工程地质勘察规范
	供水水文地质勘察规范
	水利水电工程进水口设计规范
	水工建筑物抗震设计规范
	混凝土重力坝设计规范
	工程测量基本术语标准
	工程测量技术规范

第二节　建 设 管 理
Section 2　Construction Management

一、基本建设范围与分类

《关于更新改造措施与基本建设划分的暂行规定》对基本建设的范围做了明确规定：为经济、科技和社会发展的新建项目；为扩大生产能力而增建分厂、主要生产车间、矿井、铁路干支线(包括复线、码头泊位)等扩建项目；为改变生产力布局而进行的迁建项目；遭受各种自然灾害、毁坏严重，需要重建整个企、事业的恢复性项目；没有折旧资金或固定收入的行政事业单位增建业务用房和职工宿舍的项目。

1. 按照基本建设的用途分

(1)生产性建设：用于物质生产和直接为物质生产服务的建设项目。

(2)非生产性建设：为满足人民物质和文化生活需要的建设项目，如住宅建设、科教文卫体建设、公用事业建设等。

2. 按照基本建设的工作内容分

(1)建筑工程：各种建筑物的新建、改建和恢复工程。

(2)设备、工具购置：购置生产、动力、起重、运输、实验等设备和工具。

(3)安装工程：装配、安装以上设备。

(4)其他与基建有关的工作：勘察设计、土地征用、生产准备、科学实验等。

3. 按照建设规模的大小和投资的多少分

(1)大型项目。

(2)中型项目。

(3)小型项目。

其划分的标准在各行业中是不可能一样的，而且投资金额的价值又是可变的，因此无法对大中小型项目作一个客观的、不变的规定。

二、基本建设的特点

1. 基本建设的关系复杂性

基本建设因为其在国民经济中的地位和作用形成了与方方面面的错综复杂的关系，它不仅涉及与国民经济其他部门的外部关系，还涉及其内部许多方面的关系。

从外部关系看，国民经济中没有哪个部门、哪个行业，国家没有哪个地区、哪个单位能够离开基本建设。当然，基本建设也离不开国民经济各部门、各行业和国家各地区、各单位。没有基本建设，国民经济各部门无法发展；没有国民经济发展的客观需要，基本建设也无从发展。基本建设贯穿于国民经济各部门、各行业和国家各地区、各单位的发展之中，它们之间存在着极其密切的相互依存关系。

从内部关系看，基本建设必然与建设单位、施工单位、勘察设计单位、建设银行、物资供应单位等发生紧密的联系。一个基建工程的完成是众多相关单位通力协作的结果。在基本建设的全过程中，它们既要各司其职，又要自始至终地齐心合作。

2.基本建设和土地的不可分割性

基本建设是一个综合概念,它是由一个个具体的项目组成的。基本建设与土地具有不可分割的关系。每个基建项目都建造在固定的地点,并且和土地连成永远不可分割的一体,如工厂建在固定的厂址,铁轨铺在固定的路基,住宅兴建在某一地点。有的项目本身就是土地的一部分,如矿井、油田、水库、铁路、公路等。这些项目一经建成,只要还能发挥作用,就永远不再移动。没有土地,也就没有基建项目。基本建设的这一特点是任何其他生产部门所没有的。

基本建设与土地的不可分割性决定了基建项目的固定性。基建项目的固定性也是任何其他产品所没有的。

3.基本建设的独特性和多样性

每一个基建项目都有特定的用途,建造在固定的地点,受到周围各种条件的制约和影响。因此,每个基建项目都是唯一的,具有明显的独特性。当然,这种独特性也是相对的,是大范畴的独特性,而不是绝对毫无相似、相同之处的独特性。就基建项目的建设过程来看,也都是一个个单独地组织建设实施的,这也是独特性的表现形式。

基建项目的独特性决定了基建项目类型的多样性。在其他工业部门,一般来说,产品都是按同样的图纸、统一的标准和规格、固定的生产工艺和生产过程,连续、批量地生产出来的。每一项基建工程都要进行单独的勘察设计、单独组织施工、单独组织验收等。每个基建项目都有其独特的形式和结构,这样就显示出了多样性。多样性是独特性的综合,独特性和多样性组成了辩证的统一。

4.基本建设形体的庞大性、耗费的巨大性

凡基本建设项目,与其他工业产品相比,其形体都十分巨大,占地面积小至几平方公里,大至几十、几百平方公里,有的论长短,短至几公里,长至几十、几百公里,甚至几千公里;有的论体积、容积,小至几十立方米,大至几百、几千立方米,甚至几亿立方米。总之,基本建设的每一个项目受其本身的用途和作用所决定,都是庞然大物。

基建项目的庞大性又给其带来耗费巨大性的特点。一个庞大的项目哪有不耗费巨大的人力、物力、财力的,基建项目建设周期长也是造成耗费巨大的原因之一,一个基建项目往往需要几亿、几十亿、几百亿元的巨额投资,动员几百、几千、几万人员参加,用去几十吨、几百吨、几千吨,甚至几亿吨的各种建筑材料。

5.基本建设过程的长周期性、不可间断性

基建项目与土地的不可分割性、项目的固定性、耗费巨大性是造成基本建设周期长的决定性因素。一座年产量几百万吨的钢铁厂,一座容积几十亿立方米的水库,一条几百公里长的铁路等。这些工程很少有一年半载就能竣工并投入使用的,建设周期一般都需要几年。

基建项目的建设过程不可间断性又是有别于其他工业产品的特点之一。一般工业产品都可以在同一时间不同地点或空间按照一定规格和程序进行生产,而基建项目则不能。基本建设项目的建设过程,从确定投资、地点选择、勘察设计、征地拆迁、购置设备材料、组织施工、安装设备等,直至验收竣工投产或投入使用,是一个不可分割的、完整的周期性建设过程。

6.基本建设的不固定性和流动性

就基本建设项目来看,是固定不移的,正因为基本建设的固定性带来了整个基本建设工作的不固定性。一个基本建设项目在甲地完成了,新的一个项目在乙地又开始了。或者,数个基

至更多项目分别在其他的地点同时开始兴建。而工业产品从原料、材料到半成品、成品,一般都在生产线上流动,并从生产地流向使用地(或销售地)。而基建项目却是不变的,在建设过程中,生产者和设备围着它转。一旦一个项目建成,生产者异地再干,建设另一个项目。此外,基本建设还具有作业的露天性、高空性等特点。

三、建设管理的概念

建设管理就是对基本建设进行组织、指挥和协调。建设管理的内容是预测我国经济建设的发展趋势,决定基建管理的方针和体制,规划基建的规模、方向和布局,研究和决策基建项目,组织和指挥具体基建项目的设计和施工,协调基建有关部门的关系,检查和考核基建项目的质量等。

建设管理可为两个层次:宏观建设管理和微观建设管理。

宏观建设管理的任务就是研究和确定基建的投资规模和方向。研究投资规模是解决投资数量的合理界限问题。研究投资方向是解决投资的合理分配问题,包括确定合理的部门结构、产业结构、地区结构、企业规模结构、技术结构,以及生产性建设和非生产性建设的比例、新建和扩建的比例、引进项目和国内项目的比例、发达地区和"老边少"地区的投资比例等。

微观建设管理就是建设项目管理,它是从项目提出到建成投产的全过程管理,其特点是工作量大,经常性的,具体化的。微观建设管理在建设管理中具有突出的地位。建设项目是基本建设的具体化,那么建设项目管理也是微观建设管理的具体化,而且也往往是整个建设管理的缩影。因此,在很多场合凡是涉及建设管理的内容都是项目管理的内容,如计划管理、生产管理、经营管理等,尤其是生产管理和经营管理,更是就具体建设项目而言的。

四、建设管理体制

我国建设管理体制是整个国民经济管理体制的一个组成部分。新中国成立以来,建设管理体制几经变化大致可分为三个阶段:

1. 1979 年以前

三年恢复时期,建设管理权力主要集中在各大行政区。"一五"时期,基本建设实行由中央高度集中统一的管理制度。"二五"开始,随着扩大地方管理权限,许多中央企业下放地方管理,基本建设管理体制也下放地方。但时隔不久,下放给地方的基本建设审批权限又收归中央。到 1964 年,地方管理基本建设的权限又逐步扩大,但实际上又受到种种制约。1974 年开始,基本建设投资实行"四、三、三"分切,投资总额的 40% 由中央主管部直接安排,30% 由中央主管部会商地方确定,30% 由地方自行安排。

2. 1979～1984 年期间

这一时期的建设管理体制是在全国统一计划的前提下,实行分级管理的原则。基本建设投资规模和投资方向、生产力布局等由国家确定;关系全局的重大基本建设及基建主要物资的分配都由国家直接安排;其他大中型项目直接纳入国家计划,接受国家计划指导;小型项目,在统一计划的前提下,按隶属关系,分别由国务院各主管部门和地方分级管理。

3. 1984 年至今

自 1984 年以来,我国建设管理体制进行了以下几项改革。

(1)建设计划管理方面

在基本建设投资中,国家预算内拨款改贷款的投资,纳入国家信贷计划的基建投资,利用外资等安排的基建投资,由国家负责平衡,实行指令性计划。这部分投资主要用于国家需要的能源、交通、原材料、重要机械电子、重点科技、重点智力开发工程和国防军工等方面的建设。地方、部门自筹投资,国家统借、地方自还和地方、部门自借自还的外资安排的基建投资,由地方、部门负责平衡,经国家发改委审核确定计划额度,执行中允许在 10% 范围内浮动。城乡集体所有制单位的基建投资,由各省、自治区、直辖市进行估算,实行指导性计划,报国家发改委备案。

(2)基本建设资金管理办法

从 1985 年起,凡是由国家预算内拨款安排的基本建设,一律改为银行贷款,并对不同的项目实行差别利率,规定不同的还款期限。

(3)全面推行基本建设投资包干责任制

建设单位对国家计划确定的基建项目,按建设规模、投资总额、建设工期、工程质量和材料消耗包干,实行责、权、利相结合的经营管理责任制。

(4)全面推行工程招标承包制

1984 年,国家决定改变原来单纯用行政手段分配建设任务的办法,一律实行招标承包制。在国家统一计划和监督下,由发包单位公开招标,择优选用勘察设计和建筑施工单位。凡经审查合格的所有勘察设计、建筑施工单位都可以在平等的条件下参加投标。

(5)推行工程建设监理制度

把原来工程建设管理由业主和承建单位承担的体制,变为由业主、监理单位和承建单位三方共同承担的新的管理体制,进一步理顺工程建设各行为主体之间的关系,促进工程建设管理的健康发展。

(6)建立工程承包公司

组建具有法人地位的、自负盈亏的工程承包公司,负责组织工业、交通等生产性项目的建设。它们主要通过市场招投标,对建设项目的可行性研究、勘察设计、设备选购、材料订货、工程施工、生产准备、竣工投产,实行全过程总承包或部分承包。

(7)勘察设计企业化、社会化

勘察设计单位已由"事业型"转变为"企业型",它们打破部门、地区界限,成为具有独立法人地位的、自负盈亏的设计商品生产者和经营者。

(8)改革工程质量监督办法

大中型工业、交通建设项目,由建设单位负责监督检查。建立有权威的工程质量监督机构,根据有关法规和技术标准,对本地区的工程进行质量监督检查。

五、建设项目管理程序

程序就是一定的规程和次序。事物的发生、发展、进展都有一定的客观规程和次序。复杂浩大的建设项目更应有一定的程序。建设项目管理程序是指一个项目从酝酿、规划、决策、设计、施工到建成投产所经历的全过程中各项工作的开展顺序。它反映了建设项目各个环节的内在联系和客观要求。现行的建设项目管理程序大致如下。

1.提出项目建议书

项目建议书是项目建设的轮廓设想和立项的先导,由项目主管单位根据国民经济和社会发展的长期计划,行业及部门发展规划以及地区和城市发展规划的要求提出。以生产性建设

项目为例,项目建议书应包括以下主要内容:

(1)建设项目提出的必要性和依据。

(2)产品方案,拟建规模和建设地点的初步设想。

(3)资源情况、建设条件、协作关系和引进国别、厂商的初步分析。

(4)投资估算和资金筹措设想。

(5)项目的进度安排。

(6)经济效果和社会效益的初步估计。

项目建议书按建设项目管理权限审批后,分别纳入中央、部门或地方的前期工作,由主管部门、地区、企业组织或委托有关单位进行可行性研究。

2. 可行性研究

可行性研究是对拟建项目的必要性和可行性进行分析、预测的一种科学方法,是建设项目决策的依据。其主要任务是对项目在技术、经济、工程和外部协作条件等方面是否合理可行,进行全面分析、论证、优选,推荐最佳方案,为编审设计任务书提供准确可靠的依据。大中型项目的可行性研究报告,先按隶属关系由项目主管部门或地区发改委预审,再由国家发改委委托中国国际工程咨询公司对其可行性研究报告进行评估,提出评估意见,作为国家发改委对建设项目抉择时的主要参考。

3. 编审设计任务书

设计任务书又称计划任务书、设计计划任务书,是确定建设项目和建设方案的基本文件,是编制设计文件的依据。它包括建设规模、建设依据、建设布局、建设进度等内容。改扩建的大中型项目的设计任务书,还应包括原有固定资产的利用程度和现有生产潜力的发挥情况。新建的大工业区、新开发的大矿区、林区,要有区域规划;重大水利枢纽和水电站工程,要有流域规划;铁道干线,要有路网规划;跨省区长距离输油、输气管线要有管网规划。小型建设项目的设计任务书的内容可以简化。

设计任务书必须根据审批权限的规定经过有关部门的审批。大中型项目的设计任务书由国家计委审批,其中投资 2 亿元以上的项目由国家发改委报国务院审批,小型项目由主管部门或地方审批。

4. 编审设计文件

建设项目设计任务书和选址报告经审批后,主管部门即可委托设计单位编制设计文件。设计文件是具体指导工程建设的蓝图。

设计工作是分阶段进行的。大中型项目一般采用两阶段设计:初步设计和施工图设计。重大项目和特殊项目,增加技术设计阶段。初步设计是在设计任务书规定的建设规模、产品方案、工程标准、建设地址、总投资等控制性指标和范围内进行详细安排和落实,阐明工程在技术上的可行性和经济上的合理性,编制项目的总概算。技术设计是具体确定初步设计中采取的工艺过程,设备的选择及其数量、建设规模和技术经济指标,编制修正总概算。施工图设计是在初步设计或技术设计的基础上,将设计的工程加以形象化。施工图设计图纸一般包括:施工总平面图、房屋建筑施工平面图和剖面图、安装施工详图、各种专门工程的施工图、非标准设备加工详图,以及设备和各类材料明细表等。

5. 制订年度建设计划

大中型项目的建设往往要跨越几个年度,因此要根据经过批准的总概算和总工期,合理安排各年度建设的内容和投资。年度计划投资安排要与中长期规划的要求相适应,要保证建设的节奏性和连续性,且要在预定的周期内建成。批准的年度建设计划是进行建设项目拨款或贷款的主要依据。

6. 施工准备

建设项目的设计经批准并列入年度建设计划后,即可进行各项准备工作。准备工作的主要内容有:

(1)征地拆迁、平整场地,接通电源、水源,开通道路。

(2)通过招标,选定施工单位,签订承发包合同。

(3)修建临时生产和生活设施。

(4)组织材料设备订货。

(5)提出开工报告,报请项目主管部门审批。

7. 组织施工

开工报告一经批准,项目即可开工建设。组织工程施工是建设项目管理程序中决定性的一环,只有它才能把基建项目的构想、设计蓝图变成现实——有形的、实实在在的建筑物或构筑物。

施工过程是一个复杂的生产过程和管理过程。施工要讲文明,管理要讲科学。在施工前要认真做好施工图纸的会审工作,明确质量要求和验收规范。根据工程特点采取合理的施工顺序,只有按照一定的顺序操作,才能保证施工的顺利进行。与此同时要加强经济核算,提高经济效益。

8. 生产准备

生产性建设项目应该在施工的同时进行生产准备工作。它主要包括:

(1)招收和培训生产和管理人员。

(2)组织生产管理机构,制订管理制度。

(3)订购工装、器具、备品、备件。

(4)组织生产管理人员准备参加设备安装调试和工程验收。

(5)搜集生产技术资料,产品样品等。

生产准备是衔接项目建设和项目生产的一个不可逾越的环节。搞好生产准备,对项目建成后及时投产并尽快达到设计能力、提高投资效益有重要作用。

9. 竣工验收

基建项目按照批准的计划和设计文件建成后,要及时验收,办理固定资产移交手续,交付使用。验收条件是生产性建设项目经投料试车或带负荷试运转,能正常生产出符合设计规定的合格产品,并形成一定比例的设计生产能力;非生产性项目符合设计要求,能正常使用。竣工项目在验收前,建设单位要组织设计、施工等单位进行初验,向主管部门提出验收报告,并系统整理技术资料和绘制竣工图,分类立卷。

六、工程建设相关执业资格制度

1. 注册建筑师(Registered Architect)制度

为了加强对注册建筑师的管理,提高建筑设计质量与水平,保障公民生命和财产安全,维护社会公共利益,国务院于1995年9月发布了第184号令《中华人民共和国注册建筑师条例》(以下简称《建筑师条例》)。至此,中国注册建筑师制度正式建立起来。为了更好地贯彻《建筑师条例》,1996年7月,建设部发布第52号令《中华人民共和国注册建筑师条例实施细则》。

(1)注册建筑师是指依法取得注册建筑师证书并从事房屋建筑设计及相关业务的人员。注册建筑师制度是建筑设计人员执业技术资格认证和设计行业管理的一种国际惯例,是被世界大多数发达国家实践证明的一种以法制手段进行管理的行之有效的办法,包括严格的资格审查与考试制度、注册制度和相应的管理制度。

我国注册建筑师级别设置分为一级注册建筑师和二级注册建筑师。其中,一级注册建筑师注册标准不低于目前发达国家现行注册标准。这就为国际相互承认注册建筑师资格和相互开放设计市场提供了前提条件。同时,考虑到我国目前建筑设计市场的特点和高水平设计人员还比较少的现实情况,设置了二级注册建筑师,以完成建筑面积较小、结构较简单的建筑设计工作。

(2)注册建筑师实行全国统一考试制度和注册管理办法。为确保注册建筑师的质量,特别对一级、二级注册建筑师接受专业教育的学历、职业实践、年限等分别作出了具体的规定。在建筑师注册过程中,主要考察其专业技术水平、职业道德等是否达到要求。一级注册建筑师由全国注册建筑师管理委员会负责注册和管理,并报建设部备案。二级注册建筑师由省、自治区、直辖市注册建筑师管理委员会负责注册和管理,报建委(或建设厅)备案。

(3)注册建筑师的执业范围,包括建筑设计、建筑设计技术咨询、建筑物调查与鉴定以及对本人主持设计的项目进行施工指导和监督等。只有注册的建筑师才能以注册建筑师的名义从事建筑设计业务活动。注册建筑师执行建筑设计业务必须受聘于有设计法人资格的设计单位,并由设计单位委派。但注册建筑师不得同时受聘于两个或两个以上设计单位。设计单位出具的设计图纸须由负责该项目的注册建筑师签字。由于设计质量造成的经济损失由设计单位赔偿,设计单位有权对签字注册建筑师进行追偿。

2. 注册结构工程师(Registered Structural Engineer)制度

为了加强对结构工程设计人员的管理,提高工程设计质量与水平,保障公众生命和财产安全,维护社会公共利益,国家把注册结构工程师资格制度纳入专业技术人员执业资格制度中,注册结构工程师由国家确认批准。建设部和人事部①共同发布了《关于印发〈注册结构工程师执业资格制度暂行规定〉的通知》(建设办(1999)222号)。

注册结构工程师,是指取得中华人民共和国注册结构工程师资格证书和注册证书,从事房屋结构、桥梁结构及塔架结构等工程设计及相关业务的专业技术人员。有关注册结构工程师资格制度规定如下:

(1)注册结构工程师分为一级和二级注册结构工程师。

(2)注册结构工程师考试实行全国统一大纲、统一命题、统一组织的办法,原则上每年举行一次。取得注册结构工程师资格证书者,要从事结构工程业务的,须申请注册。

(3)注册结构工程师注册有效期为2年,有效期届满需要继续注册的,应当在期满前30日内办理注册手续。

(4)注册结构工程师的执业范围包括:

----

①现为人力资源和社会保障部。

①结构工程设计；

②结构工程设计技术咨询；

③建筑物、构筑物、工程设施等调查和鉴定；

④对本人主持设计的项目进行施工指导和监督；

⑤建设部和国务院有关部门规定的其他业务。

一级注册结构工程师的执业范围不受工程规模及工程复杂程度的限制。

(5)注册结构工程师有权以注册结构工程师的名义执行注册结构工程师业务。非注册结构工程师不得以注册结构工程师的名称执行注册结构工程师业务。

注册结构工程师执行业务，应当加入一个勘察设计单位，由勘察设计单位统一接受委托并统一收费。

(6)因结构设计质量造成的经济损失，由勘察设计单位承担赔偿责任；勘察设计单位有权向签字的注册结构工程师追偿。

3. 注册建造师(Registered Constructor)制度

为了加强对注册建造师的管理，规范注册建造师的执业行为，提高工程项目管理水平，保证工程质量和安全，依据《建筑法》、《行政许可法》、《建设工程质量管理条例》等法律、行政法规，2006年12月28日建设部发布了《注册建造师管理规定》(建设部令第153号)，并自2007年3月1日起施行。

(1)注册建造师是指通过考核认定或考试合格取得中华人民共和国建造师资格证书(以下简称资格证书)，并按照本规定注册，取得中华人民共和国建造师注册证书(以下简称注册证书)和执业印章，担任施工单位项目负责人及从事相关活动的专业技术人员。

(2)国务院建设主管部门对全国注册建造师的注册、执业活动实施统一监督管理；国务院铁路、交通、水利、信息产业、民航等有关部门按照国务院规定的职责分工，对全国有关专业工程注册建造师的执业活动实施监督管理。注册建造师分为一级注册建造师和二级注册建造师。一级注册建造师由国务院建设主管部门核发《中华人民共和国一级建造师注册证书》，并核定执业印章编号。二级建造师由省、自治区、直辖市人民政府建设主管部门负责受理和审批。注册建造师的具体执业范围按照《注册建造师执业工程规模标准》执行。

(3)取得建造师资格证书的人员应当受聘于一个具有建设工程勘察、设计、施工、监理、招标代理、造价咨询等一项或者多项资质的单位，经注册后方可从事相应的执业活动；担任施工单位项目负责人的，应当受聘并注册于一个具有施工资质的企业。注册建造师不得同时在两个及两个以上的建设工程项目上担任施工单位项目负责人。

(4)注册建造师可以从事建设工程项目总承包管理或施工管理，建设工程项目管理服务，建设工程技术经济咨询，以及法律、行政法规和国务院建设主管部门规定的其他业务。建设工程施工活动中形成的有关工程施工管理文件，应当由注册建造师签字并加盖执业印章。施工单位签署质量合格的文件上，必须有注册建造师的签字盖章。

4. 注册造价工程师(Registered Cost Engineer)制度

为了加强对注册造价工程师的管理，规范注册造价工程师执业行为，维护社会公共利益，2006年12月25日，建设部发布了《注册造价工程师管理办法》(原建设部令第150号)，并自2007年3月1日起施行。

(1)注册造价工程师是指通过全国造价工程师执业资格统一考试或者资格认定、资格互认,取得中华人民共和国造价工程师执业资格(以下简称执业资格),并按照本办法注册,取得中华人民共和国造价工程师注册执业证书(以下简称注册证书)和执业印章,从事工程造价活动的专业人员。

(2)国务院建设主管部门对全国注册造价工程师的注册、执业活动实施统一监督管理;国务院铁路、交通、水利、信息产业等有关部门按照国务院规定的职责分工,对有关专业注册造价工程师的注册、执业活动实施监督管理。省、自治区、直辖市人民政府建设主管部门对本行政区域内注册造价工程师的注册、执业活动实施监督管理。

(3)注册造价工程师执业范围包括:

①建设项目建议书、可行性研究投资估算的编制和审核,项目经济评价,工程概、预、结算、竣工结(决)算的编制和审核。

②工程量清单、标底(或者控制价)、投标报价的编制和审核,工程合同价款的签订及变更、调整、工程款支付与工程索赔费用的计算。

③建设项目管理过程中设计方案的优化、限额设计等工程造价分析与控制,工程保险理赔的核查。

④工程经济纠纷的鉴定。

(4)注册造价工程师应当在本人承担的工程造价成果文件上签字并盖章。修改经注册造价工程师签字盖章的工程造价成果文件,应当由签字盖章的注册造价工程师本人进行;注册造价工程师本人因特殊情况不能进行修改的,应当由其他注册造价工程师修改,并签字盖章;修改工程造价成果文件的注册造价工程师对修改部分承担相应的法律责任。

第三节　建　设　监　理
Section 3　Construction Supervision

一、建设监理制度简介

建设工程项目管理简称建设监理,在国外统称工程咨询,是建设工程项目实施过程中一种科学的管理方法。它把建设工程项目的管理纳入社会化、法制化轨道,做到高效、严格、科学、经济。建设监理盛行于西方发达国家,目前已形成国际惯例。

建设监理是对建设前期的工程咨询,建设实施阶段的招标投标、勘察设计、施工验收,直至建设后期的运转保修在内的各个阶段的管理与监督。建设监理机构,指符合规定条件而经批准成立、取得资格证书和营业执照的监理单位,受业主委托,依据国家法律、法规、规范、批准的设计文件和合同条款,对工程建设实施的监理。社会监理是委托性的,业主可以委托一个单位监理,也可同时委托几个单位监理。监理范围可以是工程建设的全过程监理,也可以是阶段监理。即项目决策阶段的监理和项目实施阶段的监理。我国目前建设监理主要是项目实施阶段的监理。在业主、承包商和监理单位三方中,是以经济为纽带、合同为依据进行制约的,其中经济手段是达到控制建设工期、造价和质量三个目标的重要因素。

实施建设监理是有条件的。其必要条件是须有建设工程,有人委托;充分条件是具有监理组织机构、监理人才、监理法规、监理依据和明确的责、权、利保障。

二、建设监理委托合同的形式与内容

建设监理一般是项目法人通过招标投标方式择优选定监理单位。监理单位在接受业主的委托后,必须与业主签订建设监理委托合同,才能对工程项目进行监理。建设监理委托合同主要有以下四种形式。

第一种形式是根据法律要求制订,由适宜的管理机构签订并执行的正式合同。

第二种形式是信件式合同,较简单,通常是由监理单位制订,由委托方签署一份备案,退给监理单位执行。

第三种形式是由委托方发出的执行任务的委托通知单。这种方法是通过委托通知单,把监理单位在争取委托合同时提出的建议中所规定的工作内容委托给他们,成为监理单位所接受的协议。

第四种形式就是标准委托合同。现在世界上较为常见的一种标准委托合同格式是国际咨询工程师联合会(FIDIC)颁布的《雇主与咨询工程师项目管理协议书国际范本与国际通用规则》,最新版本是《业主、咨询工程师标准服务协议书》。

由 FIDIC 专业委员会所编制的《土木工程施工合同》(简称 FIDIC 合同条件),总结了世界各国土木工程建设管理数十年的经验,以严谨性、科学性和公正性著称。它科学地把土建工程技术、经济、法律有机地结合,并用合同形式加以固定,详细地规定了承包人、业主的义务和权利以及工程师的职责和权限。现在 FIDIC 合同条件已成为国际公认的标准合同范本,在国际上被广泛采用,所以又称为国际通用合同条件。

三、工程建设监理的主要工作任务和内容

监理的基本方法就是控制,基本工作是"三控"、"两管"、"一协调"。"三控"是指监理工程师在工程建设全过程中的工程进度控制、工程质量控制和工程投资控制;"两管"是指监理活动中的合同管理和信息管理;"一协调"是指全面的组织协调。

(1)工程进度控制是指项目实施阶段(包括设计准备、设计、施工、使用前准备各阶段)的进度控制。其控制的目的是:通过采用控制措施,确保项目交付使用时间目标的实现。

(2)工程质量的控制,实际上是指监理工程师组织参加施工的承包商,按合同标准进行建设,并对形成质量的诸因素进行检测、核验,对差异提出调整、纠正措施的监督管理过程,这是监理工程师的一项重要职责。在履行这一职责的过程中,监理工程师不仅代表了建设单位的利益,同时也要对国家和社会负责。

(3)工程投资控制不是指投资越省越好,而是指在工程项目投资范围内得到合理控制。项目投资目标的控制是使该项目的实际投资小于或等于该项目的计划投资(业主所确定的投资目标值)。

总之,要在计划投资范围内,通过控制手段,以实现项目的功能、建筑的造型和质量的优化。

(4)合同管理。建设项目监理的合同贯穿于合同的签订、履行、变更或终止等活动的全过程,目的是保证合同得到全面认真的履行。

(5)信息管理。建设项目的监理工作是围绕着动态目标控制展开的,而信息则是目标控制的基础。信息管理就是以电子计算机为辅助手段对有关信息的收集、储存、处理等。信息管理的内容是:信息流程结构图(反映各参加单位间的信息关系);信息目录表(包括信息名称、

信息提供者、提供时间、信息接受者、信息的形式);会议制度(包括会议的名称、主持人、参加人、会议举行的时间);信息的编码系统;信息的收集、整理及保存制度。

(6)协调是建设监理能否成功的关键。协调的范围可分为内部的协调和外部的协调。内部的协调主要是工程项目系统内部人员、组织关系、各种需求关系的协调。外部的协调包括与业主有合同关系的施工单位、设计单位的协调和与业主没有合同关系的政府有关部门、社会团体及人员的协调。

四、建设工程的监理

实行监理的建设工程,建设单位应当委托具有相应资质等级的工程监理单位进行监理,也可以委托具有工程监理相应资质等级并与被监理工程的施工承包单位没有隶属关系或者其他利害关系的该工程的设计单位进行监理。

1. 建设工程监理范围

下列建设工程必须实行监理:

(1)国家重点建设工程。

(2)大、中型公用事业工程。

(3)成片开发建设的住宅小区工程。

(4)利用外国政府或者国际组织贷款、援助资金的工程。

(5)国家规定必须实行监理的其他工程。

2. 建设工程监理单位的质量责任和义务

(1)工程监理单位应当依法取得相应等级的资质证书,并在其资质等级许可的范围内承担工程监理业务。禁止工程监理单位超越本单位资质等级许可的范围或者以其他工程监理单位的名义承担工程监理业务。禁止工程监理单位允许其他单位或者个人以本单位的名义承担工程监理业务。工程监理单位不得转让工程监理业务。

(2)工程监理单位与被监理工程的施工承包单位以及建设材料、建筑构配件和设备供应单位有隶属关系或者其他利害关系的,不得承担该项建设工程的监理业务。

(3)工程监理单位应当依照法律、法规以及有关技术标准、设计文件和建设工程承包合同,代表建设单位对施工质量实施监理,并对施工质量承担监理责任。

(4)工程监理单位应当选派具备相应资格的总监理工程师和监理工程师进驻施工现场。未经监理工程师签字,建筑材料、建筑构配件和设备不得在工程上使用或者安装,施工单位不得进行下一道工序的施工;未经总监理工程师签字,建设单位不拨付工程款,不进行竣工验收。

(5)监理工程师应当按照工程监理规范的要求,采取旁站、巡视和平行检验等形式,对建设工程实施监理。

五、建设监理程序与管理

1. 建设监理程序

监理单位应根据所承担的监理任务,组建工程建设监理机构。承担工程施工阶段的监理,监理机构应进驻施工现场。

工程建设监理一般按下列程序进行:

(1)编制工程建设监理规划。

（2）按工程建设进度，分专业编制工程建设监理细则。

（3）按照建设监理细则进行工程建设监理。

（4）参与工程竣工预验收，签署工程建设监理意见。

（5）工程建设监理业务完成后，向项目法人提交工程建设监理档案资料。

2. 监理企业资质审查与管理

监理企业实行资质审批制度。《工程监理企业资质管理规定》对监理企业的资质审查、分级标准、申请程序、监理业务范围及管理机构与相应职责均做了详细的规定。简要介绍如下：

监理企业的资质根据其人员素质、专业技能、管理水平、资金数量及实际业绩分为甲、乙、丙三级。

设立监理企业或申请承担监理业务的企业到工商行政管理部门登记注册并取得企业法人营业执照后，方可到建设行政主管部门办理资质申请手续，经资质审查后取得《监理申请批准书》，才可从事监理活动。

3. 监理工程师的考试、注册与管理

监理工程师实行注册制度。《注册监理工程师管理规定》已于2005年12月31日经建设部第83次常务会议讨论通过，自2006年4月1日起施行。《注册监理工程师管理规定》规定工程监理从业人员应先经资格考试，取得《中华人民共和国监理工程师资格证书》，再经监理工程师注册机关注册，取得《中华人民共和国注册监理工程师注册执业证书》和执业印章，并被监理单位聘用，方可从事工程建设监理业务。未取得注册证书和执业印章的人员，不得以注册监理工程师的名义从事工程监理及相关业务活动

六、监理工程师的素质

工程建设监理是一种高智能的技术服务活动。这种活动的效果，不仅取决于监理队伍的总量能否满足监理业务的需要，而且取决于监理人员，尤其是监理工程师的水平。

1. 监理工程师的概念和素质

注册监理工程师，是指经考试取得中华人民共和国监理工程师资格证书（以下简称资格证书），并按照本规定注册，取得中华人民共和国注册监理工程师注册执业证书（以下简称注册证书）和执业印章，从事工程监理及相关业务活动的专业技术人员。

从事工程建设监理工作，但尚未取得注册证书的人员统称为监理员。在工作中，监理员与监理工程师的区别主要在于监理工程师具有相应岗位责任的签字权，监理员没有相应岗位责任的签字权。

监理单位的职责是受工程项目建设单位的委托对工程建设进行监督和管理。具体从事监理工作的监理人员，不仅要有较强的专业技术能力和较高的政策水平，能够对工程建设进行监督管理，提出指导性的意见，而且要能够组织、协调与工程建设有关的各方共同完成工程建设任务。就是说，监理人员既要具备一定的工程技术或工程经济方面的专业知识，还要有一定的组织协调能力。就专业知识而言，既要精通某一专业，又要具备一定水平的其他专业知识。所以说，监理工程师是一种复合型人才。对这种高素质复合型人才的要求，主要体现在以下几个方面。

（1）具有良好的专业背景和多学科专业知识

现代工程建设，工艺越来越先进，材料、设备越来越新颖，而且规模大、应用技术门类多，需

要组织多专业、多工种人员,形成分工协作的群体。在监理工作中,监理工程师不仅要担负一般的组织管理工作,而且要指导参加工程建设的各方搞好工作。所以,监理工程师不具备上述理论知识就难以胜任监理岗位的工作。

工程建设涉及的学科很多,其中主要学科就有十多种。作为一名监理工程师,不可能学习和掌握这么多的专业理论知识。但是,起码应学习、掌握一种专业理论知识。没有专业理论知识的人员决不能充任监理工程师。监理工程师还应力求了解或掌握更多的专业学科知识。无论监理工程师已掌握哪一门专业技术知识,都必须学习、掌握一定的工程建设经济、法律和组织管理等方面的理论知识,从而做到一专多能,成为工程建设中的复合型人才。

(2)有丰富的工程建设实践经验

工程建设实践经验就是理论知识在工程建设中应用的经验。一般来说,一个人在工程建设中工作的时间越长,经验就越丰富。反之,则经验不足。不少人研究指出,工程建设中出现失误,往往与经验不足有关。当然,若不从实际出发,单凭以往的经验,也难以取得预期的成效。

要求监理工程师具有丰富的实践经验,为此,在监理工程师的资格考试中,要求取得中级技术职称后还要有三年的工作实践,方可参加监理工程师的资格考试。

(3)要有良好的品德和有健康的体魄、充沛的精力

监理工程师的良好品德主要体现在以下几个方面:热爱社会主义祖国、热爱人民、热爱建设事业;具有科学的工作态度;廉洁奉公、为人正直、办事公道;能听取不同意见,而且有良好的包容性。

尽管工程建设监理是一种高智能的技术服务,以脑力劳动为主,但是也必须具有健康的身体和充沛的精力,才能胜任繁忙、严谨的监理工作。工程建设施工阶段,由于露天作业,工作条件艰苦,往往工期紧迫、业务繁忙,更需要有健康的身体;否则,将难以胜任工作。因此规定年满65周岁的监理工程师就不再注册。

2. 监理工程师的职业道德与纪律

工程建设监理是建设领域中一项高尚的工作。为了确保建设监理事业的健康发展,对监理工程师的职业道德和工作纪律都有严格的要求,在有关法规里也作了具体的规定。

(1)职业道德:维护国家的荣誉和利益,按照"守法、诚信、公正、科学"的准则执业;执行有关工程建设的法律、法规、规范、标准和制度,履行监理合同规定的义务和职责;努力学习专业技术和建设监理知识,不断提高业务能力和监理工作水平;不以个人名义承揽监理业务;不同时在两个或两个以上的监理单位注册和从事监理活动,不在政府部门和施工、材料设备的生产供应等单位兼职;不得为所监理项目指定承建商、建筑构配件、设备、材料和施工方法;不得收受被监理单位的任何礼金;不泄露所监理工程各方认为需要保密的事项;坚持独立自主地开展工作。

(2)工作纪律:遵守国家的法律和政府的有关条例、规定和办法等;认真履行工程建设监理合同所承诺的义务和承担约定的责任;坚持公正的立场,公平地处理有关各方的争议;坚持科学的态度和实事求是的原则;坚持按监理合同的规定在向业主提供技术服务的同时帮助被监理者完成其担负的建设任务;不以个人的名义在报刊上刊登承揽监理业务的广告;不得损害他人名誉;不泄露所监理的工程需保密的事项;不在任何承建商或材料设备供应商中兼职;不擅自接受业主额外的津贴,也不接受被监理单位的任何津贴,不接受可能导致判断不公的报酬。

监理工程师违背职业道德或违反工作纪律,由政府执法部门没收其非法所得,收缴或吊销其注册证书和印章,并处以罚款。情节严重者,追究其刑事责任。

思 考 题

1. 试从完善相关建设法规的角度,思考如何解决"农民工工资拖欠"问题。

2. 联系注册监理工程师、注册建造师、注册造价工程师、注册结构工程师等执业资格制度,思考土建类专业学生应该培养和具备哪些知识、能力和素质。

3. 试从职业道德建设的角度,思考工程从业人员如何预防工程贪污、受贿等腐败现象的发生。

4. 简述建设法规的调整对象。

5. 简述建设项目管理的程序。

6. 比较宏观建设管理和微观建设管理的相同点和不同的。

7. 简述建设监理的主要工作任务。

8. 简述必须实行监理的工程范围。

参 考 文 献

[1] 朱宏亮. 建设法规[M]. 武汉:武汉工业大学出版社,2000.

[2] 黄安永. 建设法规[M]. 南京:东南大学出版社,2002.

[3] 成虎. 工程项目管理[M]. 北京:高等教育出版社,2004.

[4] 韩明,邓祥发. 建设工程监理基础[M]. 天津:天津大学出版社,2004.

[5] 丁士昭. 工程项目管理[M]. 北京:中国建筑工业出版社,2005.

[6] 庞永师. 工程建设监理[M]. 广州:广东科技出版社,2007.

[7] 王孟钧. 建设法规[M]. 武汉:武汉理工大学出版社,2008.

[8] 任宏. 工程管理概论[M]. 武汉:武汉理工大学出版社,2008.

第十一章 土木工程的新领域及发展前景

Chapter 11 New Field and Development Prospect of Civil Engineering

第一节 土木工程的防灾减灾与计算机应用

Section 1 Disaster Prevention and Reduction and Computer Application in Civil Engineering

随着社会发展和科学技术的进步,土木工程也在不断地扩充新的领域,创造新的成就,这是一代代土木工程工作者辛勤劳动的结晶。目前土木工程在海洋工程、航空航天工程、核能和平利用、防灾减灾、地下工程、计算机应用、国际工程、房地产开发、工程结构改造与加固等新领域都有重大发展和突破,有些领域已经形成或正在形成新的学科,了解这些新领域的内容和发展方向很有必要。下面仅就土木工程防灾减灾及计算机在土木工程中的应用作简要介绍。

一、土木工程的防灾与减灾(Disaster Prevention and Disaster Reduction in Civil Engineering)

1. 概述(General Overview)

全世界每年都发生很多自然和人为的灾害,严重的灾害能够导致土木工程设施的倒塌和破坏,造成巨大的经济损失和人员伤亡。

联合国开发计划署 2004 年发表了《减少灾害危险》的报告,指出在过去 20 年中,全球有 150 万人死于自然灾害,平均每天有 184 人死亡,死亡者中生活在贫穷国家的占 53%,自然灾害给发展中国家带来的损失远远超过发达国家。该报告还指出,每年全球面临地震、热带风暴、洪水和干旱威胁的人口分别为 1.3 亿人、1.19 亿人、1.96 亿人和 2.2 亿人。2012 年联合国减灾署在发表的报告中称,2000 年至 2011 年的 12 年间,全球因自然灾害带来的经济损失高达 1.38 万亿美元,受灾人口总计 27 亿人,死亡 110 万人。

我国是一个自然灾害品种齐全且发生频率很高的国家,各种自然灾害带来的损失是相当严重的。如 1976 年唐山发生里氏 7.8 级的强烈地震,导致 24 万人遇难;1991 年淮河、长江支流、松花江干流的水灾,死亡 5113 人,直接经济损失 779.08 亿元;1998 年长江和嫩江发生特大洪水,在 60 余天的抗洪抢险斗争中,仅出动的人力就有解放军 27.4 万人和沿江群众 800 万人;2004 年第 14 号台风"云娜"侵袭浙江,造成 164 人死亡,24 人失踪,受灾人口达 1 299 万人,直接经济损失达 181.28 亿元;2008 年"5·12 汶川地震",导致 69 227 人遇难,374 643 人受伤,失踪人数为 17 923 人,造成的直接经济损失达 8 452 亿元。

面对自然灾害,人类并不是完全无能为力的。实践证明,只要采取必要的防灾、减灾措施,就可以大大减少灾害损失。而提高土木工程的抗灾能力,则是防灾、减灾措施的重要组成部分。

自然灾害威胁着全人类的生存安全,防灾、减灾是国际性的课题,需要国际社会联合行动、共同应对。1990 年,联合国发起了"国际减灾十年"活动,我国是积极参与的国家。十年来国际减灾活动取得了显著的成效。根据 1999 年 7 月召开的国际减灾十年活动论坛的建议,联合国决定在"国际减灾十年"活动的基础上开展一项全球性的"国际减灾战略"活动,这将成为下一阶段国际社会共同行动的基础。该战略的主要目标是:提高人类社会对自然、技术和环境灾害的抗御能力,从而减轻灾害施加于当今脆弱的社会和经济之上的综合风险;通过将风险预防战略全面纳入可持续发展活动,促进从抗御灾害向风险管理转变。为实施该项减灾战略,联合国将建立联合国机构间减灾工作委员会和减灾秘书处。这是新世纪全球减灾的重大决策,也是世界减灾事业新的里程碑。同时,联合国决定继续开展"国际减灾日"活动,时间为每年 10 月的第二个星期三。

我国政府长期以来一贯重视防灾减灾事业,为了响应联合国"国际减灾十年"活动的号召,率先于 1989 年 4 月成立了以国务院副总理为首的 28 个部委组成的"中国国际减灾十年委员会",十年来完成了大量卓有成效的工作,特别是制定了国家级的减灾规划。1998 年,联合国把世界防灾减灾最高奖——"联合国灾害防御奖"授予了中国国际减灾十年委员会负责人和科学家。2011 年联合国减灾署授予我国四川成都"灾后重建发展范例城市",赞扬成都市在"5·12 汶川地震"灾后恢复重建中,"展现了令人惊叹的韧性,取得了瞩目成就,还建立了一套综合防控体系,形成了独具特色的经验和成果"。我国政府于 2011 年发布《国家综合防灾减灾规划(2011—2015 年)》,规划要求进一步提高防灾减灾能力,最大限度保障人民群众生命财产安全,并明确了"十二五"期间防灾减灾工作的 8 项目标。

2. 灾害的主要类型及危害(Mmain Types and Hazard of Disaster)

在过去的一个世纪里,自然或人为灾害给全球人类造成了不可估量的损失。联合国公布的 20 世纪十项最具危害性的灾情为:

①地震灾害:1976 年中国唐山发生里氏 7.8 级的强烈地震,24 万人遇难;

②风灾:1970 年孟加拉国台风,遇难人数为 30 万人;

③水灾:每年水旱灾占全部自然灾害的 60% 以上;

④火山喷发:20 世纪 10 万多人死于此灾难;

⑤海洋灾难:1960 年智利海啸,1 万人遇难;

⑥生物灾难:1945 年缅甸的鳄鱼一天吞吃 900 人;

⑦地质灾害:20 世纪最大的山体滑坡,使得 19 万人死亡;

⑧火灾:1938 年长沙纵火案,烧死 3 万人;

⑨交通灾害:1982 年阿富汗隧道惨案,死亡人数 1 100 人;

⑩城市灾害新灾源:城市污染、有害气体等。

下面简要介绍近年来,世界范围内发生的一些典型灾害的情况。

(1)地震灾害(Earthquake Disaster)

2001 年 1 月 26 日发生在印度的里氏 7.9 级地震,造成 16480 人死亡,15 万人受伤,约 60 万人无家可归。受灾人口达 1698 万人,约 23 万栋房屋倒塌,财产损失达 46 亿美元。

2003 年里氏 6 级以上强烈地震有:

2 月 24 日,中国新疆伽师巴楚发生里氏 6.8 级强烈地震,造成 268 人死亡及重大财产损失。

5 月 1 日,土耳其东部宾格尔省发生里氏 6.4 级强烈地震,造成 176 人死亡、600 多人受伤,近 1200 座建筑物受损。

5月21日,阿尔及利亚北部发生里氏6.2级强烈地震,造成近2300人死亡、1万余人受伤,其中9名中国员工遇难。

5月26日,日本本州岛东北地区发生里氏7级强烈地震,造成145人受伤,450座房屋遭受程度不同的损坏。

12月26日,伊朗东南部克尔曼省巴姆地区发生里氏6.3级强烈地震,造成至少3万人死亡、5万多人受伤。地震使位于古丝绸之路的巴姆古城的70%住宅被夷为平地,有2500多年历史的著名砖体建筑巴姆古城堡在地震中基本坍塌(图11-1)。

图11-1　地震前、后的伊朗巴姆古城

2004年里氏6级以上强烈地震有:

2月24日,摩洛哥北部胡塞马地区发生里氏6.5级强烈地震(图11-2),共造成628人死亡、926人受伤。这次地震还造成2539套房屋倒塌,导致15万多人无家可归。

5月28日,伊朗北部发生6.2级强烈地震,造成至少23人死亡、100多人受伤,80多个村庄严重被毁。

10月23日,日本新潟县发生里氏6.8级地震,随后又发生多次较强余震,造成至少35人死亡、2000多人受伤和重大财产损失。图11-3为地震时新干线上高速火车的两节车厢出轨的照片。

图11-2　摩洛哥地震破坏的房屋　　　　图11-3　日本新潟地震出轨的高速列车

11月12日,印度尼西亚东部东努沙登加拉省阿洛岛发生里氏6级强烈地震,造成近200人伤亡。

12月24日,澳大利亚与南极洲之间的海底发生里氏8.1级强烈地震。因震中远离人类居住的地区,避免了灾难性的后果。

2005年里氏6级以上强烈地震有：

2月22日，伊朗中部克尔曼省扎兰德市郊区发生的6.4级地震,造成至少420人死亡,900多人受伤,大约40个村庄遭到严重破坏,受灾人数约3万人。

3月20日,日本福冈发生的里氏7级地震(图11-4),已造成1人死亡,672人受伤。

3月28日,印度尼西亚苏门答腊岛以北海域发生里氏8.5级强烈地震(图11-5),并引发海啸,约2 000人死亡,同时波及东南亚和南亚数个国家,造成重大损失。

图11-4　日本福冈地震造成的地裂　　　　　　图11-5　印度尼西亚苏门答腊岛地震后的废墟

2008年5月12日,我国四川省发生了8级强烈地震,震中心为四川省汶川县映秀镇,震中烈度高达11度。汶川地震是新中国成立以来破坏性最强、波及范围最大的一次地震。此次地震中有69 227人遇难,374 643人受伤,失踪人数为17 923人,直接经济损失达8 452亿元。

为表达全国各族人民对四川汶川大地震遇难同胞的深切哀悼,国务院决定,2008年5月19日至21日为全国哀悼日,自2009年起,每年5月12日为全国防灾减灾日。

图11-6为汶川地震中房屋倒塌的情况。

2010年1月12日加勒比岛国海地发生里氏7.3级大地震,首都太子港及全国大部分地区受灾情况严重,造成22.25万人死亡,19.6万人受伤。此次地震中遇难者有联合国驻海地维和部队人员,其中包括8名中国维和人员。图11-7给出了海地地震后的破坏的情况。

图11-6　汶川地震中倒塌的房屋　　　　　　　图11-7　海地地震后的破坏的情况

2010年4月14日,我国青海省玉树藏族自治州玉树县发生两次地震,最高震级7.1级,地震震中位于县城附近,震中烈度9度,造成2 698人遇难,失踪270人。

2011年3月11日,日本发生了9.0级大地震,并引发了最高40.1m的海啸。震中位于日本宫城县首府仙台市以东的太平洋海域,震源深度为24.4km。此次地震是日本有观测纪录以来规模最大的地震,引起的海啸也是最为严重的,加上地震引发的火灾和核泄漏事故,导致大规模的地方机能瘫痪和经济活动停止,东北地方部分城市更遭受毁灭性破坏。地震造成至少

15 875 人死亡、27 25 人失踪、伤者 26 992 人,遭受破坏的房屋 1 168 453 栋,为日本在第二次世界大战后伤亡最惨重的自然灾害。日本福岛第一核电站因地震破坏导致放射性物质大量外泄,形成了最高级别(7 级)的核事件,在国际上造成了严重影响。日本政府宣布由 2012 年起每年 3 月 11 日定为"国家灾难防治日"。图 11-8 和图 11-9 分别给出了地震、海啸后的沿海地区及福岛第一核电站的破坏情况。

图 11-8 地震、海啸后沿海地区的破坏情况

图 11-9 福岛第一核电站的破坏情况

(2)海啸(Tsunami)

2004 年 12 月 26 日,印度洋海底爆发了里氏 9.0 级强烈地震(Strong Earthquake),引发了印度洋大海啸,巨浪以每小时 800 km 的起始速度冲向海岸(图 11-10)。在这场罕见的地震和地震引发的海啸中,有 12 个国家直接受灾,其他 39 个国家有公民在海啸中丧生,死亡人数约 30 万人,其中印度尼西亚 238 945 人,斯里兰卡 30 957 人,印度 16 389 人,泰国 5 393 人。图 11-11 为灾后印尼的米拉务镇。

图 11-10 海啸掀起的巨浪袭向游泳者

图 11-11 海啸过后,一片废墟

(3)洪水(Flood)

2004 年 5 月,加勒比地区暴发洪水灾害,大约 2 万人死亡或者失踪。海地以及多米尼加共和国内成千上万的民众需要援助。

2004 年 8 月,孟加拉国因洪水灾害,死亡的人数达到 703 人。

2005 年 2 月,巴基斯坦持续了多日的洪水和雪崩灾害,已造成 500 多人死亡,2 000 多人失踪,数万人无家可归。

2010 年 8 ~ 9 月,巴基斯坦遭遇了 70 多年来最严重的洪涝灾害,导致全国至少 1 710 人死亡,2632 人受伤。

(4)台风(Typhoon)

1998年10月,"米其"飓风肆虐尼加拉瓜、洪都拉斯和危地马拉等国家,造成11 000多人死亡,建筑倒塌,摧毁了农田以及随后引发了大面积的洪水泛滥。

2004年11月和12月,登陆菲律宾的4次台风,影响到北吕宋岛的近60万个家庭中300多万人,死亡人数达到939人,受伤者752人,还有837人失踪。连续的台风还造成3 200多座房屋被毁和近万座房屋部分被毁,酿成农业、渔业和基础设施方面的经济损失超出4万亿比索(约合714亿美元)。

2005年8月25日,"卡特里娜"飓风袭击了美国的佛罗里达州,随后又于当月29日在美国墨西哥湾沿海地区登陆。飓风夹着暴雨,肆虐在海滨城市街道间。所经之处,电力中断,道路淹没,并使美国新奥尔良市防洪堤决口,市内80%的地区成为一片汪洋,造成至少1 800人死亡,100多万人流离失所和巨大的物质财产损失,成为美国历史上最严重的一次自然灾害。

(5)泥石流、山体滑坡等地质灾害(Debris Flows, Landslides and Other Geological Disasters)

1999年年底,委内瑞拉连续两个星期的大雨使得土壤的水分过于饱和,巴尔加斯州阿维拉山成千上万吨的泥石倾泻而下,冲毁城镇,造成大约1.5万人死亡,直接经济损失将近20亿美元。

2003年12月,在菲律宾中部的勒耶特岛和南部的棉兰老岛,暴雨引发了洪水和一系列山体滑坡事故,至少200人在这些灾难中死亡。

2004年12月11日,我国甬台温高速公路柳市附近发生大面积山体滑坡事故,崩塌石方量达15 000m³,致使温州大桥白鹭屿至乐成镇一段的高速公路双向车道全部瘫痪(图11-12)。

2005年3月17日,凌晨3时左右,从贵州兴义开往广西南宁的一列货运列车,在广西百色市右江区汪甸乡附近,因当地山体滑坡造成多节车厢脱轨(图11-13)。

图11-12　高速公路瘫痪　　　　　　　　图11-13　列车脱轨

2010年8月8日凌晨,甘肃舟曲县发生特大山洪泥石流灾害,造成了1 700多人死亡失踪。大量冲积物淤堵白龙江形成堰塞湖,导致舟曲县城大面积进水,部分城区被淹,最深处达10m(图11-14)。

(6)人为灾害(包括生产事故、技术事故、恐怖事件等)(Man-made Disaster)

2001年3月15日,巴西石油公司在里约热内卢州坎普斯湾海上油田作业的P—36号海洋平台在发生爆炸后经救援无效,于3月20日沉没(图11-15)。

P—36号平台是巴西最大的海洋平台,也是世界上最大的半浮动式海上油井平台之一。这座平台长112m,高119m,重达31 400t,耗资3.56亿美元。

平台于1999年1月建成,2000年3月投入使用。设计使用寿命为19年,能开采1 360米深的海底石油。设计生产能力为日产原油 18 万桶、天然气 7 500 万 m³。

平台发生爆炸的原因可能是因石油或天然气泄漏所致。

图 11-14　甘肃舟曲县特大山洪泥石流灾害

图 11-15　巴西 P—36 号海洋平台正在沉没

事故造成 10 人死亡,给巴西石油公司带来的直接经济损失至少 10 亿美元。

2001 年 9 月 11 日,美国纽约遭到恐怖分子袭击,两架恐怖分子驾驶的飞机撞击了世贸大楼,并引发爆炸和大火,导致这两栋 110 层的钢结构大楼完全坍塌,2 792 人遇难,纽约市直接经济损失达 1 000 亿美元,对世界范围内的经济损失难以估算。图 11-16 为世贸大楼被袭击时的情景;图 11-17 为世贸大楼坍塌后的场面。

图 11-16　世贸大楼被袭击时的情景

图 11-17　世贸大楼坍塌后的场面

2005 年 2 月 14 日,我国辽宁阜新孙家湾煤矿发生特大瓦斯爆炸事故,遇难者人数达 214 人。

3. 现代减灾系统简介(Brief Introduction to Modern Disaster Reduction System)

各种灾害给人类带来的损失是巨大的。我国是世界自然灾害最严重的少数国家之一,特别是 20 世纪 90 年代以来,每年受灾人口在 2 亿人次以上,因灾死亡数千人,经济损失超过千亿元,自然灾害已经成为影响我国经济发展和社会安定的重要因素。因此,建立科学有效的现代防灾、减灾系统是非常必要的。

现代减灾系统不再是简单的灾害发生以后的抢险救灾,而是一个复杂的有机的综合的系统工程,一般应由三个相互联系的子系统组成,即灾害监测、预报与评估,防灾、抗灾、救灾,安置与新建、保险与援助、宣传与立法、规划与指挥。

灾害监测是减灾工程的先导性措施。通过监测提供数据和信息,从而进行示警和预报,甚至据此直接转入应急的防灾和减灾的指挥行动,如对一些有一定发展过程的灾害,如水灾、风灾等,可以根据灾势发展的监测结果,实施应急的减灾对策。

灾害预报是减灾准备和各项减灾行动的科学依据。准确的灾害预报可以大幅降低灾害损失。目前气象预报准确率较高,但地震预报成功率较低,只有20%。我国预报成功的地震有1975年2月4日的辽宁海城7.3级地震,1976年5月29日云南龙陵7.5级地震,1976年8月16日四川松潘7.2级地震,1976年11月7日四川盐源6.7级地震和1995年7月12日云南孟连7.3级地震,2003年云南大姚6.2级地震与甘肃民乐6.1地震等。

灾害评估是指在灾害发生的全过程中,对灾害的自然特点及其对社会的损害程度作出的估计和判断。灾害评估分为灾前预评估、灾时跟踪评估、灾后灾情评估。灾前预评估是指在灾害发生之前,对可能发生灾害的地点、时间、规模、危害范围、成灾程度等进行预测性估测,为制订减灾预案提供依据。灾时跟踪评估是指灾害发生后,为了使上级管理部门和社会及时了解灾情,组织抗灾救灾,对灾害现实情况和可能趋向所做的适时性评估。灾后灾情评估是指灾害结束后,通过全面调查对灾情的完整的总结评定,对于救灾工作的开展,救灾人力、物力的筹集与调动是必不可少的。

防灾是指在灾害预报和预警的前提下,在灾害发生之前转移和保护可动产及人员、确定灾时行动计划等减灾措施。

抗灾通常是指在灾害威胁下对固定资产所采取的工程性措施。在建设规划和工程选址时要充分注意环境影响与灾害危害,应回避风险程度大的地区;在建设过程中,每一个环节均应采取抗灾措施,严格执行相关规范;对现有工程进行必要的抗灾加固等。

救灾是指灾害发生时,对人民生命财产的急救,对次生灾情的抢险。救灾是一项极为复杂的、社会性的、半军事化的紧急行为,需要有组织地采取针对性的综合措施,最大限度地减少灾害损失,以利于灾后重建工作的顺利开展。

灾后安置与重建是指灾后尽快安置灾民,解决他们的生活困难,迅速恢复社会生活秩序和经济生产,重建家园。

教育与立法。教育是指防灾减灾教育,提高全民的防灾减灾意识;灾害立法是指建立防灾减灾各个环节的法规,从根本上建立起全国统一的防灾减灾体制,明确各级政府的职责,使人们在减灾活动中有法可依、依法行事。

保险与基金。抗灾、救灾,安置灾民,重建生产等均需要大量的资金和人力物力,灾害保险和专项救灾基金可以动员全社会力量,投入到防灾减灾工作中去。

规划与指挥。防灾减灾工作应作为经济建设的一项重要措施纳入国民经济和社会发展的总体规划,建立防灾减灾的指挥决策系统。

我国在建立现代防灾、减灾系统方面,已做了大量工作并取得了明显效果。以防震减灾为例,我国于1998年实施了《中华人民共和国防震减灾法》,2008年进行了修订,规定防震减灾的内容包括了地震监测预报、地震灾害预防、地震应急、震后救灾与重建等活动;防震减灾工作的指导方针为:预防为主、防御与救助相结合;防震减灾工作应当纳入国民经济和社会发展计划;国家鼓励和支持防震减灾的科学技术研究,推广先进的科学研究成果,提高防震减灾工作水平;各级人民政府应当加强对防震减灾工作的领导,组织有关部门采取措施,做好防震减灾工作。

4. 土木工程的防灾减灾（Disaster Prevention and Disaster Reduction in Civil Engineering）

现代防灾减灾系统的各个主要环节都和土木工程密切相关。

下面仅就土木工程设施在灾前、灾中及灾后的防灾减灾工作进行简要的介绍。

1）灾前的防灾抗灾

（1）新建工程项目。对新建工程项目,在规划阶段和工程选址时应尽可能避开潜在灾害,如避开地震活动断裂带中容易发生地震的部位及其附近地区,避开对抗震不利的建设场地,避开可能被海啸冲击、洪水淹没的区域,避开可能发生山体滑坡、泥石流、地基不均匀下沉等地质灾害的地段等,这是最有效、最可靠、最经济的防灾措施。

新建工程项目在设计和施工时应严格按照国家相关抗灾规范的要求进行,切实保证土木工程设施的抗灾可靠性。

（2）已建工程设施。对已建工程设施,主要指对那些建造时间较早、没有进行抗灾设防或抗灾性能已不满足现行抗灾标准的工程设施,应进行检测、鉴定、评估和必要的加固,或增设相应的抗灾设施,以保证其具有足够的抗灾能力。

2）灾害中的抗灾减灾

灾害发生、发展和终止的过程是对土木工程抗灾措施的有效性和抗灾能力的可靠性进行全面检验的过程。在这个过程中应加强的土木工程设施的监测工作,为灾后重建及土木工程防灾减灾科学的发展积累宝贵的资料。更重要的是对一些延续过程较长的灾害,可以根据实时监测结果,采取必要的抗灾减灾应急措施,如水灾中对堤坝的危险地段进行及时加固,在泥石流、山体滑坡等洪水并发灾害发生前撤离居民,在灾民安置区快速搭建临时房屋以解决灾民的居住、医疗问题等都可以有效减轻水灾灾情。

3）灾后的恢复重建

灾害过后,建筑、桥梁、道路等土木工程设施可能遭到严重破坏,灾后的恢复重建任务繁重而急迫,必须根据灾害情况和以后的抗灾要求,统筹规划、安排灾区的恢复重建工作。例如,破坏性地震之后,应立即进行震害调查,对震区重新进行地震危险性评定,提出抗震设防依据,并按照一次规划、分期实施、先重点后一般的原则组织编制重建计划并实施重建方案。

以日本 1995 年 1 月 17 日发生的阪神地震为例,对上述的一般原则给出进一步的例证和说明。

此次地震震害严重,死亡 5 502 人,受伤 36 829 人,避难人数 316 678 人,倒塌及严重破坏房屋 193 582 栋,烧毁房屋 7 456 栋。图 11-18 为高架桥支柱震害照片;图 11-19 为混凝土剪力墙震害照片;图 11-20 为混凝土桥墩震害照片。对类似震害应作出鉴定,并制订修复、加固方案。

图 11-18　高架桥支柱震害

图 11-19　混凝土剪力墙震害

震后由于大量房屋倒塌形成大片废墟,必须尽快清除,以疏通道路并为重建作准备;对鉴定为危房的建筑应予以拆除,以防灾情进一步扩大。图 11-21 为清除震后废墟的场景。

图 11-20　混凝土桥墩震害

图 11-21　清除震后废墟

为了安置无家可归的灾民,应迅速建造大批临时房屋,以解决灾民的居住、生活及医疗问题,同时也是保证震后社会安定的必要措施。图 11-22 为成片建造的使用期两年的标准临时住房。

图 11-22　标准临时住房

对遭受地震破坏但尚可修复的土木工程设施,应实施加固措施,使其恢复使用功能和承载能力,并满足新的抗震设防要求。图 11-23 为正在加固中的砖墙。其加固方法为:在砖墙两侧增设钢筋网片并浇注混凝土,使其与原有砖墙形成整体,共同受力。图 11-24 为正在加固中的混凝土框架柱。其加固方法为:在原柱周围增设钢筋混凝土套,并在主要受力方向的两侧设置型钢,使三者形成整体,大大提高了柱子的承载能力。图 11-25 为按图 11-24 所示方法完成加固工作的框架结构,图中框架梁的加固采用了在原梁的下面增设型钢的方法,梁、柱增设的型钢应按加固要求形成可靠连接。

有些工程结构的整体抗震能力不足,单靠对破坏构件的局部加固不能达到需要的抗震设防要求。此时应考虑加强结构的整体抗震性能,如新增从底层到顶层的抗震墙或抗震支撑等加强措施。图 11-26 和图 11-27 分别表示新增加的抗震支撑施工时和完成后的情况。

4)灾害材料学及工程加固学

无论是灾前的防灾加固,还是灾后的修复加固,工程结构的加固设计通常比类似结构的新建设计具有更高一些的难度。

首先,被加固对象的结构材料在灾害作用下或时间效应作用下,材料的物理力学性能将发生显著变化,不同灾害对材料性能的影响也会有明显区别。研究灾害对材料性能(如强度、弹性模量、本构关系等)的影响,就是灾害材料学的主要任务。

灾害材料学涉及土木工程材料的一般力学性能,如混凝土的内部裂缝和破坏机理、钢筋的内部结构破坏机理、砌体的一般破坏机理等;动力荷载对材料的影响,如混凝土的疲劳、钢筋的疲劳、冲击荷载对混凝土和钢筋的作用;火灾对材料性能的影响,如对混凝土或钢筋的影响、对混凝土与钢筋间黏结力的影响等;冰冻对材料性能的影响,如受冻混凝土的力学性能;腐蚀对材料性能的影响等。

图 11-23　加固中的砖墙

图 11-24　加固中的混凝土框架柱

图 11-25　完成加固的框架结构

图 11-26　施工时抗震支撑

图 11-27　完成后的抗震支撑

关于灾害材料学涉及的很多方面,国内外都已做了许多研究,定性和定量地得到了一些结论,但是系统性还显不够,故在土木工程领域中,灾害材料学还未形成一个专门的学科,对这一领域的研究工作还有待加强和深化。

工程结构加固学是一门研究使受损的工程结构重新恢复使用功能,使失去部分强度或刚度的结构重新获得或大于原强度或刚度的学科。

导致结构需要加固处理的原因很多,例如:

(1)荷载增大或改变结构用途或改变结构体系:有时需改变建筑物使用要求,如将民用房屋改为工业用房,则使原有房屋结构增加了负担;又如铁路提速,使得铁路桥梁承受的车辆吨位及动力作用加大。

(2)因风灾、地震等灾害引起工程结构受损,灾后必须对受损结构进行加固。

(3)现有结构未进行抗震设防或未达到抗震设防指标,如早年建造的建筑和桥梁就存在这类问题。对这类结构通常需要进行抗震、抗风加固。近年来对北京饭店、北京站、中国革命历史博物馆、北京展览馆等重要建筑都进行了抗震加固,而且把消能减振新技术应用到了这些建筑的抗震加固中。

(4)因火灾、腐蚀、施工或设计失误等引起工程结构强度和刚度的降低,往往需要对工程结构进行加固。

结构加固设计涉及对受损结构性能的检测、分析和鉴定,涉及新增的结构部分和原有结构的有机结合和共同作用问题,涉及合理、可靠的结构加固方法等。研究并解决这类问题在受灾的土木工程结构鉴定和加固中占有非常重要的地位。

我国虽然在1990年成立了"全国建筑物鉴定和加固标准技术委员会"(现在的名称是"中国工程建设标准化协会建筑物鉴定与加固委员会",英文译名为 Committee of Assessment and Strengthening of Buildings, China Association for Engineering Construction Standardization),对工程结构加固工作的开展是一种有力的推动,旧房改造、受灾房屋加固、早年建造的建筑及桥梁加固等工程项目也越来越多,但很少对工程结构加固的理论、方法和效果作系统分析和试验论证。工程结构加固尚未形成一门系统的学科,今后应加强这一领域的研究工作。

二、计算机在土木工程中的应用(Computer Applications in Civil Engineering)

计算机是一种先进的计算工具,于20世纪50年代开始应用于土木工程,早期主要用于复杂的工程计算,随着计算机硬件和软件水平的不断提高,目前其应用范围已逐步扩大到土木工程设计、施工管理、仿真分析等各个方面。

1.计算机辅助设计(CAD,Computer Aided Design)

计算机辅助设计简称CAD,其最初的发展可追溯到20世纪60年代,美国麻省理工学院的 Sutherland 首先提出了人机交互图形通讯系统;到了20世纪80年代,由于计算机设备价格的降低,使得CAD技术成为一般设计单位可以接受的系统,并开始在微机上应用CAD。

我国对CAD的应用和研究,开始于20世纪70年代,在20世纪80年代中期进入了全面开发应用阶段。目前由中国建筑科学研究院开发的PKPMCAD系统是我国土木工程领域中应用最广的计算机辅助设计软件。

PKPMCAD结构设计软件主要是面向钢筋混凝土框架、排架、框架—剪力墙、砖混以及底层框架上层砖房等结构的设计软件,适用于一般多层工业与民用建筑及100层以下的高层建筑,不仅可以进行结构分析计算还能够画结构施工图纸。

PKPMCAD 结构设计软件主要由两部分组成:PMCAD 及 PK。PMCAD 软件采用人机交互方式,引导用户逐层对要设计的结构进行布置,建立起一套描述建筑物整体结构的数据,包括各种荷载数据、结构布置信息、构件尺寸、材料性能等。由于建立了要设计结构的数据结构,PMCAD 成为 PK、PM 系列结构设计各软件的核心,它为各功能设计提供数据接口。PK 软件是结构计算与施工图绘制软件,是按照我国相关结构设计规范编制的。

2. 土木工程结构的力学分析与计算(Mechanical Analysis and Calculation of Civil Engineering Structure)

对土木工程结构进行力学分析与计算是结构设计工作的重要组成部分,结构设计人员根据计算结果判断所设计的结构是否具有足够的强度与刚度,是否能够满足规范规定的使用功能和承载能力的要求。如果不能满足要求,则需要改变构件尺寸或结构材料,然后再重新计算,直到满足各项要求为止。在计算机出现之前,这些分析计算工作都是靠手算完成的,计算工作量相当繁重,有些复杂的结构单靠手算根本无法完成。现在有了计算机,大量的力学计算工作可以由计算机完成,不仅速度快而且精度高。

目前,在土木工程结构的力学分析与计算中应用较广泛的商业软件有:我国北京大学研制开发的 SAP 软件,我国大连理工大学研制开发的 JIEFEX 软件,美国的 ABARQUS、ANSYS、NASTRAN 软件等。

3. 计算机辅助施工管理与专家系统(Computer-assisted Construction Management and Expert System)

(1)计算机辅助施工管理

使用计算机对施工企业进行现代化科学管理,不仅可以快速、有效、自动、系统地存储、修改、查找及处理大量的数据,而且对施工过程中发生的施工进度的变化及可能的工程事故能够进行跟踪,以便迅速查明原因,采取相应处理措施。计算机的应用水平直接反映了管理水平的高低,是提高施工企业管理水平的有效途径之一。

目前计算机在土木工程的招投标、造价分析、工程量计算、施工网络进度计划、施工项目管理、施工平面设计以及施工技术等方面已得到广泛应用,对加快工程进度、提高工程质量、降低施工成本等起到重要作用。

(2)专家系统

由于工程项目多为单体生产,可统计性差,影响因素多,因素之间相互影响大,加之所依据的许多信息是不确定的,因此仅仅依靠现有的一些基于某种数学、力学模型的确定性计算是不够的。在许多情况下,特别需要依靠专家的经验和知识。

随着计算机科学的发展,特别是人工智能技术与理论的广泛应用,为收集利用专家的经验和知识提供了有效的途径。所谓专家系统,是指具有相当于专家水平的知识,且能应用这些知识去解决一些特定领域中较为复杂问题的计算机智能程序系统。可以认为,专家系统是一种基于知识的系统,因为它能利用收集来的知识进行推理,求得有关问题的解答。当然,目前专家系统还未发展到能完全替代专家的地步,但可以在没有专家或缺少专家的情况下提供较好的咨询服务。

土木工程的专家系统在结构性能诊断、结构安全监控及大型工程结构设计等方面有着较为广阔的应用前景。

4. 计算机仿真在土木工程中的应用(Application of Computer Simulation in Civil Engineering)

计算机仿真是利用计算机对自然现象、系统功能以及人脑思维等客观世界进行逼真的模拟。这种模拟仿真是数值模拟的进一步发展。计算机仿真技术在土木工程中的应用主要体现在以下几个方面。

(1)模拟结构试验(Simulation of Structural Test)

工程结构在各种作用下的反应,特别是破坏过程和极限承载力,是人们关心的问题。当结构形式特殊、荷载及材料特性十分复杂时,人们常常借助于结构的模型试验来检测其受力性能。但模型试验往往受到场地和设备的限制,只能做小比例模型试验,难以完全反映结构的实际情况。若用计算机仿真技术,在计算机上做模拟试验,则可以进行足尺寸的试验,还可以很方便地修改试验参数。此外,有些结构难以进行直接试验,用计算机模拟仿真就更能体现出优越性,如汽车高速碰墙的检验试验,地震作用下的构筑物倒塌分析等只有采用计算机模拟仿真分析才能大量进行。又如在高速荷载作用下,结构反应很快,人们在真实试验中只能观察到最终结果,而不能观察试验的全过程。如果采用计算机模拟仿真试验,则可观察其破坏的全过程,便于破坏机理的研究。对于长期的徐变过程则可在模拟中加快其变化过程,让人们在很短的时间内清楚地看到结构或材料在几年甚至几十年内才能完成的渐变过程。

(2)工程事故的反演分析(Inversion Analysis of Engineering Accident)

计算机仿真技术可以用于工程事故的反演,以便寻找事故的原因。如核电站、海洋平台、高坝等大型结构,一旦发生事故,损失巨大,又不可能做真实试验来重演事故。计算机仿真则可用于反演,从而确切地分析事故原因。如参考文献[4]对美国纽约世界贸易中心大楼飞机撞击后的倒塌过程进行了仿真分析,说明了世界贸易中心倒塌的直接原因是火灾导致的钢材软化和楼板塌落冲击荷载引起的连锁反应,仿真结果与真实倒塌过程非常接近。图11-28为北塔倒塌过程仿真透视图。

(3)用于防灾工程(for Disaster Prevention Engineering)

由于自然灾害的原型重复实验几乎是不可能的,因此计算机仿真在这一领域的应用就更有意义。目前已有不少抗灾、防灾的模拟仿真系统制作成功,

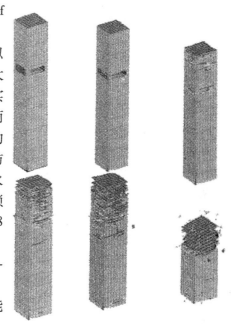

图11-28 北塔倒塌过程仿真透视图

如洪水泛滥淹没区的洪水发展过程演示系统。该系统预先存储了泛滥区的地形地貌和地物,只要输入洪水标准(如百年一遇的洪水)及预定河堤决口位置,计算机就可根据水量、流速区域面积及高程数据算出不同时刻的淹没地区,并在显示器和大型屏幕上显示出来。人们从屏幕上可以看到水势从低处向高处逐渐淹没的过程,这样对防洪规划以及遭遇洪水时指导人员疏散是很有作用的。又如在火灾方面,对森林火灾的蔓延,建筑物中火灾的传播,均已开发出相应的模拟仿真系统,这对消防工程起到了很好的指导作用。

(4)施工过程的模拟仿真(Construction Process Simulation)

许多大型工程,如超高层建筑、大坝、大桥的施工是相当复杂的,工程质量要求很高,技术

难度很大,稍有不慎就可能造成巨大损失。利用计算机仿真技术可以在屏幕上把这类工程施工的全过程预演出来,施工中可能发生的风险、技术难点以及许多原来预想不到的问题就能够形象而逼真的暴露出来,便于人们制订相应的有效措施,使对工程施工的质量、进度和投资的控制更加可靠。例如在长江三峡大坝的混凝土浇筑施工中,就成功的应用了计算机仿真技术。

(5)在岩土工程中的应用(Application of Geotechnical Engineering)

岩土工程处于地下,往往难以直接观察,而计算机仿真则可把受力后的内部变化过程展现出来,有很大实用价值。例如,地下工程开挖时经常发生塌方冒顶事故,造成严重损失。计算机仿真技术可以根据开挖工程的工程地质资料及岩体的物理力学性能,把其在外力和重力作用下发生的各种内部变化过程在显示器和大型屏幕上显示出来,最终可以看到塌方的区域及范围,这就为支护设计提供了可靠依据。

第二节　土木工程的发展前景
Section 2　Development Prospect of Civil Engineering

一、建设中的大型土木工程(Large Civil Engineering Being Built)

近年来,土木工程发展迅速,正在建设中的大型土木工程很多,下面仅就部分典型工程作简要介绍。

1. 超高层建筑(Super High-Rise Building)

(1)吉达王国大厦(Kingdom Tower)

吉达王国大厦位于沙特阿拉伯吉达市北部 20km 处,高 1 600m,275 层,建成后将是世界上最高的建筑,据悉大厦于 2012 年 1 月开始建设。为了减小沙漠风暴引起的摇摆振动,大厦内将配备一个巨型减摆器(图 11-29)。

(2)深圳平安金融中心

深圳平安金融中心位于中国深圳市福田区,占地面积 18 931.74m², 总建筑面积 460 665.0m²,地上 118 层,地下 5 层,建筑高度 660m,其中主体高度 597m,采用巨型框架—钢筋混凝土核心筒—外伸臂支撑结构形式。2009 年 8 月开工,预计 2015 年竣工(图 11-30)。

(3)上海中心大厦(Shanghai Tower)

位于我国上海市浦东陆家嘴功能区,占地 30 368m²,建筑面积 574 058m²,地上 124 层,地下 5 层,主体建筑结构高度 580m,总高度 632m,2008 年 11 月 29 日开工,将于 2014 年建成。上海中心采用钢筋混凝土核心筒-外框架结构,用钢量约 10 万 t。建成后的上海中心将具备国际标准的 24h 甲级办公、超五星级酒店和配套设施、主题精品商业、观光和文化休闲娱乐、特色会议设施五大功能(图 11-31)。

(4)天津高银金融 117 大厦

高银 117 大厦位于天津市滨海高新技术产业园区,总建筑面积 83 万 m²,地上 117 层,地下 4 层,建筑高度 597m。大厦首层面积达到 4 200m²,向上以 0.88°的角度逐层缩小至顶层 2 100m²,顶部为巨大的钻石造型。采用钢筋混凝土核心筒－巨型框架的结构体系。2008 年正式开工,预计 2016 年 8 月竣工(图 11-32)。

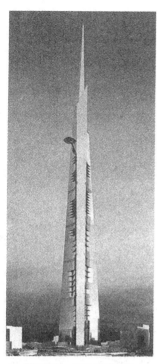

图 11-29　吉达王国大厦

图 11-30　深圳平安金融中心

图 11-31　上海中心大厦

图 11-32　天津高银金融 117 大厦

（5）纽约世界贸易大厦 1 号大楼（1 World Trade Center Tower）

世界贸易中心一号大楼，原称为自由塔（Freedom Tower），是兴建中的美国纽约新世界贸易中心建筑群的核心建筑，坐落在"9·11 事件"中倒塌的原世界贸易中心双子塔的旧址。大楼高度为 541m，108 层，2006 年 4 月 27 日开工，预计 2013 年完工（图 11-33）。

（6）广州东塔（Guangzhou East Tower），也称周大福中心（Chow Tai Fook Centre）

广州东塔位于广州珠江新城 CBD 中心地段，高度为 530m，116 层。地面以上建筑面积为 35 万 m^2，地下商业建筑面积为 1.8 万 m^2。采用巨型框架加核心筒结构体系，用钢量约 7 万 t，满足抗八级地震的设防标准，总投资达到 100 亿元人民币以上。2009 年动工，预计 2016 竣工（图 11-34）。

图 11-33　纽约世界贸易大厦 1 号大楼

图 11-34　广州东塔

（7）莫斯科联邦大厦（Federation Tower）

大厦位于莫斯科城西部的莫斯科河岸边，建筑外形是根据风帆设计的，由两座塔楼组成，东塔高度为 506m，93 层，西塔高 242m。大厦于 2005 年年底动工，预计 2014 年竣工。大厦由中国建筑工程总公司承建，建成后将成为俄罗斯标志性建筑，为欧洲第一高楼，也是世界上最高的全混凝土结构建筑（图 11-35）。

2. 桥梁工程（Bridge Engineering ）

（1）墨西拿海峡大桥（Strait of Messina Bridge）

大桥位于意大利的卡拉布里亚海岸与西西里岛间海峡最窄处。该桥设计为单跨悬索桥，桥身长 3690m，加上两端引桥，总长度为 5 070m，主跨 3 300m，采用门式桥塔，塔高 382.6m。大桥为公路铁路两用桥，采用三箱分离式主梁，桥面宽 61.8m，两侧的公路桥部分为单向 3 车道，中间的铁路桥部分铺设双轨。预计 2019 年建成通车，建成后为世界最长的悬索桥。图 11-36 为大桥效果图。图 11-37 为桥面布置图。

（2）港珠澳大桥

我国港珠澳大桥是连接广东、香港、澳门的大型跨海通道，跨越珠江口伶仃洋海域。总工程包括海中桥隧

图 11-35　莫斯科联邦大厦

主体工程,香港、澳门、珠海三地口岸和三地连接线,工程全长 49.968km,总投资超 700 亿元,建成后将是世界最长的跨海大桥。

图 11-36　大桥效果图

图 11-37　桥面布置图

主体工程采用桥隧组合方案,共设 6 处通航孔,其中海中隧道 6.753km、海中桥 28.525km,桥隧合计 35.578km。主体工程包括东人工岛、海底隧道、西人工岛、青州航道桥、江海直达船航道桥、九州航道桥、非通航孔桥(图 11-38)。

青州航道桥采用 460m 跨双塔斜拉桥,江海直达船航道采用两跨 220m 连续刚构桥,九州航道桥采用单跨 250m 连续刚构桥,非通航孔采用 70m 连续梁桥。

海底隧道最底处位于海下 45m 水深处,施工采取沉管法,这是目前世界上最长的公路沉管隧道。隧道中的行车道宽 3×3.75m,高超过 5m,中间设有通风管,每隔 90m 设有一个互通的逃生通道。

人工岛地面高程设计为 5m,能防御珠江口三百年一遇的洪潮。约 1km² 的人工岛将成为集交通、管理、服务、救援和观光功能为一体的综合运营中心(图 11-39)。

图 11-38　港珠澳大桥设计示意图

图 11-39　人工岛桥隧连接效果图

车辆驶上大桥,在海面上通过人工岛进入海底隧道,再从另一个人工岛驶出,重新上桥。海中桥隧为设计速度每小时 100km 的双向六车道高速公路标准,桥面宽 33.1m。

港珠澳大桥设计使用年限是 120 年,能抗击每秒 51m 的风速(相当于风力 16 级),可抗 8 级地震及 30 万 t 巨轮的撞击。港珠澳大桥工程于 2009 年 12 月 15 日开工,将于 2016 年完成。

3. 大坝(Large Dam)

中国四川锦屏一级电站大坝,锦屏一级电站为位于中国四川省凉山彝族自治州盐源县和木里县境内,是西部水电开发的重点项目,总装机容量 3 600MW,水库正常蓄水位 1 880m,总库容 77.6 亿 m²,总投资 232.3 亿人民币。锦屏一级水电站于 2005 正式开工,预计 2014 年完工。

电站水坝为混凝土双曲拱坝(Concrete Double-Curvature Arch Dam),坝高 305m,为世界第一

高拱坝。拱冠梁顶厚16m,拱冠梁底厚63m,最大中心角93.12°,顶拱中心线弧长552.23m,厚高比0.207,弧高比为1.811:1。设置25条横缝,将大坝分为26个坝段,横缝间距为20~25m,平均坝段宽度为22.6m,施工不设纵缝。图11-40为大坝模型。图11-41为施工中的大坝。

图11-40　大坝模型

图11-41　施工中的大坝

二、土木工程将向地下、太空、海洋、荒漠开拓(Civil Engineering Will Open up Undergroundspace, Ocean, Desert)

1. 向地下发展(Underground Development)

地下工程(Underground Engineering)是土木工程的一个重要领域,是人类拓展生存空间的重要方式。与地面建筑相比,地下工程具有节能、环保、节约土地、抗震防灾、防御战争损毁等优势。在目前土地资源日益紧张的情势下,土木工程向地下发展是必然的趋势。

我国对发展地下工程的迫切性尤为突出。我国城市化进程的进一步加快,要求必须解决好居民出行和人居环境问题,需要大量建设地下交通、停车场、体育文化和地下商业等。为了满足国家加强能源储备的需求,需要建设更多、更大、更可靠的地下储藏洞室。由于能源短缺的问题将进一步加剧,要求开发更多的水利水电资源,将要修建更多的输水隧洞及地下电厂。虽然目前已经建设了一定规模的地下工程,但随着国家经济建设的发展,对地下工程的需求将会大量增加,地下工程的建设规模将更大,建设难度和技术标准的要求将更高,这对土木工程是一种新的挑战也是新的机遇。国内外许多专家认为,21世纪是地下空间作为资源加以大力开发利用的世纪,也是地下工程大发展的世纪。

2. 向太空开拓(Exploring Space)

向太空发展是人类长期的梦想,在21世纪这一梦想可能变为现实。美籍华裔科学家林桦铜博士利用从月球带回来的岩石烧制成了水泥,使得有可能在月球上建造工程设施。美国和日本已经计划在月球上建造基地。随着太空站和月球基地的建立,人类可进一步向火星进发。

2007年6月29日,由美国人罗伯特·比奇洛投资建造的太空旅馆二号试验舱——"创世二号",由俄罗斯"第聂伯"重型运载火箭送入预定轨道。比奇洛计划在2015年前,他的空旅馆将全面开张。图11-42为其太空旅馆构想图。

2011年俄罗斯轨道科技公司(Orbital Technologies)宣布,计划在距地面349km(约217mile)的太空轨道打造太空旅馆。太空旅馆将设有4个舱,一次可供7名旅客入住。旅客们将首先搭乘太空飞船抵达预定轨道,随后便可在太空旅馆中尽享5天的奢华假期。该项目预计将在2016年完成(图11-43)。

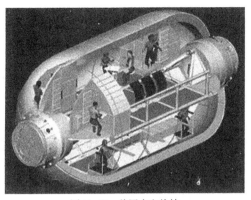

图11-42　美国太空旅馆

图11-43　俄罗斯太空旅馆

2012年6月24日中国载人航天工程实现新突破,神舟九号航天员成功驾驶飞船与天宫一号目标飞行器对接(图11-44)。这标志着中国成为世界上除美国、俄罗斯之外第三个完整掌握空间交会对接技术的国家,为人类开拓太空迈出了具有历史意义的一步。

图11-44　神舟九号航天员成功驾驶飞船与天宫一号目标飞行器对接

3. 向海洋扩展(Expansion to the Ocean)

地球上的海洋面积占整个地球表面积的70%左右,向海洋扩展生存空间是人类共同的愿望。目前已有许多机场建造在填海造地形成的人工岛上,如我国的澳门机场、日本关西国际机场、我国香港大屿山国际机场等。将来土木工程向海洋扩展的潜力巨大,如现代海上采油平台体积巨大,在平台上建有生活区,工人在平台上一工作就是几个月。如果将平台扩大,建成海上城市是完全可能的。另外,从航空母舰和大型运输船的建造得到启发,人们已设想建造海上浮动城市。海洋土木工程的兴建,不仅可解决陆地土地少的矛盾,同时也将对海底油、气资源及矿物的开发提供基地。

4. 向沙漠进军(Enter the Desert)

全世界陆地中约有1/3为沙漠或荒漠地区,千里荒沙、渺无人烟,目前还很少开发。沙漠难以利用主要是缺水,生态环境恶劣,日夜温差太大,空气干燥,太阳辐射强,不适于人类生存。近代许多国家已开始沙漠改造工程。在我国西北部,利用兴修水利,种植固沙植物,改良土壤等方法,已使一些沙漠变成了绿洲。但大规模改造沙漠,首先要解决水的问题,目前已有一些可能的设想方案。沙漠的改造利用不仅增加了有效土地利用面积,同时还将改善全球的生态环境。

三、土木工程材料向轻质、高强、多功能化发展（Civil Engineering Materials to the Development of Lightweight, High-strength, Multi-purpose）

土木工程材料是建造土木工程的物质基础，随着人类社会的进步、土木工程事业的发展，对土木工程材料提出了更多、更高的要求，轻质、高强、环保、绿色、具有多功能特性是土木工程材料发展的基本方向。

近百年来，土木工程的结构材料主要还是钢材、混凝土、木材和砖石。21世纪在工程材料方面有希望获得较大突破。

1. 传统材料的改性（Improvement of Traditional Materials）

混凝土材料应用很广且耐久性好，但其缺点是强度低，韧性差，自重大，易开裂。目前，混凝土强度等级常用可达 C50～C60，特殊工程可达 C80～C100。今后高强混凝土、高性能混凝土、轻质混凝土、纤维混凝土、绿色混凝土将会有广阔的发展空间，使混凝土材料的性能大为提高，应用范围更加广泛。

钢材，主要问题是易锈蚀，耐火性能差。今后耐火钢、耐锈蚀钢将会更多的应用于土木工程，高效防火涂料的研制和应用也将提高钢结构的防火安全性。

2. 化学合成材料的应用（Application of Synthetic Materials）

目前的化学合成材料主要用于门窗、管材、装饰材料，今后的发展方向是向大面积围护材料及结构骨架材料发展。一些化工制品具有耐高温、保温隔声、耐磨耐压等优良性能，用于制造隔板等非承重功能构件很理想。玻璃纤维、碳纤维等材料，具有轻质、高强、耐腐蚀等优点，在土木工程中有着很好的应用前景。

四、设计方法精确化、设计工作自动化（More Accurate Design Methods, Design Automation）

在19世纪与20世纪，力学分析的基本原理和有关微分方程已经建立，用于指导土木工程设计也取得了巨大成功。但是由于土木工程结构的复杂性和人类计算能力的局限，人们对工程的设计计算还只能比较粗糙，有一些还主要依靠经验。三峡大坝，用数值法分析其应力分布，其方程组可达几十万甚至上百万个，靠人工计算显然是不可能的。快速电子计算机的出现，使这一计算得以实现。类似的海上采油平台、核电站、摩天大楼、海底隧道等巨型工程，有了计算机的帮助，便可合理地、更精确地进行数值分析和安全评估。此外，计算机技术的进步，使设计由手工走向自动化，这一进程在21世纪将进一步发展和完善。

五、信息和智能化技术全面引入土木工程（Civil Engineering will Comprehensively Introduce Information and Intelligent Technology）

信息和智能化技术在工业、农业、运输业和军事工业等各行各业中得到了愈来愈广泛的应用，土木工程也不例外，将这些高新技术用于土木工程将是今后相当长时间内的重要发展方向。现举一些例子加以说明。

1. 信息化施工（Information Construction）

所谓信息化施工是在施工过程中涉及的各部分各阶段广泛应用计算机信息技术（Computer Information Technology），对工期、人力、材料、机械、资金、进度等信息进行收集、存储、处理和交流，并加以科学地综合利用，为施工管理及时、准确地提供决策依据。例如，在隧道及地下工程中将岩土样品性质的信息,掘进面的位移信息收集集中,快速处理、及时调整并指挥下一步掘进及支护,可以大大提高工作效率并可避免不安全事故。信息化施工还可通过网络与其他国家和地区的工程数据库联系,在遇到新的疑难问题时可及时查询解决。信息化施工可大幅提高施工效率和保证工程质量,减少工程事故,有效控制成本,实现施工管理现代化。

2. 智能化建筑(Intelligent Building)

一般来说,智能化建筑是将建筑、通信、计算机网络和监控等各方面的先进技术相互融合、集成为最优化的整体,具有工程投资合理、设备高度自控、信息管理科学、服务优质高效、使用灵活方便和环境安全舒适等特点,能够适应信息化社会发展需要的现代化新型建筑。但由于智能化建筑发展历史较短,而发展速度又很快,国内外对它的定义有各种描述和不同理解,目前尚无统一的确切概念和标准。

智能化建筑有两个方面的基本要求应予满足。一是房屋设备用先进的计算机系统监测与控制,并可通过自动优化或人工干预来保证设备运行的安全、可靠、高效。例如,有客来访,可远距离看到形象并对话,遇有歹徒可摄像、可报警、可自动关闭防护门等。又如,供暖制冷系统,可根据主人需要调至一标准温度,室温高了送冷风,室温低了送暖气。二是安装了对居住者的自动服务系统。如早晨准点报时叫醒主人,并可根据需要放送新闻或提醒主人今天的主要活动安排,同时早餐在自动加工,当你洗漱完毕后即可用膳等。对于办公楼来讲,智能化要求配备办公自动化设备、快速通讯设备、网络设备、房屋自动管理和控制设备等。上述基本要求可以概括为"3A",即大楼自动化(BA)、通信自动化(CA)和办公自动化(OA),它们是智能化建筑中最基本的、必须具备的功能。

3. 智能化交通(Intelligent Traffic)

智能化交通一般包括以下几个系统:先进的交通管理系统;交通信息服务系统;车辆控制系统;车辆调度系统;公共交通系统等。它应具有信息收集、快速处理、优化决策、大型可视化系统等功能。

4. 土木工程中的计算机仿真系统(Computer Simulation System for Civil Engineering)

计算机仿真系统将进一步把可视化技术、虚拟现实技术、CAD 集成化技术、网络技术有机地结合起来,使仿真系统更逼真、更精确、自动化程度更高、更便于普及和应用,将在防灾减灾、工程设计、结构试验、结构分析、工程鉴定、工程施工、室内装饰装修、房地产业等领域发挥越来越大的作用。

六、土木工程的可持续发展(Sustainable Development of Civil Engineering)

20 世纪 80 年代提出的"可持续发展"原则,为大多数国家和人民所认同。可持续发展是指"既满足当代人的需要,又不对后代人满足其需要的发展构成危害"。例如,一代人过度消耗能源(如石油)以致枯竭,则后代人无法继续发展,甚至保持原有水平也不可能。这一原则具有远见卓识,我国政府已将"可持续发展"与"计划生育"并列为两大国策,大力加以宣传,我们土木工程工作者对贯彻这一原则有重大责任。

土木工程在建设与使用的过程中,与能源消耗、资源利用、环境保护、生态平衡有密切关系,对贯彻"可持续发展"原则影响很大。

从资源方面看,我国土地资源十分紧张,因而在土木工程中不占或少占土地的原则是必须坚持的。另外,建材中的黏土砖毁地严重,应予限制或禁止使用;建材生产、施工建造过程还要消耗能源和水资源,在这方面应尽可能采用可再生资源和循环利用已有资源,如利用太阳能,利用处理过的废水等。

从环境保护、生态平衡方面看,我国目前存在的江河污染、空气污染、沙尘暴、洪灾、旱灾、泥石流、山体滑坡等严重问题,都和人为的环境破坏、生态平衡破坏有关。今后对新建工程一定要实行环境评价,对环境不利的项目不准上马,这一政策应坚决贯彻;对已造成污染的工程,应限期整改,坚决消灭污染源;对节能、环保材料和工程项目,应大力提倡推广。

思 考 题

1. 灾害有哪些主要类型?
2. 简要叙述现代防灾减灾系统的内容。
3. 土木工程的防灾减灾包括哪些方面?
4. 计算机在土木工程中的应用主要体现在哪些方面?
5. 列举我国正在建设的大型土木工程。
6. 简要说明 21 世纪土木工程的发展前景。

参 考 文 献

[1] 江见鲸,叶志明.土木工程概论[M].北京:高等教育出版社,2001.

[2] 罗福午.土木工程(专业)概论[M].武汉:武汉工业大学出版社,2000.

[3] 刘来君,赵小星.桥梁加固与施工技术[M],北京:人民交通出版社,2003.

[4] 陆新征,江见鲸.世界贸易中心飞机撞击后倒塌过程的仿真分析[J],土木工程学报, 2001.

[5] 郑瑛.三峡工程施工中的计算机仿真技术[J].中国三峡建设杂志,2004.

[6] 田以堂.舟曲特大山洪泥石流灾害的应对[R].2010 水利学会年会特邀报告,2010,11.

[7] 马宗晋,聂高众,李志强.我国的防灾减灾系统工程[J].CNKI 学术论坛,2006,12.

[8] 建成以及在建 300 米级及以上摩天索引汇总[J].高楼迷论坛,2013,3.

[9] 意大利墨西拿海峡大桥设计结束 预计花费 117 亿美金[J].中国钢结构资讯网,2011,10.

[10] 港珠澳大桥正式开工预计 2016 年建成[J].中国新闻网,2009,12.